JN272004

外需時代の
日本産業と中小企業

半導体製造装置産業と工作機械産業

加藤秀雄
KATO Hideo

新評論

はしがき

　いったい日本産業と中小企業の次代の発展の場はどこにあるのであろうか。その発展の場に日本産業と中小企業は迷いながらも着実に向かっているのであろうか。海外生産の進展を契機に、産業の空洞化問題が語られてから久しいが、日本産業と中小企業の発展の方向性をこの海外生産との関係でどのように位置づけていけばよいのであろうか。こうした問題意識に対する回答を、私は製造現場を中心とする企業訪問を積み重ねながら探し求めている。時にはこの方向に収斂していくことが日本産業と中小企業の発展に繋がるという考えが浮かぶこともあれば、相反する方向を示す事例企業の前では、単純にそうとは言えない現実を思い知らされることも少なくない。

　2011年、私は『日本産業と中小企業――国内生産と海外生産の行方』(新評論)を上梓した。そこでの研究は、自動車、電機に代表される機械産業、とりわけ量産領域に焦点を当て、国内外生産の将来を展望する手がかりを提示することを目的としていた。それがどこまでできたかは心許ない限りであるが、日本産業と中小企業の存立場面がどのように変化し続けているかを、わずかではあるが示せたのではないかと思っている。

　しかし、大雑把にいうと、日本産業のものづくりのもう一つの焦点である「非量産」領域の問題については、ごく一般的な記述にとどまるなど、「量産は海外で、国内は非量産と開発を」という命題に対する問題提起としては、不十分であった。そうした非量産領域の問題を、特定の産業分野を取りあげ明らかにすることが急がれていたにもかかわらず、当時、研究対象として強く意識していたのは、機械産業の非量産領域ではなく、衰退産業として語られることが多い繊維産業であった。繊維産業を統計データからみると、厳しい数値が並んでおり、次代を切り開く手がかりを見いだすのが難しいと考えるのが普通かもしれない。しかし、個々の繊維企業を詳細に眺めると、けっして衰退とか成熟とかで説明できるほど単純ではなく、実に多様な発展の道筋を示している企業

の多さと力強さに誰もが驚くのではないだろうか。早急に、量産、非量産を含めての日本産業の発展方向を指し示している先進事例として繊維産業の研究に取り組まなくてはならないと今も考えている。

　その調査研究の事前準備を進めていたとき、ある知人からのメールが私の当面の研究対象を変更させることになるとは、そのときは思いも及ばなかった。その内容は、生産機械産業を国内における成長産業であると捉え、地域の中小企業が参入するための条件等を提示するという調査研究の誘いであった。この調査研究は、中小企業の新分野進出支援という点では一定の成果を残すことになるが、個人的には生産機械産業を単純に成長産業として捉えることに何かしらの違和感を持ち続けていた。それは生産機械産業が成長しているとか、していないとかではなく、変化する時代状況の中で何をもって「成長」と言うのかに対する私のこだわりであったように思える。それは繊維産業を衰退産業ということに対する違和感と裏腹の関係でもある。

　そうしたこだわりがどうであれ、生産機械産業が置かれている状況を、ほんのわずかではあるが垣間見たことで、興味というか、研究対象として取りあげる必要があるのではないかという思いが強まり、結果として今回の研究テーマにたどり着くことになった。

　それは、まさに「非量産領域の日本産業と中小企業」という私が残していた調査研究のテーマに重なるものであった。この研究に本格的に入るために、わずかな事例研究と統計等の各種データの見直しなどをもとに「外需依存時代における生産機械産業の国内外事業展開の分析視角」（『社会科学論集』埼玉大学経済学会）をまとめ、今回の調査研究を方向づける役割を持たせたのである。これを機に、企業訪問の選定は、それまでの中小企業問題一般を把握するための企業から、明確に生産機械産業を構成する大企業と中小企業に向かうことになった。

　ところで、生産機械産業として取りあげることになったのは、電機産業の技術革新の先頭に位置している半導体産業を支える「半導体製造装置産業」と、自動車産業をはじめとする機械産業などの部品生産を支えてきた「工作機械産業」である。この点、半導体製造装置産業と工作機械産業に焦点を当てた調査

研究は、単に「非量産領域の日本産業と中小企業の研究」というだけでなく、量産領域と非量産領域を関連づけて理解することのできる研究対象であったのは、まさに偶然というよりも必然であったのかもしれない。

さて、本書の研究対象として取りあげる半導体製造装置産業と工作機械産業を海外との関わりでみると、次のような点が注目できる。なによりも工作機械産業と半導体製造装置産業の外需依存が、1990年代はじめの3割弱から、2013年現在ではそれぞれ7割弱、8割弱というように大きく拡大していることがあげられる。ほぼ20年という時を経る中で、両産業の存立場面としての市場は、大きく海外に転じていたのである。

90年代当時の工作機械産業の外需は、米国市場における自動車産業、航空機産業、そして軍事産業向けのNC装置付き中級機が大半であったが、現在ではそれに加えて海外生産を拡大している日系企業向け、拡大し続けるアジア市場におけるローカル企業等向けというように多様な広がりをみせている。また他方で、急角度で成長するアジア市場における中級機でありながら低価格であることが条件づけられているボリュームゾーンを、どのように捉えるかが国内大手工作機械メーカーを焦点に問われているように思える。

これに対し、半導体製造装置産業については、90年代前半まで世界をリードしていた日本半導体メーカーとの強い相互協力関係の下で発展してきたが、現在では海外有力半導体メーカーを中心とした凄まじい寡占化と、製造装置産業内部の寡占化の進展という新たな枠組みの中での開発競争、コスト競争をどのように乗り越えていくかが強く問われるなど、経営環境は大きく変化している。しかも、その生き残り競争は、世界レベルでの業界再編を背景に一段と強まっている。

他方、生産面から両産業を眺めると、産業全体としては共に国内に重心を置いているものの、すでに海外に重心を置く企業も、少ないながら散見されるようになっている。いったい、外需依存の進展は、両産業の今後の国内外事業展開にどのような影響を及ぼすことになるのであろうか。

こうした問題意識を持ちながら企業訪問を開始したわけだが、これまでの調査研究ではそれほど感じなかった大きな壁の存在に気づかされることになる。

40年ほど様々な企業の製造現場を近くで見ることで日本産業のものづくりをある程度理解できると思い込んでいたが、半導体製造装置産業分野では、製品としての製造装置に体化されている物理的、化学的な技術領域を、しかも目に見えないナノメートルの世界の技術領域を理解するのは容易ではなかった。すでに他の企業で聞いていた内容であるにもかかわらず、初めて聞く話のように感じることが少なくなかった。机の横に積み重ねた製造装置に関する解説書を事前に読んでいても理解できないことが常態化していたのである。そうした繰り返しの中で、何度も半導体製造装置産業を研究対象にしたことに対して、自分の能力からして無謀ではなかったかという思いに陥ったことは一度や二度ではなかった。

　今、なんとか気を持ち直し、分析研究に取り組めているのは、ひとえに技術的に素人の私に懇切丁寧に微細化と大容量化に対応する各製造装置の技術的課題等を教えていただいた半導体製造装置メーカーの方々のおかげである。教えていただいた内容をどこまで理解できたかは心許ないが、半導体製造装置産業が当面している技術的課題と各製造装置の生産機能の技術的特性を理解できる入口にはたどり着いたような気もしている。しかし、その入口から先の技術問題については、膨大な技術論文とか、基礎研究を含めた様々な研究課題を垣間見るにとどまっており、依然として理解を超えた領域であることはいうまでもない。

　他方、工作機械産業については、長年にわたって訪問を重ねてきた製造現場であり、学ぶ機会が多かったこともあり、入口段階の技術的理解はある程度できていると自負していた。しかし、長年接してきたことが逆に本質を見誤ることに繋がるとは皮肉なものである。たとえば、研削盤については、単純に仕上げ段階で使われる工作機械だと思い込んでいたが、加工条件、加工能力、加工精度の変化（向上等）、さらには加工対象の素材、形状等によってはマシニングセンタなどの切削機械と同様の主加工機としての使い方が例外的ではなくなっていたのである。また、プラスチック金型製作現場では放電加工機に代わって、短時間で直彫りできるマシニングセンタが普及しているなど、工作機械を取り巻く技術革新により、製造現場は進化し続けていたのである。いかに先入

観を持っての調査であってはならないかを思い知らされた企業訪問の連続であった。

　そうした意味では、かつてないほどの刺激的な調査研究であったと思っている。ここで「あった」と過去形で表現したが、それは本書をまとめるという意味であって、半導体製造装置産業と工作機械産業の研究が終わったというわけではない。むしろ、ここから本格的な研究に踏み出すことになると考えている。「日本産業と中小企業」の研究課題において、両産業は量産領域のものづくりと生産設備の開発・製作によって支えられていること、また国内需要の縮小を背景に外需依存に深く傾斜していること、そして両産業は同じ生産機械産業に位置しながらもその技術構造と存立構造の面で大きく異なっていることなどは、今後ともわれわれに様々な示唆を与えてくれるものと考えている。

　さて、本書を通じての研究は、多くの半導体製造装置メーカー、工作機械メーカーの方々、また両産業のものづくりを支えている中小加工業の方々からの貴重なお話により取り組むことができたものである。本来ならば一人ひとりのお名前を記載すべきところ、紙幅の関係から省略させていただくが、これらすべての方々にはこの場を借りてお礼申し上げたい。また、本書全体の拙い記述内容が適切であるか、企業個々が意図していることを誤って理解していないかなどの点で原稿全体に丁寧に目を通してくださった多摩大学准教授の奥山雅之様には格別の思いがある。ここに記してお礼を申し上げたい。

　最後に、いつも未熟な研究に対して、出版の機会を提供していただくと共に、適切な指摘ときめ細かな編集をしていただいた新評論の山田洋様に深く感謝申し上げる次第である。

　　2015年5月

　　　　　　　　　　　　　　　　　　　　　　　　　　加藤　秀雄

目　　次

はしがき　1

序　章　日本産業と中小企業の問題意識と分析視角 ……………………… 12

　　第1節　日本産業と中小企業に対する問題意識 …………………………… 12
　　　　1．グローバル経済下の日本産業と中小企業　12
　　　　2．外需依存時代における中小企業の発展可能性と限界　14
　　第2節　外需依存時代における生産機械産業の分析視角 ………………… 15
　　　　1．非量産領域としての生産機械産業の分析研究の起点　15
　　　　2．半導体製造装置産業と工作機械産業の比較分析上の視角　16
　　　　　(1)　ユーザー産業・企業の構成がもたらす影響　16
　　　　　(2)　産業内の競争関係の実態と変化　17
　　　　　(3)　技術革新とユーザーとの技術的関連性からの示唆　18
　　　　　(4)　国内外における生産体制とサービス体制の現状と今後　19
　　　　　(5)　大企業と中小企業という企業規模に基づく相違点　19
　　第3節　本書の構成 …………………………………………………………… 20

第1章　半導体製造装置産業の構造的特質と問題の焦点 ………………… 22

　　第1節　世界の半導体産業の構造的特質 …………………………………… 23
　　　　1．半導体産業の市場規模と寡占化の進展　23
　　　　　(1)　半導体の世界市場規模の推移　24
　　　　　(2)　日本半導体メーカーの低迷と世界の半導体企業の構成　28
　　　　2．半導体産業の業態変化と寡占化の進展　31
　　　　　(1)　ファブレス企業とファウンドリ企業の台頭による業界再編　31
　　　　　(2)　最先端領域の生産設備投資の集中　35
　　　　3．世界の半導体工場と日本の半導体工場　37
　　第2節　半導体製造装置産業の構造的特質 ………………………………… 39

1．日本半導体製造装置産業の成立と発展の歩み　39
　　　(1)　日本半導体産業の成立・発展期における製造装置産業　39
　　　(2)　プロセス技術の内部化と国内外市場における競争激化　42
　　2．日本半導体製造装置産業の定量的把握に際しての留意点　47
　　　(1)　協会の製造装置の構成と政府統計の品目との対比　47
　　　(2)　協会の統計データと政府統計の捕捉率について　49
　　　(3)　半導体製造装置の分類と主要な製造装置　53
　　3．工業統計等に基づく日本半導体製造装置産業の推移　54
　　　(1)　産業別の事業所数の推移　54
　　　(2)　品目別の事業所数の推移　55
　　4．協会の「販売統計」に基づく半導体製造装置産業の諸指標　56
　　　(1)　世界の半導体市場規模と製造装置の市場規模　56
　　　(2)　世界の製造装置の地域別販売高の推移　58
　　　(3)　世界の製造装置別（大分類）の販売構成比の推移　59
　　　(4)　日本企業の地域別販売高の推移　61
　　　(5)　日本企業の製造装置別（大分類）シェアの推移　63
第3節　半導体製造装置産業の寡占化の進展 …………………………………… 64
第4節　装置開発における半導体製造装置メーカーの課題 …………………… 67
　　1．指導から共同研究への変化の中での装置開発の課題　67
　　2．半導体製造工程における開発競争の焦点　68
　　　(1)　プロセス工程における開発競争の焦点　68
　　　(2)　組立工程と検査工程における開発競争の焦点　73
　　3．欧米企業と日本企業の研究開発費比率からの示唆　74
第5節　海外における生産体制とサービス体制の実態 ………………………… 77
　　1．海外生産体制等の実態　78
　　　(1)　1996年当時の協会・会員企業の海外生産状況　78
　　　(2)　現在（2013年）の製造装置メーカーの海外工場　80
　　2．外需依存とメンテナンス等のサービス事業の実態　81
　　　(1)　主に前工程に関わる装置メーカーの海外販売・サービス拠点　82
　　　(2)　組立・検査工程に関わる装置メーカーの海外販売・サービス拠点　84
　　　(3)　装置メーカーにおける海外販売・サービス拠点の国別の展開状況　84

第2章　日本工作機械産業の構造的特質と問題の焦点 86

第1節　日本工作機械産業の基本的特質 86
1．世界の中での日本工作機械産業の位置　87
2．統計データと各種データの特性　88
  (1) 工業統計調査と生産動態調査について　88
  (2) 日本工作機械工業会の「受注統計（受注額）」のデータ特性　90
3．日本工作機械産業の企業構成と産業規模　91
  (1) 工作機械メーカーの企業構成と企業数の推計　91
  (2) サポート企業としての部品加工業の企業数の推移と業種構成　94
4．日本工作機械産業の金額ベースに基づく業界及び機種別規模　97
  (1) 各種生産・出荷・受注データからみた産業規模の推移　97
  (2) 工作機械の品目（機種）別の金額と構成の推移　100
  (3) 日本工作機械産業の輸出比率と工業会・会員企業の外需依存率　104

第2節　国内外のユーザー産業の構成と推移 107
1．国内市場におけるユーザー産業の構成と推移　107
2．変化する海外需要とユーザー産業の構成と特質　110
  (1) 地域（国）別における海外需要の変化　110
  (2) 海外市場におけるユーザー産業の構成　114
  (3) 米国市場におけるユーザー産業と輸入先の推移　118
  (4) 中国市場におけるユーザー産業と輸入先の推移　120

第3節　工作機械産業の製品展開と技術構造の特質 124
1．製品領域をめぐる競争関係の重なりの進展　125
2．日本工作機械メーカーの多様性と中小メーカーの製品展開の特徴　128
  (1) 日本工作機械メーカーの製品展開の特徴　128
  (2) 主要製品分野における中小メーカーの製品展開　132
3．製品展開とユーザー産業の技術構造の特質　133

第4節　海外生産と海外サービス体制の役割と変化 135
1．海外生産の歩みと特徴　135
2．工業会・会員企業の中国生産　138
3．海外におけるサービス体制の実態　141

第3章　半導体製造装置産業における競争関係と寡占化の構造………146

第1節　半導体製造装置産業の競争関係と寡占化……………………147
1．産業内における競争関係と寡占化の進展状況　147
(1) 上位20社の売上高構成比と企業構成の変化　147
(2) 主要装置別のシェア上位3社の構成とシェア合計等の変化　148
(3) 寡占化がもたらす装置産業内の競争関係と中小メーカーの存立　151
2．寡占化と買収・合併・提携等の概要　155

第2節　主要製造装置市場における日本企業と欧米企業の競争関係…157
1．日本企業と欧米企業の競争関係のパターン　157
2．「90年代中頃」に日本企業が優位であった装置の現在　159
(1) 日本企業優位から欧米企業優位に変わった製造装置　159
(2) 日本企業優位から拮抗状態に変わった製造装置　161
(3) 日本企業優位が継続されている製造装置　164
3．「90年代中頃」に欧米企業が優位であった装置の現在　168
(1) 欧米企業優位から日本企業優位に変わった製造装置　168
(2) 欧米企業優位から拮抗状態に変わった製造装置　168
(3) 欧米企業優位が継続されている製造装置　169
4．「90年代中頃」に拮抗していた装置の現在　172
(1) 拮抗状態から日本企業優位に変わった製造装置　172
(2) 拮抗状態から欧米企業優位に変わった製造装置　173
(3) 拮抗状態が継続されている製造装置　175

第3節　製造装置産業における業界再編の行方……………………176
1．シェア上位企業の構成による現在の競争関係の整理　176
(1) 日本企業優位の装置における競争関係3分類と該当装置　176
(2) 半導体製造工程別の企業間競争の焦点と今後　177
2．大手製造装置メーカーの製品領域の拡大と業界再編の課題　179
(1) 製品領域の拡大がみられる企業及び企業グループの実態　181
(2) その他の企業グループ編成の特質　182

第4章　生産機械産業の諸問題と企業の取り組み——事例研究………184

　第1節　半導体製造装置産業の寡占化と業界再編の中で………………184
　　1．プロセス装置の技術革新と装置メーカーの「装置貸し出し」184
　　　⑴　プラズマCVD装置の開発と装置貸し出し——日本ASM　185
　　　⑵　製品展開と装置貸し出し——日立国際電気　186
　　　⑶　洗浄装置からの撤退——カイジョー　188
　　2．シェアの逆転要因と先進技術領域における開発競争の焦点　189
　　　⑴　競争力要因とEUV露光装置の取り組み——蘭ASML　189
　　　⑵　起死回生の露光装置開発への期待——ニコン　191
　　3．個別製造装置におけるシェア上位日本装置メーカーの競争力　193
　　　⑴　競争優位に立つ洗浄装置メーカー——大日本スクリーン製造　193
　　　⑵　CMP装置開発と寡占化の中での企業間競争——荏原製作所　195
　　4．欧米有力装置メーカーの事業戦略と経営特性　196
　　　⑴　企業価値向上と日本におけるサービス体制——米ラムリサーチ　196
　　　⑵　プロセス工程における検査装置の技術革新——米KLAテンコール　197
　　　⑶　サポート体制とユーザーの稼働率に対する考え方——蘭ASML　198
　　5．中小・中堅装置メーカーの困難と発展可能性　199
　　　⑴　欧米企業との競争と特定技術領域での差別化——レーザーテック　199
　　　⑵　改造再生事業と他分野への技術活用市場への展開——藤田製作所　201
　　　⑶　半導体製品の多様化の中での発展可能性——アピックヤマダ　201
　　6．半導体製造装置産業の発展期における緊密な取引関係　203
　　　⑴　プラスチック加工業から洗浄装置メーカーへの歩み——SG社　203
　　　⑵　装置メーカーとの取引に伴う製造開始と事業再編——MZ社　204
　　7．半導体製造装置産業の部品加工業の事業展開　205
　　　⑴　経営危機を乗り越え飛躍する機械加工業——KM社　205
　　　⑵　リーマンショック後の困難から新たな事業展開へ——HD社　207
　　　⑶　大型マシニングセンタの装備による差別化——IR社　208
　第2節　外需依存を強める工作機械産業の事業展開………………210
　　1．工作機械メーカーの国内外生産体制の構造　210
　　　⑴　海外生産の歩みと海外工場の概況——ヤマザキマザック　210

　　　　(2)　ASEANにおける生産体制の充実──岡本工作機械製作所　213
　　　　(3)　アジア地域への生産拠点の展開──シチズンマシナリーミヤノ　214
　　２．工作機械の制御技術としての各種補正技術の概要──オークマ　215
　　３．特殊加工領域とユーザー産業の構成　219
　　　　(1)　自動車産業の専用機ラインシステムの編成──豊和工業　219
　　　　(2)　超大型機と特定ユーザーの構成──東芝機械　220
　　４．海外市場におけるサービス体制の特徴　221
　　　　(1)　海外ユーザーに対する販売・サービス体制──ヤマザキマザック　222
　　　　(2)　仕上げ用研削盤の生産体制とサービス体制──大宮マシナリー　223
　　５．中小工作機械メーカーの存立基盤と発展課題　224
　　　　(1)　品質優先のマシニングセンタ製造と海外展開──安田工業　225
　　　　(2)　特注の研削盤生産と再生事業の取り組み──市川製作所　227
　　　　(3)　細穴放電加工機による特異な存立基盤の形成──エレニックス　229

終　章　生産機械産業の比較分析と今後の発展の行方 231

　　第1節　半導体製造装置産業と工作機械産業の比較を通じての示唆 231
　　　１．ユーザー産業・企業の構成からの示唆　231
　　　２．産業内の競争関係からの示唆　233
　　　３．技術革新とユーザーとの技術的関連性からの示唆　235
　　　４．海外生産体制と海外サービス体制からの示唆　239
　　　５．大企業と中小企業という分析視角からの示唆　241
　　第2節　生産機械産業の発展の行方 244
　　　１．半導体製造装置産業の発展の行方　244
　　　　(1)　日本半導体製造装置メーカーの発展に向けて　244
　　　　(2)　中小装置メーカーの発展に向けて　247
　　　２．工作機械産業の発展の行方　248
　　　　(1)　日本工作機械メーカーの発展に向けて　248
　　　　(2)　中小工作機械メーカーの発展に向けて　250
　　第3節　新たな調査研究の課題 251
参考文献　253

序　章　日本産業と中小企業の問題意識と分析視角

　まず、ここでは本書の分析を始めるにあたっての著者の問題意識を簡単に整理すると共に、比較研究の対象として取りあげる非量産領域の半導体製造装置産業と工作機械産業の分析視角を提示しておくことにする。そして、最後に本書全体の構成を示しておきたい。

第1節　日本産業と中小企業に対する問題意識

1．グローバル経済下の日本産業と中小企業

　日本産業と中小企業の発展場面は、ひとり国内にとどまることなく、海外を含めた地球レベルに広がっている。とりわけ、自動車、電機に代表される機械産業は、海外生産を前提とした世界的な生産体制を整えることが条件づけられるなど、国内のみで次代の発展を構想できる経営環境ではなくなっている。すでに「量産は海外で、非量産と開発は国内で」、そして「市場のある現地での生産」というのが、日本産業の生産戦略の基本的な考え方として定着しているように思える。

　また、日本産業の海外生産に向けての取り組みは、単純な量産のみならず非量産領域を含めた広がりをみせている。さらに、巨大市場の獲得を目指した日本産業の中国展開は、尖閣諸島問題を含め様々な政治問題が噴出し続けるなど不透明感を拭い去ることができず、新たな枠組みに基づく地域戦略の中で見直されている。

　そうした日本産業のものづくりを部品生産という領域で下支えしてきた中小企業においても、これまで数多くの企業が海外生産に踏み出してきた。たとえ人材、資本力に課題を抱えながらも、国内での発展場面の縮小をカバーすべく海外生産に果敢に挑戦してきた中小企業を高く評価しておきたい。しかし、残念ながら、海外生産に取り組んできた中小企業の海外進出の10年後、20年後を眺

めると、すでに海外から撤退を余儀なくされた企業、いや撤退ならばまだしも企業の存続が難しくなった企業も少なくないという厳しい現実が指摘できよう[1]。けっして、下請型中小企業にとっての海外展開は、企業発展を長期にわたって保証してくれる場ではないということであろう。

　もちろん、海外に進出せず、国内で頑張っていれば時代の困難を回避できたかどうかは誰にもわからない。また、日本産業のものづくりを支えている中小企業の大半は、海外に踏み出したくとも人材、資本力から国内にとどまり発展を模索し続けなくてはならないというのも、もう一つの現実である。いずれにしても、日本産業と中小企業をめぐる今日の経営環境は、海外市場、海外生産といったグローバル経済との関わりの中で位置づけることから逃れることができなくなっているといえよう。

　そうした時代状況の中で、本書では、「非量産は国内で」というものづくりの構図がどこまで妥当なものであるかを、自動車、電機などの「量産領域」のものづくりを生産設備面で支えている「非量産領域」の生産機械産業を取りあげながら検証していくことにする。

　すでに非量産も海外に生産移管されている例が少なからずみられるなど、時代は変化し続けているのである。この点、本書で取りあげる非量産領域の半導体製造装置産業と工作機械産業は、海外需要に依存する傾向を強めながら国内生産に重心を置き続けているのはなぜなのであろうか。単純に、非量産だからという理由のみで説明することができるのであろうか。

　こうした生産機械産業が国内生産に重心を置いている実態を分析することは、「非量産領域の日本産業と中小企業」の今後の発展を展望するに際して多くの示唆をもたらすのではないだろうか。その一方で、著者はわずかであろうとも「量産も国内で」という手がかりを、本書を通じての分析で見出せるのではないかと期待している。

---

1) 加藤秀雄（2011）、157-164頁。

２．外需依存時代における中小企業の発展可能性と限界

　著者のもう一つの問題意識は、経済のグローバル化の中における中小企業の発展場面がどのように描けるかという点にある。この場合の中小企業とは、自動車、電機に代表される機械産業を構成する中小製品メーカーと中小加工業である。本書では、外需依存を強め海外企業との競争を繰り広げている半導体製造装置産業と工作機械産業を構成する中小企業に注目していきたいと考えている。はたして、両産業の中小製品メーカーは、今後とも独自の存立の場を築いていけるのか、外部環境の変化にどう立ち向かえばいいのかという点に強い関心を持っている。

　特に、半導体製造装置産業では、日本半導体メーカーと共に発展してきた中小装置メーカーが、微細化と大容量化を背景とする開発投資の巨額化と世界レベルでの寡占化の進展の中で、どのような発展場面を構想できるかという点を強く意識している。ユーザー産業の寡占化と主要装置個々にみられる寡占化が大手企業を基軸に進展していることを考慮するならば、最先端の半導体生産に関わる装置の開発製造場面において中小装置メーカーが独自の発展場面を築くことはけっして容易ではないだろう。しかし、それでも装置市場を細分化してみると、中小装置メーカーが高いシェアを確保しているケースが確認できるだけに、著者にみえていない装置分野において、様々な発展可能性が広がっているのではないかという期待を捨て去ることはできない。

　他方、多様なユーザー産業と数え切れないほどのニーズを備えているユーザー企業を構成する工作機械産業の中小メーカーの存立発展場面を描くことは、それほど難しくはないのではないだろうか。しかし、事はそれほど単純ではなく、国内ユーザーの設備投資意欲の長きにわたっての冷え込みが、中小メーカーといえども海外に一段と踏み込まざるを得ないという厳しい経営環境をもたらしているのではないだろうか。リーマンショックは、そうした海外需要を重視した事業展開の方向を決定づけたといっても過言ではない。とはいえ、国内以上に、メンテナンス等に時間と費用を要する海外販売に中小メーカーは、どこまで踏み出すことができるのであろうか。

　また、中国を焦点としたアジア市場における「低価格で中級機」というボリ

ュームゾーンについては、海外生産での対応がコスト競争面からすると必須と考えられるが、そうした事業展開は、はたして中小メーカーの発展可能性に繋がるのであろうか。すでに、アジア市場は、そうしたボリュームゾーンにおける低価格で中級機という単純な構図で語ることができないほどに多様化が進展している。そうした変化し続ける海外需要に対して、中小メーカーはどのように関わりを持てばいいのであろうか。

第2節　外需依存時代における生産機械産業の分析視角

1．非量産領域としての生産機械産業の分析研究の起点

そうした私の問題意識というか関心事の一つである「非量産領域の日本産業と中小企業」の今後を展望するとき、本書では非量産領域を構成する生産機械産業のうち、半導体製造装置産業と工作機械産業を取りあげながら、分析を加えていくことにしている。

もちろん、「非量産領域の日本産業と中小企業の発展課題」を、ここでの半導体製造装置産業と工作機械産業の分析研究で、すべてをカバーできるとは考えていない。ほんの一部でも、非量産領域の日本産業と中小企業の問題を理解する手がかりが提示できればと考えている。ところで、なぜ半導体製造装置産業と工作機械産業を比較分析の対象として選んだかについて、少し説明しておくことにしよう。

理由の一つは、両産業共に、生産設備である製品が、半導体製造装置産業では半導体という電子部品の製造装置であり、工作機械産業では自動車を始めとした機械産業の金属等の機械（切削等）加工などの生産設備であるというように、日本産業の発展をリードしてきた自動車、電機産業のものづくりを支える生産機械設備を手がける産業であることに共通していることにある。

二つは、両産業共に、国内のユーザー産業の低迷、あるいは設備投資の冷え込みを背景に、海外需要依存を強めているという点に共通していることにある。今後の日本産業と中小企業の発展を構想するとき、海外との関わりが強い産業からの示唆は決して小さくはないと考えている。

三つは、海外需要に発展の場を求めながら国内生産に重心を置き続けているという点に共通していることにある。それは、「非量産は国内生産」という単純な構図で理解すべきではなく、両産業の事業展開に影響を及ぼす諸要因の分析を通じての方向性と、どのように関係づけられるのかということを含めて、日本産業と中小企業の国内外事業展開に多くの示唆をもたらすと考えているからにほかならない。

　こうした両産業の共通点を起点とした比較研究は、それぞれの相違点に着目しながら進めることで、次代の日本産業と中小企業の発展に向けての示唆を得ていくことになると考えている。

2．半導体製造装置産業と工作機械産業の比較分析上の視角

　いったい、外需依存を共に強めている工作機械産業と半導体製造装置産業の発展は、どのような場面にあるのであろうか。そうした点を意識しながら、本書では以下の5つの分析視角から、両産業を取りあげていくことにする。

（1）ユーザー産業・企業の構成がもたらす影響

　まず、一つの分析視角として、工作機械産業と半導体製造装置産業の市場としてのユーザー産業・企業がどのように構成されているかをあげたい。ユーザー産業・企業の構成は、両産業の事業展開に多大な影響を及ぼすと考えられる。

　この点、工作機械産業では、主に機械産業を構成する様々な産業分野の部品生産に関わる膨大な数の製造業がユーザー産業・企業として数えあげられる。それは国内の製造業でいうならば、たとえば機械金属工業の9業種[2]の事業所数17万事業所のうち、少なくとも2割とか3割の事業所が、何らかの形で工作機械を装備するユーザー事業所であると予想される。この数は国内のみであり、海外を含めた世界レベルでのユーザー産業・企業はさらに膨大な数になるであ

---

2) ここでいう9業種とは、「日本標準産業分類・製造業」の中分類でいうと、鉄鋼業、非鉄金属製品、金属製品、はん用機械、生産用機械、業務用機械、電気機械、情報通信機械、輸送用機械である。従業者1－3人を含めた全数調査の最後の年となった2008年のこれらの業種の総数は、170,888事業所であった。

ろう。

　これに対し、半導体製造装置産業のユーザー産業・企業は、比較にならないほど少数である。実際、ユーザー産業という点では、半導体産業に限定されている。他方、世界各地に立地するファブレス企業を除く半導体メーカーの2013年現在の企業数と工場数は、電子ジャーナル編『半導体製造装置データブック』（2014年版）によると、263企業（各国ごとに集計した企業数の単純合計）、422工場を数えているにすぎない。

　このように工作機械産業と半導体製造装置産業では、ユーザー産業・企業の数が大きく異なっている。それは、不特定多数、かつ地域ごとに異なるニーズを備える工作機械産業、地域性ではなく特定企業のニーズへの対応が明確に求められる半導体製造装置産業という違いへと繋がっている。このことが両産業の国内外事業展開だけでなく、あらゆる事業活動に直接、間接的に影響を及ぼすことになると考えられる。

（2）産業内の競争関係の実態と変化

　二つ目の分析視角としては、両産業内部の競争関係をあげておきたい。ここで注目しておきたいのは、産業内の競争相手が特定化されているのか、不特定なのか、またそこでの競争関係が、どのように変化しているのかいう点である。

　この点、半導体製造装置の産業内の競争関係は、一段と寡占化を強めている。ただ、その寡占化も装置個々に上位3社の合計シェアが高まっているだけでなく、その増加の大半が、シェア1位企業のシェア拡大によるという傾向もみられる。こうした寡占化の進展については、次のような半導体製造装置メーカーをめぐる経営環境変化と関連づけて理解することができる。

　その理由の一つは、技術革新に対応する製品開発投資が、半導体の微細化と大容量化の進展と共に巨額化していることである。二つは、半導体メーカーにおける製造装置の調達戦略の変化である。製造装置の調達は、いわゆる自動車産業などにみられた調達の安全性という2社購買の考え方と重なる部分もあるが、ここでのシェア1位と2位企業への集中は、シェア1位企業の独占化に伴うコスト面と技術革新面での影響力拡大を回避させようとする半導体メーカー

の意図[3]が存在するように思える。

　他方、工作機械については、機種によっては限られた企業しか製作できないケースもみられるが、半導体製造装置のように、大半の機種が寡占状態にあるわけではない。むしろ、世界的にみれば、様々な加工精度と、製品価格の幅広さがみられるものの、メーカー数の多さから過当競争に陥る懸念を孕んでいるといってよいだろう。また、設備投資面からみると、使い慣れたメーカーの工作機械を引き続き購入するという購買行動が一般的であるといわれているが、それは絶対的なものではなく、代替できる他メーカー品の購入が検討されることも少なくないのも工作機械市場における競争関係の特徴の一つである。

　以上のように、半導体製造装置産業の寡占化と工作機械産業が秘めている過当競争という取引環境の違いは、先のユーザー産業・企業の特定・不特定という構図と有機的に関連しながら、両産業における今後の国内外事業展開の行方を方向づけていくことが予想される。

（3）　技術革新とユーザーとの技術的関連性からの示唆

　三つ目の分析視角として、両産業の技術革新の所在と、ユーザーとの技術的関連性、さらには技術革新に伴う研究開発体制がどのように整えられているかという点をあげておきたい。

　半導体製造装置産業をめぐる技術革新の一つは、半導体生産におけるプロセス技術開発に基づく量産装置を開発製造するところにある。これまで、量産装置の開発製造は、プロセス処理の研究開発に取り組む半導体メーカーを主体とする共同開発の下で進められてきた。しかし、現在では、半導体の設計から開

3）この2社購買とは、直接関係しないが、半導体メーカーの装置メーカーに対する影響力という点では、東京エレクトロンと米アプライドマテリアルズの統合問題に対する半導体メーカーの動向が注目されていた。この点について、その統合撤回が伝えられた2015年4月28日付の「日本経済新聞」では、次のような記述がみられたことは興味深い。「関係者によると、米司法省の厳しい対応の裏には大手半導体メーカーの働きかけがあったとの声もある。大手半導体メーカーは巨大装置メーカーの誕生に二つの理由から危機感を抱いていた。一つは統合で両者の発言力が高まり、半導体メーカーが価格交渉で不利になりかねないことだ。もう一つは最先端技術を巡る主導権争いだ」。

発、そして製造に至るすべてを手がけてきた総合デバイスメーカー（IDM）としての半導体メーカーだけでなく、受託生産のファウンドリ企業、さらにはプロセス技術が劣っていたアジア企業[4]の台頭などを背景に、プロセス技術者を内部に抱え込み装置開発を手がけることが装置メーカー存立発展の条件の一つに数えあげられている。

　他方、工作機械産業における技術革新の主役は、あくまでも工作機械メーカーにあるという点で半導体製造装置産業とは大きく異なっていることが指摘できる。また、工作機械メーカーは、工作機械を開発製造するだけでなく、自らがユーザーとなって工作機械を使いこなすという二つの立場から技術革新に取り組んできたという特徴を備えている。こうした違いに注目し両産業を比較することは有益であると考えている。

（4）　国内外における生産体制とサービス体制の現状と今後

　四つ目の分析視角としては、外需依存を強めている両産業の国内外の生産体制とサービス体制がどのように整備されているかという点があげられる。特に、外需依存を強めていった自動車、電機産業の海外生産の歩みを、外需依存が強まる両産業がタイムラグを生じながらも辿っていくことになるのか、あるいは国内生産に重心を置き続けるのかという点は、今後の日本産業と中小企業の国内外生産の行方を展望する上で重要であろう。

　また、生産設備ゆえに条件づけられている修理等のメンテナンスのサービス体制が、海外販売においてどのように整備されているのかについても、今後の両産業の海外展開を検討する上で重要であると考えている。

（5）　大企業と中小企業という企業規模に基づく相違点

　五つ目の「大企業と中小企業」という分析視角は、一つは両産業それぞれにおいて企業規模の違いが、事業活動の制約になっているのか否かという関心事

---

[4]　現在の韓国サムスン、台湾 TSMC の技術開発力は、巨額の研究開発投資を積み重ねてきたことから、すでに日本半導体メーカーと並んでいる、あるいは超えているという見方を多くの日本半導体製造装置メーカーがしている。各社のヒアリング調査により。

に基づくものである。二つは、先の四つの分析視角を「大企業と中小企業」という区分でみたとき、どのような違いがみられるかという点に基づいている。けっして、大企業と中小企業の問題で指摘されているヒト、モノ、カネの格差を前提とするものではないが、そうした問題を乗り越える手がかりを可能な限り求めていきたいと考えている。

第3節　本書の構成

さて、本書の各章は、次のような内容で構成している。

まず、「第1章　半導体製造装置産業の構造的特質と問題の焦点」では、わが国の半導体製造装置産業の今日的課題である外需依存の構造問題を明らかにするために、ユーザー産業の分析と、各種統計データ等を用いながらの定量的な分析と、事例研究を通じて得た知見に基づく定性的な分析を行っている。第1節では、半導体製造装置産業の発展場面を理解するためにユーザーである半導体産業を取りあげ、そこで繰り広げられている企業間競争を寡占化の視点に基づき分析している。第2節では、日本の半導体産業の発展と共に歩んできた装置産業がどのような産業規模を構成してきたかを統計データ等により明らかにしている。第3節では、世界の装置市場における競争関係を、主要装置ごとのシェアを取りあげ概観している。第4節では、半導体生産における先進的な技術革新に基づく装置開発が、どのように進められているかを主要工程別に明らかにしている。第5節では、外需依存を強める中にあって国内生産に重心を置きながら取り組んでいる海外生産と、海外ユーザーに対してのサービス体制の整備状況を整理している。

「第2章　日本工作機械産業の構造的特質と問題の焦点」では、国内における長期にわたる設備投資の冷え込みを背景に海外需要依存を強めているわが国の工作機械産業の実態を明らかにするために、各種データに基づく定量分析と、事例研究を通じて得た知見に基づく定性的な分析を行っている。第1節では、各種の統計データに基づき、日本工作機械産業を概観している。第2節では、国内外のユーザー産業の構成を、工業会・会員企業の「受注統計」に基づき分

析している。第3節では、工作機械産業における製品別競争関係と、ユーザー産業との技術的関連性について整理している。第4節では、外需依存の過程で進めてきた海外生産の歩みと特徴、さらには中国生産の取り組みについて整理している。

「第3章　半導体製造装置産業における競争関係と寡占化の構造」では、製造装置産業内の競争関係の変化を、次の二つの視角から分析している。一つは、主要装置ごとに推計されている売上高上位の装置メーカーの構成と、そのメーカーのシェアの推移に基づく競争関係の変化に着目するというものある。二つは、装置産業の競争関係を日本企業と欧米企業という集団として捉え分析する視角である。また、欧米企業と日本企業における「買収・合併・提携等」の取り組み状況に触れている。

「第4章　生産機械産業の諸問題と企業の取り組み——事例研究」では、半導体製造装置産業と工作機械産業が抱えている諸問題や構造的特質などを、特定のテーマに絞りながら、事例企業を通じて理解することを目的に構成している。したがって、ここでの事例研究は、個別企業の事業活動全体を取りあげるものではなく、一つのテーマを整理するために、複数の企業を取りあげ整理したものである。

「終章　生産機械産業の比較分析と今後の発展の行方」では、前章までの分析を踏まえながら、わが国の半導体製造装置産業と工作機械産業の共通点と相違点を整理すると共に、それらを「大企業と中小企業」という分析視角から再整理している。また、両産業の発展の行方を展望することを試みている。最後に、本書の分析研究を通じて明らかになった著者の次なる研究課題を述べている。

第1章　半導体製造装置産業の構造的特質と問題の焦点

　わが国の半導体製造装置産業は、1960年代以降に繰り広げられた日本半導体メーカー[1]による製造装置の国産化策のもとで形成され始める[2]と共に、その後の日本半導体メーカーの拡大発展に伴って生産規模を拡大しながら発展してきた。しかし、現在では日本半導体製造装置産業の発展をリードしてきた日本半導体メーカーに勢いがなくなり、国内における半導体製造装置市場は大きく縮小しているというのが実態である。91年度44.9％[3]を占めていた半導体製造装置の日本市場は、いまや１割[4]前後に落ち込むという状況に陥っている。

　実際、半導体産業における日本半導体メーカーの勢いは目を覆うばかりであり、設備投資規模が突出している米インテル、韓国サムスン、台湾TSMCの３社[5]が半導体製造の技術革新だけでなく、半導体製造装置の開発に関しても大きな影響力を及ぼす時代に突入している。もちろん、日本勢の中で設備投資に積極的に取り組んでいる東芝[6]の例もあるが、半導体製造装置産業のユーザーである半導体産業の大半は日本メーカーではなく、海外メーカーを軸に構成

---

1) 本書では、半導体生産に関わる企業すべてを「半導体企業」と呼ぶ。このうち、設計のみを手がけ製造は外部に委託する企業を「ファブレス企業」と呼ぶ。また、半導体企業のうち、ファブレス企業を除いた製造工程を備える企業すべてを「半導体メーカー」と呼ぶ。なお、この半導体メーカーは、設計から製造すべてを垂直的に実施している企業を「総合デバイスメーカー（IDM）」、製造の受託専業企業を「ファウンドリ企業」と区分している。こうした区分は、半導体産業の概況を記述している第１節が主で、第２節以降は、製造装置メーカーのユーザーとしての企業を意識しているので「半導体メーカー」として記述するケースが大半である。
2) 垂井康夫（1991）、48-98頁。
3) 社団法人日本半導体製造装置協会（1995年度版）、9頁。
4) 一般社団法人日本半導体製造装置協会（2013年版）によると、2012年度8.5％、2013年度10.5％である（図１-５を参照）。また、日本企業の日本市場向けの販売の割合も２割に落ち込んでいる。
5) 2013年の３社の製造設備投資額は、世界のそれの75.5％に達している（表１-３を参照）。
6) 東芝は、米サンディスク社との共同出資（4000億円）により高集積のフラッシュメモリの生産体制を強化するという計画を打ち出している。「日本経済新聞」2013年8月6日付。

されているのである。

　こうした世界の半導体製造装置産業を取り巻く市場環境の変化の中で、日本半導体製造装置産業はどのように発展場面を構築してきたのであろうか。かつてのように日本半導体メーカーに依存し続けていたのでは企業としての存続そのものが危ぶまれたであろう。しかし、日本半導体製造装置産業は、いまなお世界の半導体製造装置市場の中で3割から4割のシェア[7]を維持するなど、その存在感は個々の企業によって異なるが、全体としては維持し続けているといってもよいだろう。

　とはいえ、特定のユーザー企業の影響力が一段と強まり、さらに大半が海外メーカーによって占められている海外市場において、その存在感を維持、発展させることはけっして容易ではない。本章では、こうした日本半導体製造装置産業の今後の発展課題を検討するために、ユーザーである半導体産業と半導体製造装置産業自身の構造的特質と直面している諸課題について整理しておくことにする。

第1節　世界の半導体産業の構造的特質

　半導体製造装置産業におけるユーザーは、本書で取りあげるもう一つの工作機械産業のユーザー産業の多様性、あるいはユーザー企業の多様性と圧倒的な企業数の多さに比べると、特定の産業と企業に限られていることが特質としてあげられる。

1．半導体産業の市場規模と寡占化の進展
　まず、ここでは今日の世界の半導体市場がどのような変化を示しているかという点と、その半導体市場の中での半導体企業の売上ランキングがどのように変化しているかに注目し、日本半導体メーカーの競争力の低下をみていくことにする。

---

7) 図1－7を参照されたい。

(1) 半導体の世界市場規模の推移

　半導体産業は、電機産業にとどまることなく、機械産業全般の機械工業製品に組み込まれる電子部品としての市場拡大を伴いながら飛躍的に発展を遂げてきた。いや今後も、半導体市場は微細化と大容量化、そして多様化[8]を伴いながらさらなる拡大が予想されている。そうした拡大を続ける産業において、日本半導体メーカーは、欧米半導体メーカーを凌ぐほどの繁栄を謳歌したにもかかわらず、なぜ市場競争力を大幅に低下することになったのであろうか。ここでは、そうした点を念頭に置きながら、また、本書の分析対象である半導体製造装置産業の分析研究に必要な内容に極力絞りながら、半導体産業を概観していくことにする。

アジア市場の拡大がリードする世界の半導体市場

　図1－1は、1984年に設立された世界の主要半導体メーカーの多くが加盟している半導体市場に関する世界的統計機関であるWSTS（世界半導体市場統

図1－1　世界の半導体市場の実績と予測

単位：億ドル

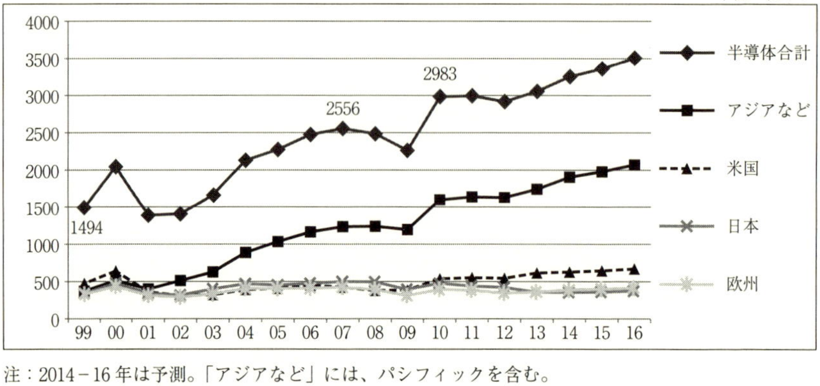

注：2014－16年は予測。「アジアなど」には、パシフィックを含む。
資料：WSTS日本協議会「WSTS半導体市場予測について」各年の春・秋版、より作成。

[8) 現在、半導体のアイテム数は、把握できないほどの数にのぼるが、そのことよりも様々な分野での用途の広がり、機能面の多様性に注目する必要がある。

計）の市場予測会議[9]で発表された実績と予測を時系列で表したものである。

　これによると、世界の半導体市場は、今後も拡大を続けていくことが予想されている。99年1494億ドル[10]であった半導体の世界市場は、リーマンショック前の07年には2556億ドルに拡大する。リーマンショックにより、半導体市場は落ち込むが、10年には2983億ドルに拡大し、14〜16年には、3000億ドルを大きく超えると予測している。

　地域別にみると、各種機械工業製品の生産が活発なアジア市場が、四つに分類された地域別[11]で最も顕著な伸びを示している。アジア市場の割合は、99年24.9％であったが、13年では57.2％と拡大している。こうした市場拡大は、ASEANにおける工業生産の拡大や、世界の工場として発展してきた中国市場が寄与していることはいうまでもない。これに対し、日本と欧州の市場規模は、生産活動の低迷を背景に長く横ばい状態が続いている。他方、米国市場も長ら

図1−2　半導体の製品別市場規模の実績と予測

単位：億ドル

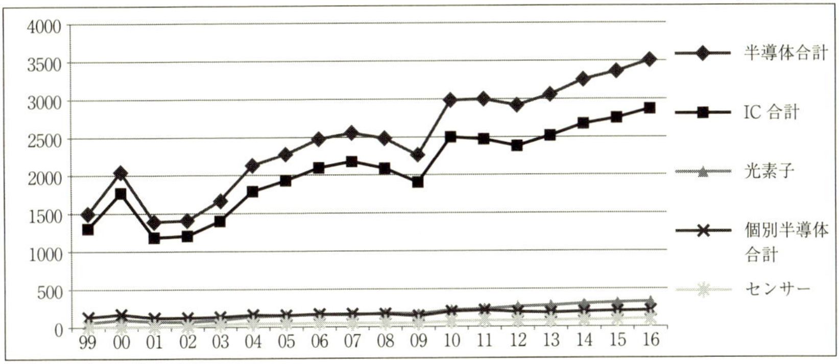

注：2014−16年は予測。
資料：WSTS日本協議会「WSTS半導体市場予測について」各年の春・秋版、より作成。

9）春、秋の年2回、この会議は開催されている。
10）本書では、金額等の単位に関して、千、百万、十億という3桁刻みの場合は、「,」で区切るが、万、億という4桁刻みの場合には、「,」を付けない。たとえば、4000億円とする。
11）分類では、「アジア・パシフィック」になっているが、アジアの占める割合が圧倒的であるので、ここでは「アジア」と表記しておく。

表1-1　半導体の製品分類表

WSTS（世界半導体市場統計）	社団法人電子情報技術産業協会　JEITA	経済産業省・生産動態統計
集積回路（モノシリックIC） 　アナログ 　　汎用アナログ 　　専用アナログ 　メモリ 　　MOS　DRAM 　　MOS　SRAM 　　MOSマスクPROM & EPROM 　　フラッシュメモリ 　　その他メモリ 　ロジック 　　デジタルバイポーラ 　　汎用MOSロジック 　　MOSゲートアレイ 　　MOSスタンダートセル&FPLD 　　MOSディスプレイドライバ 　　MOS特定用途向けロジック 　マイクロ 　　MOS　MPU 　　MOS　MCU 　　DSP	IC（集積回路） 　アナログIC 　　スタンダードリニア 　　ミックスドシグナル 　　アナログASIC 　メモリ 　　揮発性メモリ 　　　DRAM 　　　SRAM 　　不揮発性メモリ 　　　RAM 　　　ROM 　ロジックIC 　　ASIC（特定用途向けIC） 　　ASCP/USIC（特定用途顧客向け） 　　ASSP（特定用途向け標準IC） 　　標準ロジック 　マイコン 　　MPU 　　MCU 　　DSP	集積回路 　半導体集積回路 　　線形回路（リニアIC） 　　　標準線形回路 　　　非標準線形回路 　　　　産業用機器向 　　　　民生用機器向 　　計数回路（デジタルIC） 　　　バイポーラ型 　　　モス型 　　　　メモリ（記憶素子） 　　　　　DRAM 　　　　　SRAM 　　　　　フラッシュメモリ 　　　　　その他メモリ 　　　　ロジック（論理回路） 　　　　　標準ロジック 　　　　　セミカスタム 　　　　　ディスプレイドライバ 　　　　　その他のロジックIC 　　　　マイクロコンピュータ 　　　　　MPU 　　　　　MCU 　　　　その他のMOS型 　　　　　CCD 　　　　　その他MOS型 　　混成集積回路（ハイブリッドIC）
	ハイブリッドIC 　薄膜 　厚膜	
オプトエレクトロニクス（光素子） 　ディスプレイ 　ランプ 　カプラ/アイソレータ、スイッチ 　イメージセンサ（CC、CMOS）	オプトエレクトロニクス（光デバイス） 　発光デバイス 　　発光ダイオード 　受光デバイス 　　撮像素子 　　　CCD 　光複合デバイス 　光通信用デバイス	半導体素子 　シリコンダイオード 　　整流素子（100mA以上） 　トランジスタ 　　シリコントランジスタ 　　電界効果型トランジスタ 　　IGBT 　サーミスタ 　バリスタ 　サイリスタ 　光電変換素子 　　発光ダイオード 　　レーザダイオード 　　カプラ・インタラプタ 　　太陽電池セル 　　その他の光電変換素子 　　その他の半導体素子
センサ、アクチュエータ 　温度、その他センサ 　圧力センサ 　加速度、ヨーレートセンサ 　磁界センサ 　アクチュエータ	センサ/アクチュエータ 　センサ 　　温度センサ 　　圧力センサ 　　加速度センサ 　　磁界センサ 　　その他のセンサ 　アクチュエータ 　　光シャッタ 　　バイモルフ 　　ヒートシンク	
個別半導体素子（ディスクリート） 　ダイオード 　小信号トランジスタ 　パワートランジスタ 　整流素子 　サイリスタ	ディスクリート（個別半導体） 　ダイオード 　トランジスタ 　サイリスタ 　モジュール 　その他の個別半導体素子	
	マイクロ波デバイス 　ディスクリート 　　高周波ダイオード 　　高周波トランジスタ 　IC 　　GaAs IC 　　MMIC 　　モジュール	

注：半導体製品の分類は、各機関等によって異なっている。大括りでは、WSTSは4区分、電子情報技術産業協会は6区分、経済産業省・動態調査統計では二つに区分されている。また、それらの分類と、名称は微妙に異なっている。

資料：WSTSとJEITAの分類は、社団法人電子情報技術産業協会『よくわかる半導体-ICガイドブック2009基礎編より』2009年、22-23頁。経済産業省「生産動態統計」、より作成。

図1-3　IC（集積回路）の製品別市場規模の実績と予測

単位：億ドル

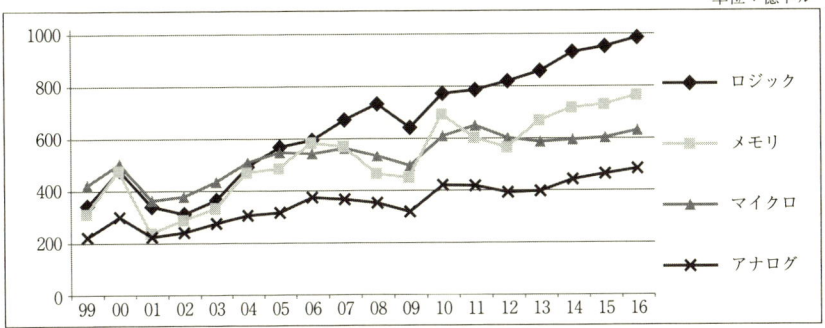

[グラフ：1999年から2016年までのロジック、メモリ、マイクロ、アナログの市場規模推移]

注：2013-15年は予測。
資料：WSTS日本協議会「WSTS半導体市場予測について」各年の春・秋版、より作成。

く低迷を続けていたが、10年以降に拡大の兆しがみられ、14年から16年にかけては微増と予測されている。

半導体の市場拡大はICの市場拡大にリードされて

図1-2は、半導体の市場規模の推移を、四つの製品分類でみたものである。これによると、半導体合計の約8割強を占める「IC合計」にリードされ半導体市場が拡大し続けていることが認められる。他方、トランジスタ、ダイオードなどの「個別半導体」は、2000年前後には8％を超えていたが、05年以降はほぼ6％台に縮小している。ちなみに、13年の市場規模は、182億ドルとやや低下傾向がみられる。他方、イメージセンサ（CCD、CMOSセンサ）などの「光素子」については、構成比が99年の3.9％から13年では9.0％へと拡大し、金額的にも同期間4倍強（13年、286億ドル）になっている。また、温度、圧力などの「センサ」は、構成比をみると99年0.2％から13年2.6％（同、80億ドル）と飛躍的に拡大している。

なお、WSTSの製品分類は、表1-1に示すとおりであるが、半導体の分類とか製品の名称などは、他の機関と微妙に異なっている。このため、本書では、これらの分類、名称等で可能な限り統一したいと考えているが、それぞれ

の機関等の表示を尊重しなければならないケースも多々あり、必ずしも統一できていないことを断っておきたい[12]。

　次に、半導体の大半を占めている IC（集積回路）を四つの製品群（表1－1を参照）に分類した市場規模についてである。図1－3によると、「ロジック」が市場規模でも最も高く、また伸び率も高いことが認められる。これに対して、13年に再び「マイクロ」を上回った「メモリ」が、その後もやや伸び率が高いと予測されている。四つめの「アナログ」については、構成比ではわずかに低下しているが、市場規模としては微増傾向にある。

（2）　日本半導体メーカーの低迷と世界の半導体企業の構成

　半導体の市場規模は、景気変動の影響を受けてきたが、拡大基調を維持し続けている。そうした半導体市場の拡大にもかかわらず日本半導体メーカーの競争力が低下し続けている。起死回生を願ってのメモリ生産の統合企業としてのエルピーダメモリ[13]も、会社更生法、そして米国マイクロン社への売却という困難に直面した。また、自動車用ロジック IC に競争力を持つルネサスエレクトロニクス[14]も、ユーザー産業等の支援なくして経営が維持できなくなるなど、日本半導体メーカーの低迷は否定すべくもない。

　こうした日本半導体メーカーの競争力低下の実態を、電子ジャーナル編『半導体データブック』に基づいて作成した表1－2でみてみよう。この表に掲載されている「半導体企業」には、「総合デバイスメーカー（IDM）」と「ファウドリ企業（受託生産専業メーカー）」からなる「半導体メーカー」と、設計

───────

12）このうち、名称等で様々な使い方がされているのは「ウエーハ」である。本書では、本文は「ウエーハ」に統一するが、統計等の各種データでどのように表記されているかを明らかにするために、図表に用いる名称については、元データの表記とする。
13）エルピーダは、1999年日本電気と日立の DRAM 事業が統合して設立される。2003年三菱電機の DRAM 事業を買収し、日本で唯一の DRAM メーカーとなる。その後、2012年会社更生法の適用、2013年7月米マイクロン社の完全子会社となる。「日本経済新聞電子版」2013年10月4日より。さらに、14年には、1000億円の設備投資効果とメモリ市場の動向による業績変化がみられる。
14）ルネサスエレクトロニクスは、2003年日立と三菱の半導体ロジック部門が統合し設立されたルネサステクノロジーと、NEC エレクトロニクスが、2010年に経営統合された企業である。

表1－2　世界の半導体企業の売上高上位20社の変化（ファブレス等を含む）

単位：億ドル

順位	1993 国	メーカー名	売上	2000 国	メーカー名	売上	2013 国	メーカー名	売上	業態	主要製品
1	米	Intel	88	米	Intel	290	米	Intel	468		マイクロ
2	日	NEC	70	韓	Samsung Electronics	108	韓	Samsung Electronics	349		メモリ
3	日	東芝	65	米	Texas Instruments	103	台	TSMC	202	☆	ロジック
4	米	Motorola	57	日	東芝	100	米	Qualcomn	170	△	ワイヤレス通信用
5	日	日立製作所	53	日	NEC	87	韓	SK Hynix	132		メモリ
6	米	Texas Instruments	47	米	Motorola	79	日	東芝	119		メモリ、システムLSI
7	日	富士通	36	欧	STMicroelectronics	78	米	Texas Instruments	118		アナログほか
8	日	三菱電機	35	日	日立製作所	70	米	Micron Technology	93		メモリ
9	韓	Samsung Electronics	32	欧	Infineon Technologies	69	米	Broadcom	83	△	通信用LSI
10	日	松下電子工業	23	韓	Hynix Semiconductor	65	欧	STMicroelectronics	81		幅広いラインナップ
11	欧	Pilips	23	欧	Pilips Semiconductors	64	日	ルネサスエレクトロニクス	80		マイクロ、アナログ
12	米	National Semiconductor	21	日	三菱電機	62	米	AMD	53	▲	マイクロ
13	欧	SGS-Thomson	21	米	Micron Tecnorogy	61	欧	Infineon Technologies	51		産業・車載用
14	日	三洋電機	20	日	富士通	57	台	ASE	49	☆	組立・検査
15	日	シャープ	18	米	IBM Microelectronics	55	欧	NXP Semiconductor	48		無線、アナログほか
16	日	ソニー	18	台	TSMC	54	日	ソニー	47		LSI、イメージセンサ
17	米	AMD	16	米	AMD	53	台	MediaTek	46	△	スマホ用プロセッサ
18	日	沖電気工業	16	日	松下電機産業	40	米	Globalfoundries	43	☆	ロジック
19	欧	Siemens	13	米	Agere Systems	39	台	United Microelectronics	42	☆	ロジック
20	日	ローム	12	日	ソニー	36	米	Freecale Semiconductor	42	▲	半導体ソリューション

注：☆はファウンドリ企業、△はファブレス企業、▲は一部自社生産等を含むが大半が外部に依存している企業（ファブライト企業とも呼ばれているが、ここでの企業はファブレス企業に近い業態となっている）。
資料：電子ジャーナル編『半導体データブック』1994年、2001年、2015年版、より作成。

を手がけ、製造は委託している「ファブレス企業」を含んでいる。

　まず、93年において、日本企業[15]が上位20社のうち11社を占め、さらに上位10社に絞ると6社を占めていたことが注目される。ここでの企業名を眺めると、日本を代表する電機メーカーのオンパレード[16]である。いかに半導体産業を日本の電機メーカーが成長分野として取り組んできたかが理解できよう。この時代、後に台頭してくるファウンドリ企業の存在は、上位20社には見当たらない。大半は、設計から製造を手がける総合デバイスメーカー（IDM）であり、米国ではインテル、モトローラ、TIが、欧州では蘭フィリップス、独シーメン

---

[15] 日本半導体メーカーの大半の業態は、IDMであったことはいうまでもない。
[16] 日本では、半導体産業の育成が国策として取り組まれてきたこともあり、電電公社との関係が深い企業群と、電機メーカーの多くが参入したという経緯が知られている。榊原清則(1981)、162-164頁。

スという有力企業が並んでいる。この中で、韓国サムスンがすでに9位に位置するまで力をつけてきたことを、その後の半導体産業の変化を象徴するという意味で注目しておきたい。

続く2000年になると、日本メーカーは7社となる。ここで注目される一つは、先のサムスンが第2位に躍進していることであり、二つは台湾TSMCが16位に登場してきたことであろう。この2社の躍進については、日米半導体問題という経済摩擦問題に基づく分析が数多くされているが[17]、ここでは半導体生産における製造装置開発を含めた技術構造に変化をもたらしたという点で注目しておきたい。それまでの半導体生産が、半導体メーカーの「プロセス技術」[18]の上に成立していた時代から、極論すれば巨額の投資能力があれば可能になる時代への移行を象徴する出来事といえるかも知れない。

そして、2013年は今日の半導体産業の競争関係を象徴的に示している。何よりも注目すべきは、今日の半導体生産において多大な影響を及ぼしているインテル、サムスン、TSMCが上位に並んでいることである。このことが、単に半導体産業に及ぼす影響にとどまらず、本書の分析対象である半導体製造装置産業に圧倒的な影響を及ぼすことに繋がっていく。

二つは、日本メーカーがわずか3社に落ち込んだことである。このうち、フラッシュメモリで生き残りをかけて設備投資を続ける東芝と、CMOSなどのイメージセンサで差別化に成功しているソニーは、なんとか存立の場を維持しているのに対し、NEC、日立製作所、三菱電機のロジック生産等で統合されたルネサスエレクトロニクスは、いくつもの工場閉鎖を含む再建計画を打ち出すなど縮小基調に入っている。

三つは、今日の半導体産業の多様化を象徴するかのように、様々な業態の企業が売上高上位に登場していることがあげられる。ワイヤレス通信の米ウエル

---

17) 伊丹敬之（1995）（1998）、吉田秀明（2008）、志村幸雄（1980）他、多数みられる。
18) 本書では、半導体生産に関わる企業すべてを「半導体企業」と呼ぶ。このうち、設計のみを手がけ製造は外部に委託する企業を「ファブレス企業」と呼ぶ。また、半導体企業のうち、ファブレス企業を除いた製造工程を備える企業すべてを「半導体メーカー」と呼ぶ。なお、この半導体メーカーは、設計から製造すべてを垂直的に実施している企業を「総合デバイスメーカー（IDM）」、製造の受託専業企業を「ファウンドリ企業」と区分している。

コム、通信用 LSI の米ブロードコム、無線、アナログなどの蘭 NXP セミコンダクター、グラフィックチップの米 NVIDIA などの「ファブレス企業」、そして巨額の設備投資を展開している台湾 TSMC、組立・検査の世界ナンバーワン企業の台湾 ASE、米 AMD の製造部門の独立とアラブ首長国連邦の出資（66％）により設立された米グローバルファウンドリズ、ロジックの台湾ユナイテッドマイクロエレクトロニクスなどの「ファウンドリ企業」が構成されていることが注目される。この点、設計から製造を手がける「半導体メーカー（IDM）」は、12社までの減少を余儀なくされている。

はたして、こうした日本半導体メーカーの競争力低下を、設計から製造の一貫体制にこだわり続けたという意味での時代の変化に対応できなかった結果であると結論づけていいのであろうか[19]。この問題は、日本半導体産業と日本半導体製造装置産業のものづくりの根源に関わっており、ここでは結論づけることなく本書を通じて分析を重ねていきたいと考えている。

2．半導体産業の業態変化と寡占化の進展

次に、そうした業界再編をめぐる半導体企業の業態別構成の変化と、影響力が強まっているといわれている上位3社への設備投資の集中が半導体製造装置産業にどのような影響を及ぼしてきたか、また今後どのような影響を及ぼすことになるかについて整理しておくことにする。

（1）ファブレス企業とファウンドリ企業の台頭による業界再編

半導体といえば、記憶媒体としてのフラッシュメモリとか、コンピュータの頭脳ともいえる高速処理の MPU[20] などが思い浮かぶが、すべての半導体が最先端の生産設備を備える工場のみで生産されているわけではない。先の表1−

19）半導体産業をめぐる競争関係の分析の焦点の一つは、日本メーカーがこだわった「設計から製造」に至る垂直統合型としての IDM というビジネスモデルに対する否定的な分析にある。特に、経営戦略面に基づく分析では、否定的な意見が少なくないが、はたしてその評価が正しいかどうかを結果論から導き出すのではなく、企業としての意思決定をもたらした要因が何であったかに着目すべきではないかと考えている。
20）CPU、プロセッサ、マイクロプロセッサなどの超小型演算装置、半導体チップを指す。

1に示した半導体の分類は、極めて大雑把な分類にすぎないが、それでも今日の半導体製品が実に様々な機能を持つ品種を備えているかを理解することはできよう。それらすべてを特定の企業のみで生産することは、品種の多さ、機能の違い、生産工程の違いなどを考慮すると現実的ではない。また、それらの半導体製品が、300mm のウエーハによって生産されているわけでもなく、世代でいうと何代も前の製造設備が今なお稼働し続けている。事実、これまでの8インチ（200mm）、6インチ（150mm）[21]で十分競争できる半導体も少なくないという意味での多様化が、本書の分析の複雑さを増す要因でもある。

ファブレス企業の成立と発展

少し、ファブレス企業の成立と発展の歩みを概観しておくことにしよう。70年代から80年代における主な半導体企業は、「TI、モトローラを二強とし、それにフェアチャイルド、ナショナルセミコンダクタなどの米国半導体専業メーカー、日本電気、日立製作所、東芝などの日本の総合電機メーカー、それにフィリップス、シーメンスなどの欧州の総合電機メーカーという三種の企業群が市場を分割していた[22]」というように垂直統合型の総合デバイスメーカー（半導体メーカー）によって構成されていた。当時、その後の半導体産業のトップ企業として発展するインテルも開発に取り組み、すでに成果をあげるなど、数多くのベンチャー企業が米国シリコンバレーを中心に立ち上がっていたが、その頃の半導体生産は、今日以上に、製品開発（回路設計とロジック設計など）と製造装置開発が一体的であった。それゆえ、設計のみのファブレス企業の活躍の場は、特殊領域、少量領域の半導体市場が未だ成長しておらず、それら企業を数多く輩出できるほど拡大していなかった。

それが、1980年代後半になると、シリコンバレーにおいて、開発のみを手が

---

21) ウエーハサイズ別の2012年の市場規模（200mm換算）は、100mmが104万枚（0.5％）、125mmが394万枚（1.8％）、150mmが1841万枚（8.6％）、200mmが5859万枚（27.4％）、300mmが13161万枚（61.6％）、合計21360万枚である。『Electronic Journal』電子ジャーナル、第236号、2013年11月、58頁。なお、シリコンウエーハの大きさについては、かつてはインチで表示していたが、現在ではメートル表示に変更されている（SEMI規格）。
22) 吉田秀明（2008）、46頁。

けるベンチャー企業としての「ファブレス企業」が数多く生まれてくるなど時代は大きく変化していくことになる。

　まず、市場面では特殊領域、少量領域の半導体市場が拡大過程に入り、ベンチャー企業の活躍の場が増えるという環境が整ってきたことが指摘できる。つまり、半導体の用途・機能が、電卓とかコンピュータのCPU[23]やメモリにとどまることなく、各種通信、各種制御機器等を含めた領域に拡大する時代に入っていったのである。

　ここに、回路設計、ロジック設計などを手がけるファブレス企業が数多く生まれてくる一つの背景をみることができる。こうした動きは、フィリップス、シーメンスなどの大手電機メーカーの下で発展してきた欧州半導体産業においても、ベンチャー企業を中心にファブレス企業を数多く輩出していくことになる[24]。しかし、日本の場合には、80年代後半、そして90年代前半までは、総合デバイスメーカー（半導体メーカー）の繁栄の時代であり、半導体の用途拡大に対応したファブレス企業が注目されるほどの数に達してはいなかったようである。

ファウンドリ企業の成立と発展

　いうまでもなく、ファウンドリ企業の成立と発展は、先のファブレス企業の成立と発展に大きく関わっている。当初、ファブレス企業の開発した製品の生産は、総合デバイスメーカー（半導体メーカー）に委託するという方法しか取れなかったが、生産量が増え続けると共に、安定生産の要求が強まり、それらを専門に受託生産するファウンドリという業態の半導体企業を輩出することになる。

　注目すべきもう一つの点は、半導体生産に関して製造部門を切り離した事業が経営的に成立するという技術面の環境が整う兆しがみえてきたことがあげられる。それまでの半導体生産は、製造技術面からみると、設計などの開発を抜

---

[23] CPU（Central Processing Unit）とは、各装置の制御やデータの計算・加工を行う装置で、中央処理装置、中央演算装置と訳されている。
[24] 欧州ファブレス企業の実態については、津田建二（2010）が有益である。

きにして考えることができなかった。少なくとも、半導体生産は、総合デバイスメーカー（半導体メーカー）が内部化していたプロセス技術の上に成立していた。それが、半導体生産における技術革新、とりわけ製造部門における製造装置開発が、次第に半導体メーカーと装置メーカーが対等とまではいかなくとも、相互協力の下での共同開発という段階に踏み出し、着実に装置メーカーに機構面のノウハウだけでなく、装置が持つ加工処理等の機能面のノウハウを蓄積する時代へと変化していくのである。

このことが、半導体の受託生産を手がけるファウンドリ企業が、高度な生産体制を整えていく過程において、自社では不十分、あるいは欠落していた製造ノウハウを、着実に蓄積していた製造装置メーカーに求めるという新たな取引の構図を生み出していくことになったといえよう。

ただし、こうした二つの環境が整ってきただけでファウンドリ企業が成立したとは考えていない。ここには、後工程のアジア展開を推し進めてきた米国半導体企業の地域戦略と、ファウンドリ専業企業[25]の設立を政策的に推し進めてきた台湾政府による半導体産業の育成政策が、結果としてファウンドリ企業の成立、発展をもたらした重要な要因として位置づけておかなくてはならないだろう。

ファブライト化とファウンドリ事業に踏み出す総合デバイスメーカー

ところで、今日では、垂直統合型の総合デバイスメーカー（半導体メーカー）も競争の激化を背景に様々な取り組みに踏み出している。

一つは、従来のようにすべての開発品を自社のみで製造するのではなく、一部、あるいは多くをファウンドリ企業に委託し、設備投資の軽減を図るという意味でのファブライト化に踏み出している例である。最新設備の設備投資に限界を抱えている日本半導体メーカーは、徐々に重心を製造から開発に移すなど変化しつつある[26]。

---

[25] 繰り返しになるが、台湾のファウンドリ企業である TSMC のことである。
[26] ロジックの中で、デジタル回路を備える SOC（System on a Chip）の設計から製造を手がけていた日本メーカー5社は、SOC事業のファブ戦略（生産）を、ファブライト（東芝、ル

二つは、マイクロ半導体（MPUなど）のインテル、メモリのサムスン[27]）にみられるように本業の自社製品の生産だけでなく、量的確保と経営の安定化を目的としたファウンドリ事業の取り組みがあげられる。
　これらの二つの取り組みは、半導体製造装置産業にとって単なるユーザー産業の競争関係の変化というだけでなく、取引場面に様々な形で影響していくことが予想される。

（2）　最先端領域の生産設備投資の集中

　こうした半導体産業・企業が手がける製品の多様化と、日本半導体メーカーの競争力低下は、日本半導体製造装置産業の発展にとって重要な意味を持つことになる。しかし、それ以上に留意しなければならないのが半導体製造装置市場における上位3社の影響力の高まりであろう。
　現在、世界の半導体製造装置市場において圧倒的な影響力を及ぼしているのは、インテル、サムスン、TSMCの3社である。世界の半導体設備投資額（製造装置以外を含む）に対して、3社の半導体設備投資額の合計は、05年では、32.9％であったのに対し、11年51.0％、12年67.6％、13年75.5％と短期間に急激という言葉では言い尽くせないほどの拡大を示している（表1－3）。しかも、最先端分野の設備投資の大半を占めるというだけでなく、この最先端の製造装置開発が3社と有力装置メーカーの共同研究によって進められるという流れが一段と強まっている。
　実際、前工程におけるプロセス工程の製造装置を開発製造している装置メーカーを訪問し、半導体企業の影響力を問うたとき、先の3社以外の企業名があがることはほとんどなかった。あえて、日本企業の中で積極的な設備投資計画を発表し続けている東芝という社名をあげて問い返すが、最先端の装置開発に

ネサスエレクトロニクス、パナソニック、富士通セミコンダクター）及びファブレス（ソニー）とすることを公表している。佐野昌（2012）、47頁。
27）2013年の世界の受託生産のうち、サムスンは9.2％のシェアである。すでに、ファウンドリ企業であるTSMC（46.3％）、米グローバルファウンドリーズ（9.9％）、台湾UMC（9.2％）に次ぐ4位となっている。米ICインサイツ調べ。「日本経済新聞」2014年7月17日付。

表1-3　世界の半導体設備投資に占める上位3社半導体メーカーの構成比

単位：億ドル

			05	06	07	08	09	10	11	12	13
世界半導体設備投資額		①	445	552	589	404	220	527	578	494	432
上位3社	インテル		59	59	50	52	45	52	108	110	107
	サムスン		63	103	69	41	27	104	115	140	122
	TSMC		25	24	26	18	27	59	72	84	97
	設備投資額・計	②	147	187	144	111	99	215	295	334	326
	構成比	②/①	32.9	33.8	24.5	27.4	45.1	40.7	51.0	67.6	75.5
参考	世界製造装置市場規模	③	329	405	428	297	159	399	435	369	318
	装置市場／設備投資	③/①	73.8	73.3	72.6	73.3	72.3	75.7	75.2	74.8	73.5

注：半導体設備投資額は、製造装置以外の設備投資が含まれている。たとえば、土地、建物等である。
　　サムスンの半導体設備投資額については、電子ジャーナル社の推定値である。サムスンとTSMCの設備投資額は、為替レートによるドル換算額である。
資料：電子ジャーナル編『半導体データブック』2009年～2014年版、より作成。

おける共同開発を含めて影響力を感じていないというのが実態であった。

　ましてや、東芝以外の日本企業となると、最先端の研究開発という側面では完全に眼中にないようである。しかし、日本製造装置産業の2割が日本市場向けということを踏まえると、まったく影響力がないというのも違和感があるが、3社以外の半導体企業から求められる装置仕様の大半は、3社との共同開発によって得られた技術革新で対応できるようである。それは3社との共同開発が最先端に位置していることを意味している。

　それゆえ、世界の半導体製造装置メーカーにとって、この3社と共同研究開発できるかどうかが、次代の装置開発と装置供給のメーカーとして生き残れるかどうかの分岐点であるとまでいわれている。もちろん、3社との共同研究のみが、次代の装置開発をリードするほど技術革新は単純ではないが、先端領域とボリュームゾーンに関しての影響力は、想像を超えたものとなっていることに間違いなさそうである。

　また、こうした製造装置開発における3社の影響力は、技術革新の焦点ともいうべき前工程のプロセス工程にとどまることなく、コスト対応、スループット[28]対応がより強く求められている前工程と後工程における検査装置、後工程における組立装置などの装置分野に、どのように広がっていくかを注視してい

28）スループットとは、一般にはコンピュータの単位時間あたりの処理能力を指すが、半導体製造工程における生産性と同意語の単位時間あたりの処理能力を表す場合にも使われている。

く必要がある。

3．世界の半導体工場と日本の半導体工場

次に、世界の半導体産業の主要な工場数を国別にみてみよう。表1－4は、電子ジャーナル編『半導体製造装置データブック』2014年版に基づき、世界の半導体工場数と、その生産体制を一覧にまとめたものである。

これによると、世界の半導体工場は、2013年現在、422工場を数え、前工程のみの工場が180工場、一貫工場が43工場、後工程工場が48工場、組立工場が114工場、検査工場が17工場と構成されていることが認められる（工程等が未記入の「その他」と表示されている工場は21工場）。こうしたデータの信頼性は定かではないが、ほぼ世界の主要工場を捕捉していると理解してもよいだろう。

他方、日本の半導体工場を「工業統計調査・産業編」でみると、2012年時点で「集積回路製造業」が138事業所、「半導体素子製造業」が131事業所を数えている（表1－5）。先の『データブック』に記載されている半導体工場は、集積回路としてのIC工場がほとんどである。したがって、「集積回路製造業」の138事業所のうち主要な事業所（生産規模等による）が、『データブック』に記載されていた日本の「99工場」と重なっていると考えてよいだろう。

いずれにしても、半導体製造装置産業のユーザー産業である半導体産業の工場数は、一千とか一万とかではなく、先の420プラスアルファといったところに収まるのではないだろうか。この工場数は、半導体製造装置メーカーの大半が、レベルの差はあるにしても何らかの形で全世界のユーザー企業、あるいは特定の工場の存在を意識でき、ある程度把握できるレベルにあるといってよい。

さらに、このうち限られた半導体メーカーのみが常に先端的な生産体制を整えるための設備投資を先導していることもあるが、半導体産業と半導体製造装置産業の取引関係は、本書の比較研究対象である工作機械産業とそのユーザー産業とは大きく異なっているという点で注目される。

表1-4 世界の半導体産業の主要工場数と生産体制の内訳（2013年）

		企業数	工場数	内訳						参考・うち日系	
				前工程	一貫	後工程	組立	検査	未記入	現在	旧
日 本		34	105	50	18	15	11		11	－	－
北 米		36	64	45	6		4	5	4	1	
欧州ほか	ドイツ	8	12	8	2	1			1		
	イギリス	6	6	5				1			
	フランス	3	6	4	1			1			
	イタリア	3	4	3	1						
	アイルランド	2	2	2							
	オランダ・ベルギー	2	2	2							
	その他	10	14	6	3		5				
	小 計	34	46	30	7	1	5	2	2		
アジア	韓国	12	28	10	8	3	5		2	2	
	台湾	23	34	15	3	7	6	2	1	1	
	香港	1	1				1				
	シンガポール	15	21	9		5	2	5		2	1
	マレーシア	27	31	4		2	24	1		4	3
	タイ	13	14			1	13			7	
	フィリピン	14	17			3	11	3		5	1
	インドネシア	4	4			1	3			1	1
	中国	50	57	17	1	10	29		1	8	1
	小 計	159	207	55	12	32	94	11	4	30	7
世界合計		263	422	180	43	48	114	17	21	31	7

注：①企業数は、国ごとに集計したものであり、複数以上の国に工場を持つ企業は、世界合計数に重複計上されている。工場の内訳のうち、前工程は前工程のみ、一貫は前工程と後工程を、後工程は組立と検査を、組立は組立のみ、検査は検査のみを手がける工場を示している。「欧州ほか」の「その他」の14工場の内訳は、イスラエル4、オーストリア3、ハンガリー3、チェコ1、マルタ1、モロッコ1、南アフリカ1、モロッコ1である。各企業の工場の内訳の「その他」については、「未記入」に含めている。
②参考欄の「現在」の工場数は、日系と確認できた工場数である（いうまでもなく確認できていない日系は含まれていない）。また、「旧」とあるのは、日系工場のうち、すでに外資等に売却された工場数である。

資料：電子ジャーナル編『半導体製造装置データブック』2014年版、29-103頁より作成。

表1-5 日本の半導体製造業の事業所数と従業者数の推移（全数調査）

従業者：千人

		65	70	75	80	85	90	95	00	05	10	12
事業所	集積回路製造業	－	7	26	81	165	165	215	247	198	166	138
	半導体素子製造業	21	56	85	163	218	149	174	192	173	149	131
従事者	集積回路製造業	－	4	12	43	107	136	160	140	103	90	71
	半導体素子製造業	19	45	35	30	41	38	46	50	46	38	34

注：2010年、12年の「1-3人」は、推計によって求められている。ちなみに、推計値は、集積回路製造業が10年02事業所で5人、12年1事業所で3人、半導体素子製造業が10年1事業所で2人、12年3事業所で6人である。

資料：経済産業省『工業統計表・産業編』各年版、より作成。

第2節　半導体製造装置産業の構造的特質

次に、本書の直接的な分析対象である半導体製造装置産業のこれまでの発展の歩みと、統計データからみえてくる産業としての規模等を概観しておくことにする。

1．日本半導体製造装置産業の成立と発展の歩み

日本における半導体の製造開発は、1950年前後からの個別半導体であるトランジスタに始まるが、ここでは、こうした個別半導体に続いて半導体の中核を占めることになるIC（集積回路）の開発と製造が、製造装置の開発と製造とどのように関連づけられるかに焦点を当てながら、半導体製造装置産業の発展の歩みを概観していくことにする。

（1）　日本半導体産業の成立・発展期における製造装置産業

1950年代後半からIC時代を迎えたといわれる。初期のICの製造は、プロセス開発の研究に力を注ぎながら、自社開発の製造装置と、米国製の製造設備によって体制が整えられていた。常に、米国から最先端の製造装置を輸入するというのが、量産に踏み出すまで繰り返されていたようである。

その後、輸入品は国産品に切り替わっていくが、著者はこの国産化について、工作機械などの生産設備の国産化[29]と同様のケースと考えていたが、ここでの半導体製造装置に関しては微妙に違っていたようである。少なくとも、工作機械と異なり、当時の半導体製造装置は、実用化に向けてのプロセス開発を基礎にしていたゆえに、機能変更、仕様変更が常態化するなど、発展段階の生産設備であった。とはいえ、改良等の変更ならまだしも、故障等の発生が頻繁に起

---

29)　工作機械の国産化については、戦前戦後を通じて欧米からの輸入品をベースに製品開発に踏み込んだ工作機械メーカーも少なくない。けっして、半導体製造装置のような欧米メーカーのサービス体制が充実していないことを理由に国産化が取り組まれたというものではなく、価格面とか、製品生産がビジネスチャンスに繋がったという側面が大きかったようである。

こるなど、修理等が常態化していたというのが実態のようである。これは、本書で比較対象として取りあげる工作機械の製作上のコア技術がメカ的な要素を構成しているのとは異なっているという点で注目しておきたい。

当時の欧米製造装置メーカーにとって、日本の半導体メーカーはわずかな台数しか購入しないこともあるが、頻繁に機能等の仕様変更を求めてくる厄介なユーザーではなかったろうか[30]。少なくとも、半導体製造に関わるプロセス技術と装置製造技術において、欧米が世界をリードしており、技術的にも後塵を拝していた日本半導体メーカーを支援する強い理由も見当たらなかったといえよう。

このため、日本の半導体メーカーは、プロセス技術開発に取り組むと同時に、その量産装置の開発製造を、自社あるいは協力企業を含め取り組まざるを得ず、結果として国産化が進展していたというのが実態のようである。そもそも、製造装置を輸入販売していた日本の商社においても、メンテナンス等のサービス体制を整えることが、商売上必要だという認識はなかった時代でもあった。

そうした中において、米国製装置を輸入販売する商社として設立された東京エレクトロン[31]は、売って終わりではなく、機械を知ること、据え付けができること、また修理ができることを含めて設立当初から教育するなどしてサービス体制を整えたことで60年代後半という比較的早い時期から1社に複数台の販売に成功する。こうしたことが装置販売におけるサービス体制の重要性が、商社、製造装置メーカーの如何にかかわらず日本市場で強く認識される契機になったと理解することもできる。

他方、70年代に入ると、あらゆる製造装置を自社、あるいはグループ内で製作していた半導体メーカーに対して、通産省から「半導体製造装置産業の育成に関わる指導」[32]があった。それは装置開発に対する指導ではなく、装置の製

---

30) 垂井康夫(1991)、78-79頁。
31) 東京エレクトロンは、1963年半導体製造装置の輸入商社として設立される。また、ここでの教育については、垂井康夫(1991)、77頁。
32) 垂井康夫(1991)、79頁。日立ではボンダを新川に、マスクの技術は大日本印刷に出したという。

造と販売をオープンにするようにという指導である。これを受け半導体メーカーは、広く装置メーカーに技術移転を進めたという。

超LSI技術研究組合の設立とその成果

1976年、通商産業省の構想の下に、超LSI技術研究組合[33]が設置される。この組合は、「米IBM社の未来のコンピュータ計画『フューチャー・システム』に触発されて、計画されたプロジェクト」[34]であるが、コンピュータ開発ではなく、半導体の基本的な微細加工に関わる製造技術の開発を主たる目的に、4年という期限を区切り、総額700億円、うち政府補助金300億円が投入され運営されていくことになる。ここに参加したメンバーは、「富士通、日立製作所、三菱電機、日本電気、東京芝浦電気の国産コンピュータメーカー五社と、富士通-日立-三菱系列のコンピュータ総合研究所（略称CDL）、及び日電-東芝系列の日電東芝情報システム（NTIS）の七社」[35]というように、半導体メーカーであると共に、当時の日本を代表する大手コンピュータメーカーであった。当時、超LSIの市場と想定されていたのはコンピュータであり、両者の技術革新の方向は同一線上にあったのである。

とはいえ、現実に取り組まれていた半導体の微細加工に関わる製造技術の開発は、製造装置の開発に重なるものであり、半導体メーカーの半導体プロセス技術の向上だけでなく、装置メーカーの製造技術の向上に寄与したことはいうまでもない。

ちなみに、ここでの装置づくりに関わったとして名前があがっている製造装置メーカー等[36]は、電子ビームの日本電子、投影露光装置のニコン、キヤノン、プロジェクション露光装置のキヤノン、ドライエッチング装置の日電アネルバ、ステンセルマスクの大日本印刷、導電性マスクのコニカなどであった。ただし、

---

33) なお、この組合は、米国のSEMATECH、欧州のJESSI（Joint European Submicron Silicon Initiative）などに影響を及ぼした。西村吉雄ほか（1998）、165頁。
34) 西村吉雄ほか（1998）、164頁。
35) 榊原清則（1981）、163頁。
36) 垂井康夫（1991）、100-140頁。

こうした研究組合での製造装置開発に関わった装置メーカーは、これらの企業だけでなく他の多くの企業も含まれていたことが想像できよう。そうした意味において、この研究組合を引き継ぐ光技術共同研究所などを含めて、産業育成政策が半導体製造装置産業の発展に大きく貢献したと評価することもできる。

（2） プロセス技術の内部化と国内外市場における競争激化

装置製造技術に加えプロセス技術の内部化とその制約

こうして着実に半導体メーカーを装置製造という側面から支えながら発展してきた半導体製造装置産業は、さらに80年代において装置製造技術の技術革新にとどまることなく、装置が使われる半導体製造の場におけるプロセス技術の内部化に取り組むことが条件づけられていく[37]。

しかし、装置メーカーにとってプロセス技術の内部化は容易ではない。なぜならば、半導体製造のプロセス技術の核心は、装置に備わっている機能を様々な設定条件の下で試行錯誤しながら技術蓄積していく半導体メーカーの手の内にあるというように、装置メーカーが主体的に関与できない場面にあったからである。半導体メーカーは、プロセス開発で得たデータ情報をすべて装置メーカーに伝えるのではなく、あくまでも製造装置の製作に必要と判断した内容のみを伝えるという方法が長年にわたって続けられてきたようである[38]。すなわち、装置個々が備える機能をどう使いこなすかが半導体メーカーの腕の見せ所であり、それは製造装置を介しての一種のプロセス技術でもあり、競合メーカーとの差別化のポイントの一つでもあったのである。

他方、装置メーカーは、納入した製造装置がどのような条件の下で使われて

---

[37] 半導体製造装置メーカーのプロセス技術の内部化は、半導体メーカーのプロセス技術者の採用によって進められるというケースが少なくない。著者が半導体製造装置メーカーを訪問した際、多くの半導体メーカーから移ってきた技術者と会うことになる。ただし、こうしたケースによる内部化は、80年代よりも、半導体メーカーの低迷に突入する90年代以降が盛んになったといえる。それは、プロセス技術が一段と高度になったという理由も加わってのことである。
[38] このことが欧米装置メーカーに比べて、プロセス技術の内部化が遅れ、結果として競争力の低下に繋がったという見方もある。

いるかの正確な情報も少ない中で、求められる機能を実現する製造装置を開発せざるをえなかったというのが実態のようである[39]。ただし、両者におけるデータ情報の開示量は、両者の経営上の密接度に重なるようにも思える。

はたして、こうした日本半導体メーカーと日本装置メーカーの取引関係を特殊なものとして理解していいのであろうか。少なくとも、欧米半導体メーカーと欧米装置メーカーの取引関係、欧米半導体メーカーと日本装置メーカーの関係を、それぞれ検証した上で結論づける必要があると考えている。

日本市場と世界市場における日本企業と欧米企業の競争激化へ

とはいえ、日本半導体メーカーと日本装置メーカーとの間のプロセス技術をめぐる情報開示問題は、日本半導体産業の拡大発展の下では顕在化することもなく、日本製造装置産業は国内市場を中心に発展を謳歌していくことになる。

その一方、拡大を続ける日本市場に向けて、有力な欧米装置メーカーは、60年代とは異なり、販売・メンテナンス体制を備えた日本法人を設立し、日本市

表1－6　主要な欧米装置メーカーの日本法人の設立年

設立年	日本法人名（設立時）	欧米メーカー名
1973	テラダイン	米 Teradyne
1979	アプライドマテリアルズジャパン	米 Applied Materials
1981	キューリック・アンド・ソファ・ジャパン	米 Kulicke & Soffa Industries
1982	日本エー・エス・エム	蘭 ASM International
1983	テンコール・インスツルメント（現・ケーエルエー・テンコール）	旧・米 Tencor Instruments
1984	KLAテクノロジーセンター（現・ケーエルエー・テンコール）	旧・米 KLA Instruments
1984	ナノメトリクス・ジャパン	米 Nanometrics
1990	ルモニクス・パシフィック（現・GSIグループジャパン）	旧・米 GSI Lumonics（現 GSI Group）
1991	ラムリサーチ	米 Lam Research
1992	エーエスエム・アッセンブリー・テクノロジー	香港 ASM Pacific Technology

注：上記では、下記資料に掲載されている外資系日本法人のうち、主要な企業のみを掲載している。これらの設立後の動きをみると、本国企業の合併等により多くの日本法人が再編されていることが認められる。また、世界第2位のASMLの日本法人については、下記のデータには掲載されていないが、SVG社の日本法人を起点に2001年から本格進出し、同年エーエスエムエル・ジャパンと社名を変更し、現在に至っている。
資料：電子ジャーナル編『半導体製造装置データブック』2013年版、183－383頁、を主に、他の年版も参考に作成。

---

39) かつてに比べ、半導体メーカーからの情報量は増えているが、それは装置開発に求められる技術水準が飛躍的に高まったことと、半導体メーカーの技術者の役割が装置開発ではなく、装置を使いこなすという面にシフトしていることが影響していると考えられる。

場に本格的に参入してくるようになる。日本法人の設立は、表1－6に示したように70年代から90年代初めにかけてと時期的には様々であるが、大半が日本半導体産業の繁栄の時代に重なっている。このほか、単独ではなく、日本企業との合弁企業設立により日本進出している例も少なくない[40]。

こうした欧米企業の本格的な進出によって、日本半導体メーカーと日本装置メーカーの一種閉ざされた取引関係が徐々に崩され、日本市場における欧米企業のシェアは着実に拡大していくことになる。この点、図1－4によると、欧米企業が大半を占める海外企業の日本市場でのシェアは、91年度14.6％であったのが、08年度には41.9％にまで拡大している。

ただし、日本市場でのシェア拡大を実現する欧米企業の主戦場は、日本市場における販売の比重が1割前後で推移していることからも理解できるように、あくまでも日本以外の市場であり続けているというのが実態である。特に、リーマンショック後の日本市場の低迷を背景に、日本市場でのシェアはある程度維持しながらも、販売比重は一段と低下させるなど、欧米企業にとって日本市

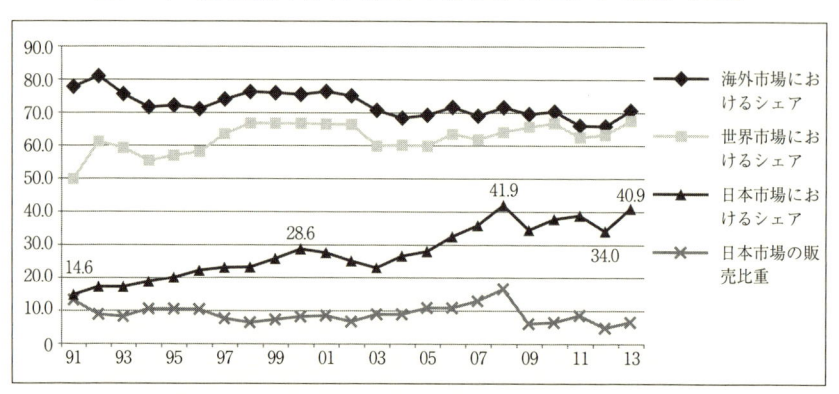

図1－4　海外企業の日本、海外、世界市場のシェア等の推移（年度）

注：「海外企業」の大半は、欧米企業である。世界市場とは、日本市場と海外市場の合計である。「日本市場への販売割合」とは、海外企業の全販売に占める日本市場の販売割合である。
資料：日本半導体製造装置協会『半導体・液晶パネル製造装置販売統計』1995年度版、2000年度版、『半導体・FPD製造装置販売統計』2007年版、2014年版、より作成。

40）住友ノバ、スピードファムを始め多くの合弁会社が設立されているが、その多くは合弁解消あるいは、縮小しているのが実態である。

図1−5　世界半導体製造装置市場における日本市場のシェアの推移（年度）

単位：％

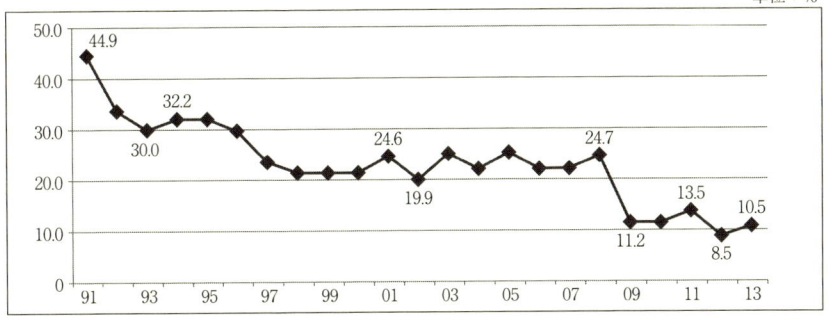

[グラフ：1991年度から2013年度までの日本市場シェア推移。主な数値：'91=44.9、'93=30.0、'95=32.2、'99=19.9、'01=24.6、'07=24.7、'09=11.2、'11=13.5、'12=8.5、'13=10.5]

資料：日本半導体製造装置協会『半導体・液晶パネル製造装置販売統計』1995年度版、2000年度版、『半導体・FPD製造装置販売統計』2007年版、2014年版、より作成。

場は魅力的でなくなっているともいえよう。いずれにしても、欧米企業の日本法人は、今後、縮小[41]の方向を歩むとか、アジア市場に対する何らかの拠点[42]としての役割に転じていくのではないだろうか。

　一方、日本製造装置メーカーの海外市場への進出は、何を契機としていたのであろうか。それは、間違いなく図1−5に示したように世界市場における日本市場のシェアの著しい低下に求めることができよう。たとえ、図1−6に示したとおり国内市場規模が、増減を繰り返しながらもリーマンショック直前までがわずかに増加基調にあろうとも、日本市場のシェア低下は、日本半導体メーカーと共に発展の道を歩んできた装置メーカーにとって、国内のみにとどまっていたのでは将来の発展場面が閉ざされるという危機的な問題としてうけとめられたのではないだろうか。

　実際、日本半導体製造装置メーカーが日本市場にこだわり続け、積極的に海外展開に踏み出すことがなければ、世界市場における日本企業のシェアを維持することなど不可能であったであろう。図1−7は、海外市場における日本企

---

[41] かつてアプライドマテリアルズ（AMAT）は、日本国内に生産拠点を構えていたが、現在では販売・サービス拠点へと後退している。
[42] 日本市場向けの生産・販売・サービス拠点として設立された日本ASMは、現在では韓国、台湾を含めたアジアを視野に入れた事業展開に踏み出している。

図1−6　日本における半導体製造装置市場の推移（年度）

単位：100万ドル

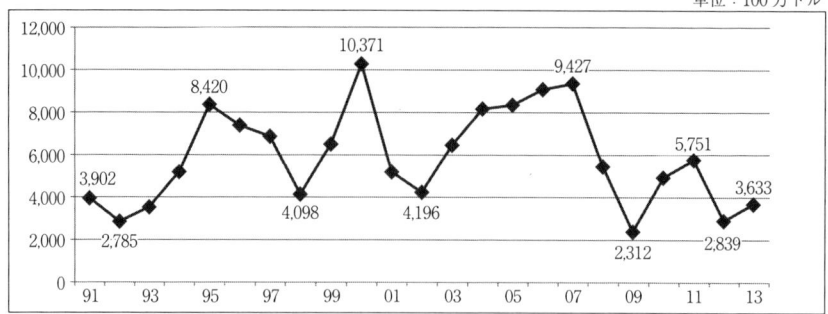

（グラフデータ）
91: 3,902／2,785 (93)／8,420 (95)／4,098 (99)／10,371 (00)／4,196 (03)／9,427 (07)／2,312 (09)／5,751 (11)／2,839 (12)／3,633 (13)

資料：日本半導体製造装置協会『半導体・液晶パネル製造装置販売統計』1995年度版、2000年度版、『半導体・FPD製造装置販売統計』2007年版、2014年版、より作成。

図1−7　日本企業の日本、海外、世界市場のシェア等の推移（年度）

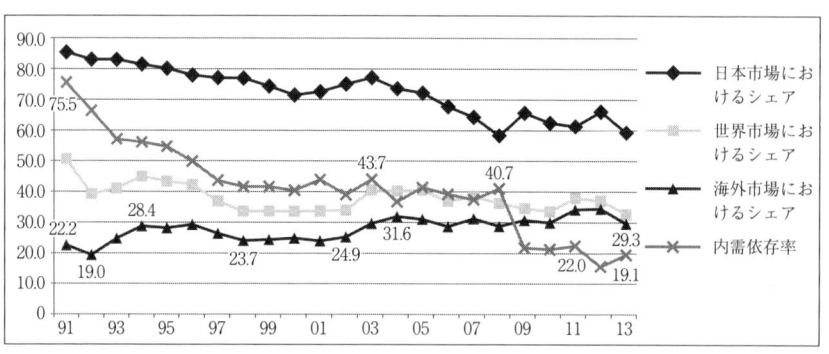

（グラフデータ）
日本市場におけるシェア
世界市場におけるシェア
海外市場におけるシェア
内需依存率

75.5、22.2、19.0、28.4、23.7、24.9、43.7、31.6、40.7、22.0、29.3、19.1

資料：日本半導体製造装置協会『半導体・液晶パネル製造装置販売統計』1995年度版、2000年度版、『半導体・FPD製造装置販売統計』2007年版、2014年版、より作成。

業のシェアが着実に拡大していることを示している。91年度20％強というシェアは、03年度以降は30％前後と拡大している。逆に、縮小し続ける日本市場への依存（販売割合）は、91年度75.5％から13年度19.1％と大きく低下している。

　こうした日本企業の外需依存への転換が、日本半導体製造装置産業の生き残り策であったことはいうまでもないが、それは他方で海外展開が容易ではない中小装置メーカーの発展を制約する歩みであったことに留意しなければならない。もちろん、中小装置メーカーの多くが海外市場に向けて、サービス拠点の

展開を進めていくことになるが、それは開発投資能力を含めた資本力の優劣に左右されるという生き残り競争時代への突入を意味しているのである。

2. 日本半導体製造装置産業の定量的把握に際しての留意点

ここまで半導体製造装置産業の発展の歩みを、日本半導体製造装置協会（以下では、協会と略する場合もある）の『半導体・FPD製造装置販売統計』（以下では、「販売統計」と略する）に基づき、概観してきたが、本章及び本書全体を通じて、取りあげる各種資料が、どのようなデータ特性を備えているかを、次項以降の分析の前に整理しておくことにする。

なお、本書で用いる半導体製造装置産業の統計データ等については、産業全体の把握という点で最も多く用いられているのは先の「販売統計」であるが、それを補完する意味で政府統計の「工業統計調査」を取りあげ、さらに企業間競争の基礎的なデータが得られる電子ジャーナル編の『半導体製造装置データブック』を用いることで、それぞれどのような関係にあるかを整理しておくことにする。また、政府統計の「生産動態統計調査」や民間の各種データについても触れておくことにする。

（1）協会の製造装置の構成と政府統計の品目との対比

いうまでもなく半導体製造装置とは、半導体生産に関わる製造装置を指すことになる。しかし、日本産業標準分類に基づく政府統計の品目の製品群名である「半導体製造装置」と、協会の「半導体製造装置」とは、含まれる装置は一致していない。ここでは、半導体製造装置産業の分析に際して用いる協会の「販売統計」と、政府統計の「工業統計調査」及び「生産動態統計調査」の分類上の違いを整理しておくことにする。

表1-7は、協会の製品名（装置名）を基準に、協会の「販売統計」で公表されている製品（大分類）と、政府統計である「生産動態統計調査」で公表されている品目、そして「工業統計調査」で公表されている品目を対比させたものである。これによると、次のような分類上の違いをみることができる。

まず、半導体製造装置産業における製造装置の分類に対する考え方が、協会

の「販売統計」と政府統計の「工業統計調査」で異なっていることがあげられる。協会では、半導体の生産で使われる装置の大半を「半導体製造装置」として位置づけているのに対し、「工業統計調査」では、最終製品を主にした分類

表1－7　半導体製造装置の製品分類と統計区分の対比

日本半導体製造装置協会の製品分類			生産動態統計調査の公表品目			工業統計調査の公表品目	
中分類・比較基準		販売統計の公表製品					
1	フォトリソ工程装置	B	マスク・レクチル製造用装置	57	(7)	半導体製造装置用関連装置	267119	その他の半導体製造用装置
2	薄膜、エッチング、洗浄	B		57	(7)		267119	
3	検査評価装置・その他	B		57	(7)		267119	
1	単結晶製造装置	C	ウェーハ製造用装置	57	(1)	ウエハ製造用装置	267111	ウェーハプロセス用処理装置
2	ウェーハ加工装置	C		57	(1)		267111	ウェーハプロセス用処理装置
3	検査評価装置・その他	C		57	(1)		297111	半導体・IC測定器
1	露光・描画装置	D	露光・描画用＋レジスト	57	(2)	露光・描画装置(X)	267111	ウェーハプロセス用処理装置
2	レジスト処理装置	D		57	(5)	その他の装置	267111	ウェーハプロセス用処理装置
3	エッチング装置	D	エッチング＋洗浄乾燥	57	(3)	エッチング装置(X)	267111	ウェーハプロセス用処理装置
4	洗浄・乾燥装置	D		57	(5)	その他の装置	267111	ウェーハプロセス用処理装置
5	熱処理装置	D	その他の装置	57	(5)	その他の装置	267111	ウェーハプロセス用処理装置
6	イオン注入装置	D	その他の装置	57	(5)	その他の装置	267111	ウェーハプロセス用処理装置
7	薄膜形成装置	D	薄膜形成装置	57	(4)	薄膜形成装置	267111	ウェーハプロセス用処理装置
8	検査評価装置	D	その他の装置	57	(5)	その他の装置	297111	電気計器（に含まれる）
9	CMP装置	D	その他の装置	57	(5)	その他の装置	267111	ウェーハプロセス用処理装置
10	その他の処理装置	D	その他の装置	57	(5)	その他の装置	297111	電気計器（に含まれる）
1	ダイシング装置	E	組立用装置	57	(6)	組立用装置	267112	組立用装置
2	ボンディング装置	E		57	(6)		267112	組立用装置
3	パッケージング装置	E		57	(6)		267112	組立用装置
4	検査用評価装置・その他	E		57	(6)		267112	電気測定器（に含まれる）
1	テスティング装置	F	テスティング装置	38	(6)	(6)ロジックICテスタ	297113	半導体・IC測定器
2	プロービング装置	F		38	(6)	(7)IC測定関連装置	297113	半導体・IC測定器
3	ハンドラ	F		38			297113	半導体・IC測定器
4	エージング装置	F		38	(8)	(8)その他の半導体・IC測定器	297113	半導体・IC測定器
5	その他の検査装置	F	その他の検査	38			297113	半導体・IC測定器
1	各種搬送装置	G	半導体製造装置用関連装置	57	(7)	半導体製造装置用関連装置	267119	その他の半導体製造用装置
2	純水・薬液装置	G		57	(7)		267119	
3	各種ガス装置	G		57	(7)		267119	
4	クリールーム装置	G		57	(7)		267119	
5	その他製造関連装置	G		57	(7)		267119	

注：上記の表は、日本半導体製造装置協会の製品分類（B、C、D…とあるのが大分類、1、2、3…とあるのが中分類）と、「生産動態統計調査」と「工業統計調査」の品目を対比させたものである。これらの対比は、生産動態統計調査については、経済産業省大臣官房調査統計グループ鉱工業動態統計室企画調整班、工業統計調査については、同構造統計室に対して問い合わせし、その回答に基づいている。また、本書では、「ウエーハ」に統一するが、表では、各調査の名称を紹介する意味で、元データが使用している「ウエハ」「ウェーハ」等のように表記しておく。以下の表でも同様に元データの名称を表記する。

資料：協会の分類は、一般社団法人日本半導体製造装置協会『半導体・FPD製造装置販売統計』2014年版、2頁、生産動態統計調査の品目は、経済産業省大臣官房調査統計グループ鉱工業動態統計室「機械器具月報記入要領及び調査品目表」65、78頁、工業統計調査については、協会の分類に対応する品目番号の回答結果、より作成する。

基準である日本標準産業分類に準拠し、大きく「26711半導体製造装置」と「29711電気測定器（工業計器、医療用計器を除く）」の二つに分けている。このため、協会の「F検査用装置」は、工業統計調査では、五つの品目[43]からなる「29711電気測定器」のうち、「297113半導体・IC測定器」に分類されているのである。

こうした違いだけであれば、工業統計調査の「半導体製造装置」と「半導体・IC測定器」のデータを合計し、協会データと比較すればいいが、工業統計調査では、協会の大分類のC、D、Eにそれぞれに含まれている「検査評価装置」「その他の装置」が、先の「29711電気測定器」のうち「297111電気計器」「297112電気測定器」の二つの品目と、「297113半導体・IC測定器」の品目、合わせて三つの品目に分類されている。

また、本書で用いる統計データ等で、装置製造を主に生産している事業所とか、品目ごとの算出事業所数をデータとして得られるのは、「工業統計調査」のみであり、協会の大分類と正しく重ねて理解することができないという分析上の制約になっていることを指摘しておく。

なお、「生産動態統計調査」の品目分類を眺めたとき、同じ政府統計である「工業統計調査」と異なっていることが確認できる。それは、「生産動態統計調査」の分類は協会の分類に合わせていることもあり、検査装置等の分類においてみられる。これは、「生産動態統計調査」が、業界団体の協力[44]を得ながら、月次の生産動向を迅速に公表する[45]という考え方の下に、従業者50人以上の事業所に限定して実施していることが反映していると考えられる。

（2）協会の統計データと政府統計の捕捉率について

表1－8は、半導体製造装置の産業規模を、先の製品別、品目別の対比と産

---

43) 他の二つの品目は、「297119その他の電気計測器」と「297121電気計測器の部分品・取付具・附属品」である。後者には、工業計器、医療用計測器の部品等は含まれていない。
44) 経済産業省大臣官房調査統計グループ鉱工業動態統計室企画調整班からは、「協会の協力も得ている」との回答あり。
45) 速報は、翌月末、確報は翌々月中頃に公表されている。

表1-8　各統計における分類（品目、業種）別の金額の推移

単位：十億円

統計名	製品・品目・業種名		調査項目	調査対象	08	09	10	12
販売統計	半導体製造装置	①	販売高	統計会員・企業	1,126	536	1,125	1,131
生産動態統計調査	半導体製造装置	②	生産額	50人以上事業所（又は企業）	856	438	970	820
	半導体・ＩＣ測定器	③			103	43	119	88
	合　計	②+③			959	480	1,090	908
工業統計調査（品目編）	ウェーハプロセス用処理	④	出荷額	4人以上の事業所	736	465	838	781
	組立用装置	⑤			214	86	143	190
	その他の半導体製造装置	⑥			222	89	116	183
	小計（半導体製造装置）	④～⑥			1,172	640	1,096	1,154
	半導体・ＩＣ測定器	⑦	出荷額	4人以上の事業所	173	71	117	168
	小　計	④～⑦			1,345	711	1,213	1,322
	電気計器	⑧	出荷額	4人以上の事業所	63	61	55	56
	電気測定器	⑨			197	127	151	143
	合　計	④～⑨			1,605	899	1,419	1,521
工業統計調査（産業編）	半導体製造装置製造業	⑩	製造品出荷額等	4人以上の事業所	1,835	1,001	1,669	1,671
	電気計測器製造業	⑪			572	381	455	479
	合　計	⑩+⑪			2,407	1,382	2,124	2,150

注：①「工業統計調査・品目編」の「電気計器」「電気測定器」は、協会の分類でいう半導体製造装置の分類とは異なっている。それには、他の産業向けの電気機器も含まれている。
　②「工業統計調査・産業編」の二つの業種には、部品等の生産を手がける事業所が含まれている。また、「電気計測器製造業」については、工業計器、医療用測定器が除かれていることを表すために「2971別掲を除く」と表示している。
　③三つの統計のうち、工業統計調査の2011年は、東日本震災のため実施されず、経済センサスの調査結果が用いられている。このため、ここでの比較から外している。
資料：一般社団法人日本半導体製造装置協会『半導体・FPD製造装置販売統計』2013年版、経済産業省『生産動態統計調査』『工業統計調査・品目編』『工業統計調査・産業編』各年版、より作成。

業分類に基づき表示したものである。各統計データの調査項目は、それぞれの統計調査によって異なるが、ほぼデータとして重なるのは、「販売統計」の「販売高」、「生産動態統計調査」の「生産額」、「工業統計調査・品目編」の「出荷額」であろう。

さらに、「工業統計調査・産業編」では「製造品出荷額等[46]」が主要な公表データとなっている。

こうした各統計のうち、「工業統計調査・産業編」の「半導体製造装置製造業」については、以下の三つの理由により、他の統計等と比較することは適切ではない。一つは、部品等を生産する事業所が含まれていること、二つは半導体製造装置の生産を主とする事業所であること、三つは逆に装置製造を主とし

---

46) 製造品出荷額等に「等」が付いているのは、自家消費が加算されているからである。

表1-9 統計間の金額データの比較による捕捉状況

統計名		製品・品目・業種名	対基準 (100) 比		
販売統計		半導体製造装置		85.3	72.0
生産動態統計調査		半導体製造装置	75.9		
		半導体・ＩＣ測定器			
		合　計		74.8	63.1
工業統計調査（品目編）		ウェーハプロセス用処理組立用装置			
		その他の半導体製造装置			
		小計（半導体製造装置）	100.0	88.5	74.6
		半導体・ＩＣ測定器			
		小　計		100.0	84.3
		電気計器			
		電気測定器			
		合　計		118.6	100.0
参考	工業統計調査（産業編）	半導体製造装置製造業	152.1		
		電気計測器製造業			
		合　計		175.6	148.1

注：上記の数値は、表1-8に示した4ヵ年の金額合計を、三つの100とした基準金額に対する「指数」に変換したものである。
資料：表1-8に同じ。

ていない事業所の出荷額等が含まれていないこと、などである。また、「電気計測器製造業（別掲を除く）」については、先の三つの理由に加えて、半導体製造装置以外の計測器を主とする事業所が含まれていることがあげられる。

さて、三つの統計データを販売高、生産額、出荷額というようにそれぞれの発生時の違いがあることを承知した上で比較すると、次の点が認められる（表1-9）。

「工業統計調査・品目編」の「合計欄」を100としたとき、「販売統計」は72.0、「生産動態統計調査」は63.1というように関係づけられる。ここでの基準値には、半導体製造装置以外の計測器が含まれているため、それぞれの関係を正確に把握することはできないが、「電気計器」「電気測定器」を除いた「小計欄」を100としても、「販売統計」は85.3、「生産動態統計調査」は74.8という関係になる。これらの統計データに基づく関係は、それぞれ「合計欄」と「小計欄」の間の数値を構成するものであろう。

いずれにしても、半導体製造装置の市場規模は、半導体製造装置以外の出荷額が含まれている「工業統計調査・産業編」の「半導体製造装置製造業」を除くと、「工業統計調査・品目編」が最も高い捕捉率を示し、会員企業以外を含めての統計会員企業によってデータ収集している協会の「販売統計」が続き、

業界の生産動向を短期間に把握公表している「生産動態統計調査」が50人以上の事業所・企業に限定していることから低い捕捉率になっていると理解することができよう。

表1-10　半導体製造装置の分類と主要装置

大分類	小分類・細分類	主要製造装置名（データ掲載のみ）	a	b
A 半導体設計用装置	1 CAD／CAM 2 検査評価用装置・その他		設計	
B マスク・レチクル製造装置	1 露光・描画用装置 2 レジスト処理装置 3 薄膜形成・エッチング・洗浄乾燥用装置 4 検査評価用装置・その他	電子ビーム描画装置 マスク・レクチル検査装置	マスク作成	
C ウェーハ製造装置	1 単結晶製造装置 2 ウェーハ加工装置 3 検査評価装置・その他		ウェーハ製造	前工程
D ウェーハプロセス用処理装置	1 露光・描画用装置 2 レジスト処理装置 3 エッチング装置 4 洗浄・乾燥用装置 5 熱処理装置 6 イオン注入装置 7 薄膜形成装置 　CVD装置 　スパッタリング装置 　その他の装置 8 検査評価装置 9 その他の処理装置	ステッパ＆スキャナ コータ＆デベロッパ Poly-si用、酸化膜用、メタル用エッチング装置 洗浄・乾燥装置 酸化・拡散炉、ランプアニール装置 中電流、高電流、高エネルギーイオン注入装置 常圧、減圧、プラズマCVD装置 スパッタリング装置 エキタキシャル成長装置 ウェーハ検査装置 CMP装置、Cuめっき装置	前工程	
E 組立用装置	1 ダイシング用装置 2 ボンディング装置 3 パッケージング用装置 4 検査評価用装置・その他	ダイサ ダイボンダ、ワイヤボンダ、TABボンダ モールディング装置、マーキング装置	後工程	後工程
F 検査用装置	1 テスティング装置 　ロジックテスティング装置 　メモリテスティング装置 　リニアテスティング装置 　その他の装置 2 プロービング装置 3 ハンドラ 4 エージング装置 5 その他検査装置	 ロジックテスタ メモリテスタ ミクストシグナルテスタ プローバ ハンドラ バーンイン装置		
G 半導体製造装置用関連装置	1 各種搬送用装置 2 純水・薬液用装置 3 各種ガス用装置 4 クリーンルーム用装置 5 その他の製造用関連装置		関連装置	関連装置

注：半導体生産における前工程と後工程の区分は、大きく「a」「b」に分けることができる。「a」は、ウエーハ上に処理をする工程を前工程とするのに対して、「b」（半導体製造装置協会）は設計などの上流を含めて前工程と区分している。
資料：大分類、小分類、細分類は、一般社団法人半導体製造装置協会の「半導体製造装置分類表」、主要製造装置名は電子ジャーナル編『半導体製造装置データブック』で取り上げられている装置、により作成。

（3） 半導体製造装置の分類と主要な製造装置

　表1－10は、日本半導体製造装置協会が公表している分類（大分類、小分類、細分類）に基づく製造装置名と、電子ジャーナルが集計している主要製造装置名の一覧である。これをみると、協会で集計されている半導体製造装置のうち、電子ジャーナルが集計する主要製造装置として取りあげられていないのは、大分類では「半導体設計用装置」「ウエーハ製造装置」「半導体製造装置用関連装置」、小分類・細分類では「マスク・レクチル製造装置」のうち、「レジスト処理装置」「薄膜形成・エッチング・洗浄乾燥用装置」、また他の装置でも「その他」などがあげられる。

　こうした集計対象の違いを金額ベースでみると、表1－11のとおりとなる。これによると、「協会の製造装置販売高」に対する「主要製造装置（電子ジャーナル）」の金額ベースのカバー率は、92年84.8%、00年86.2%、13年89.6%である。ここでのカバー率が上がっているのは、「ウエーハプロセス用処理装置」の価格が、他の装置に比べ上昇していることを反映するものであり、取りあげる装置の構成が大きく変わったということではない。

　なお、この電子ジャーナルのデータ[47]は、一般社団法人日本半導体製造装置協会（SEAJ）のデータをはじめ、WSTS、SEMI、SEMIジャパン、工業統計、各企業の有価証券報告書などから収集したデータと、電子ジャーナルによる推

表1－11　主要製造装置（電子ジャーナル社版）のカバー率（暦年）

単位：100万ドル、%

暦　　年		92	95	00	05	10	13
世界の半導体製造装置市場規模	A	8,245	26,168	47,680	32,884	39,929	31,789
主要製造装置の市場規模合計	B	6,989	21,525	41,078	28,578	35,324	28,496
主要製造装置のカバー率	B/A	84.8	82.3	86.2	86.9	88.5	89.6

資料：電子ジャーナル編『半導体製造装置データブック』各年版、より作成。

---

47) 他にも、企業データの分析調査に定評のある米国ガートナー社の「Dataquest Research」、VLSIリサーチのデータがある。このうち、ガートナー社のデータについては、装置メーカーの多くが経営資料として活用するなど信頼性が高いようである。しかし、このデータは、たとえ信頼性が高くとも、一研究者である著者が利用するには取得費用面で難しいのが実態である。この点、電子ジャーナル編『半導体製造装置データブック』も、各年版が10万円前後と入手が困難であるが、国内図書であり国会図書館で確認できることから、これをデータとして採用した。

計に基づき整理したものである。したがって、製造装置ごとの販売高に基づく各企業のシェア等については、企業が詳細なデータを公表していないこともあり正確性を問うには無理があることを断っておきたい。

3．工業統計等に基づく日本半導体製造装置産業の推移

次に、わが国の半導体製造装置産業の製品（装置）生産、部品生産に関わっている企業数等を「工業統計調査」に基づく「産業別の事業所数」と「品目別の産出事業所数」の二つからみていくことにする。

（1）産業別の事業所数の推移

表1－12は、半導体製造装置製造業に分類される事業所の推移である。この事業所数は、半導体製造装置を主に手がける事業所と部品生産を主に手がける事業所によって構成されている。その事業所数は、00年、05年、08年と1,800ほどに達している。しかし、10年、12年には、「1－3人」が調査対象外になっており正確な推移をみることができないが、100、200ほどの事業所数の減少を推測できる。

表1－13は、協会のいう後工程の検査用装置（半導体・IC測定器）および他の工程の検査用評価装置と、半導体製造装置以外の計測器によって構成され

表1－12　半導体製造装置製造業（製品と部品等）の事業所数等の推移

規模別	95	00	05	08	10	12
1－ 3人	248	547	462	505	－	－
4－ 9	238	581	509	502	433	373
10－ 19	132	287	286	349	303	279
20－ 29	73	165	198	198	177	162
30－ 49	46	90	121	135	122	113
50－ 99	33	104	120	90	98	101
100－199	25	40	64	59	51	56
200－299	6	15	22	17	15	17
300－499	5	10	15	16	15	14
500－999	7	6	8	6	7	8
1000－	3	7	6	5	5	7
合　計	816	1,852	1,811	1,882	1,226	1,130

注：①10年以降は、4人以上の事業所数。
　　②製品製造の事業所だけでなく、部品等を製造する事業所を含む。
資料：『工業統計調査・産業編』各年版より作成。

表1－13　電気計測器製造業（工業計器、医療用計測器を除く）（製品と部品等）の事業所数の推移

規模別	95	00	05	08	10	12
1－ 3人	261	298	245	219	－	－
4－ 9	332	322	264	198	132	144
10－ 19	147	127	114	118	110	109
20－ 29	81	104	65	66	66	59
30－ 49	55	57	42	47	49	48
50－ 99	53	60	55	52	50	53
100－199	35	41	33	34	22	24
200－299	11	4	9	11	13	11
300－499	6	13	13	8	8	9
500－999	7	5	5	6	4	4
1000－	1	1	1	1		
合　計	989	1,032	846	760	454	461

注：①10年以降は、4人以上の事業所数。
　　②製品製造の事業所だけでなく、部品等を製造する事業所を含む。
資料：『工業統計調査・産業編』各年版より作成。

ている「電気計測器製造業（工業計器、医療用計測器を除く）」の事業所数の推移である。

ここでの事業所数のうち、半導体製造装置の製品生産と部品生産に関わっている事業所がどれほど占めているかは定かではないが、事業所数が減少傾向を示していると考えられる。

（2）　品目別の事業所数の推移

表1－14は、「半導体製造装置」と、検査用装置を含んでいる「電気計測器（工業計器、医療用計測器を除く、以下では省略する場合がある）」の算出事業所数の推移である。これを眺めると、次のような変化と特徴をみることができる。

一つは、半導体製造装置の算出事業所数が、2000年代以降の推移に限定してみても、増減を繰り返していることがあげられる。ただし、その増減は「半導体・IC測定器」に見られる増減とは異なるなど、両者の違いについては詳細に分析する必要があるが、ここでは数値のみの提示にとどめておきたい。

二つは、これら製造装置の部品等を製造している「半導体製造装置の部分品、取付具、附属品」と「電気計測器の部分品、取付具、附属品」との産出事業所数を、それぞれの製品ごとの算出事業所数と比較したとき、電気計測器に比べ

表 1 －14　半導体製造装置、電気計測器の算出事業所数の推移

	品目	コード	00	03	05	08	(08)	10	12
半導体製造装置	ウェーハプロセス用処理装置	267111	135	107	105	150	(150)	129	129
	組立用装置	267112	131	107	115	146	(144)	107	109
	その他の半導体製造装置	267119	129	143	143	186	(184)	163	161
	半導体製造装置の部分品等	267121	*1,411*	*1,461*	*1,511*	1,802	(1,473)	1,370	1,325
電気計測器	電気計器	297111	126	110	109	121	(98)	84	72
	電気測定器	297112	404	334	293	271	(225)	191	194
	半導体・IC 測定器	297113	155	187	195	194	(166)	123	130
参考	その他の電気計測器	297119	216	209	192	193	(147)	168	170
	電気計測器の部分品等	297121	408	388	348	332	(260)	238	233

注：00－08年の算出事業所数は、「1－3人」を含む全数調査の結果である。10年以降は「4人以上」の調査結果。08年は、4人以上を（　）で再掲表示。また、「半導体製造装置の部分品、取付具、附属品」の00年、03年、05年には、「フラットパネル・ディスプレイ製造装置の部分品等」も含まれているため「斜字」で表示している。
資料：『工業統計調査・品目編』各年版より作成。

半導体製造装置の部品等を主に手がける産出事業所が圧倒的に多いことが認められる。これは、両者の製品を構成する部品点数が大きく異なっていることを反映していると考えられる。とりわけ、製品価格が1億円を超える装置を数多く構成していることが半導体製造装置の部品生産に関わる事業所が多い理由の一つにあげられる。

4．協会の「販売統計」に基づく半導体製造装置産業の諸指標

次に、協会の「販売統計」に基づき日本半導体製造装置産業を取り巻く経営環境の変化をみていくことにする。

（1）　世界の半導体市場規模と製造装置の市場規模

世界の半導体市場の拡大は、ムーアの法則に象徴される凄まじい技術革新を背景としてきたことが知られている。そのものづくりを生産設備面で支えてきた製造装置市場も同様の拡大発展を遂げてきたが、ここ20年ほどを振り返り両者の市場規模の推移を比較してみると、次のような特徴をみることができる。

一つは、図1－8にみられるように、生産設備としての半導体製造装置の市場規模が、景気を反映した半導体メーカーの設備投資動向に影響され、激しく変動していることがあげられる。92年を100とすると、2000年は590に拡大して

図1－8　半導体と製造装置の市場規模の推移（1992年を100、暦年）

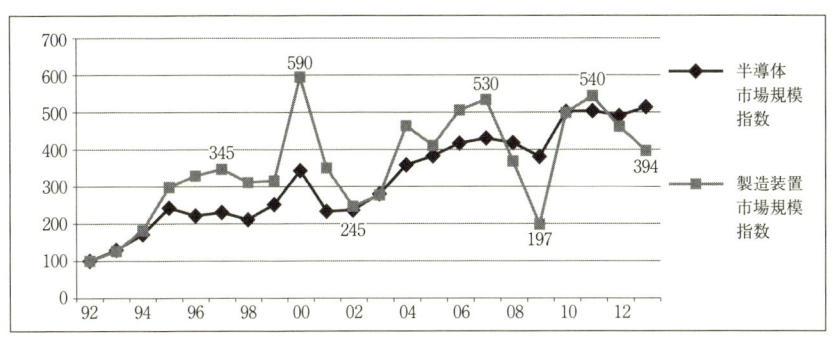

注：1992年を100とする指数表示。
資料：半導体市場規模の92-98年は、電子ジャーナル編『半導体製造装置データブック』各年版（原データはWSTS調べ）、99年以降はWSTS日本協議会「WSTS半導体市場予測について」各年の春・秋版。製造装置市場規模の00年までは、電子ジャーナル編『半導体製造装置データブック』各年版、01年以降は日本半導体製造装置協会『半導体・FPD製造装置販売統計』07年度版、14年度版、より作成。

図1－9　半導体市場規模と半導体製造装置市場規模の相対比（暦年）

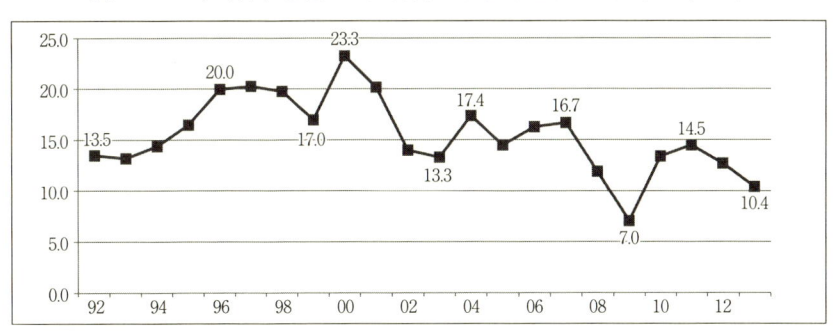

注：上記の相対比（％）は、半導体製造装置市場規模／半導体市場規模で求めている。
資料：図1－8に同じ。

いたが、02年には245に落ち込むという変動をみせている。景気が回復基調に入っていた07年には、製造装置市場は再び92年比で500を超えるが、リーマンショック後の09年は200を割り込むという凄まじい落ち込みをみせるのである。こうした需要（市場規模）の変動については、本書の比較研究の対象である工作機械産業にも同様の傾向をみることができる。

二つは、半導体と製造装置の市場規模の金額比が2000年前後を境に、微妙に変化しつつあることがあげられる（図1－9）。2000年以前が、半導体の市場規模の伸びよりも、製造装置の伸びが上回るという傾向にあったが、2000年以降は逆に下回るという傾向をみせている。これには、製造装置の生産性向上に見合うように製品価格が設定されていないという見方もある。

（2）　世界の製造装置の地域別販売高の推移

次に、地域別の市場規模の推移を表1－15にしたがってみてみよう。世界の半導体製造装置販売高において、日本市場は90年に5割近く[48]に達していたが、

表1－15　半導体製造装置の地域別販売高の構成比（年度）

単位：%、100万ドル

	日本	北米	欧州	韓国	台湾	中国	その他	合　計	販売高
91	44.9	30.6	10.7				13.8	100.0	8,690
92	33.8	35.4	13.5				17.3	100.0	8,245
93	30.0	34.4	13.4				22.2	100.0	11,586
94	32.2	31.1	11.1				25.6	100.0	16,059
95	32.2	29.0	12.1				26.8	100.0	26,171
96	29.8	28.4	12.8	11.5			17.5	100.0	24,858
97	23.5	33.6	11.2	8.2	14.7		8.7	100.0	29,289
98	21.3	34.7	12.9	6.9	14.8		9.4	100.0	19,265
99	21.3	26.8	13.3	7.9	19.7		11.0	100.0	30,665
00	21.3	27.8	13.6	8.4	16.7		12.3	100.0	48,787
01	24.6	31.9	12.9	7.3	12.4		10.9	100.0	20,993
02	19.9	27.8	10.2	11.4	16.4		14.4	100.0	21,096
03	25.1	17.5	10.9	13.7	17.1	5.4	10.3	100.0	25,781
04	22.0	16.5	9.6	14.6	19.3	6.5	11.3	100.0	37,262
05	25.3	17.9	9.9	16.0	17.8	4.2	8.9	100.0	33,136
06	22.0	17.6	8.3	18.5	18.6	6.2	8.9	100.0	41,650
07	22.1	15.5	6.8	15.6	25.9	7.2	6.9	100.0	42,571
08	24.7	22.2	9.5	15.6	13.3	5.3	9.4	100.0	22,039
09	11.2	15.5	4.5	21.0	31.1	6.4	10.3	100.0	20,560
10	11.2	17.3	7.4	18.9	26.5	9.7	8.9	100.0	43,865
11	13.5	20.4	8.9	24.3	17.8	7.9	7.2	100.0	42,485
12	8.5	22.1	6.3	18.5	31.6	7.0	6.1	100.0	33,509
13	10.5	16.2	6.1	18.4	29.8	13.1	5.9	100.0	34,633

注：市場規模の構成比は、下記資料の販売高により求めている。網かけは、各年度において最大の地域を示している。
資料：日本半導体製造装置協会『半導体・液晶パネル製造装置販売統計』1995年度版、2000年度版、『半導体・FPD 製造装置販売統計』2007年版、2014年版、より作成。

---

[48] 社団法人電子情報技術産業協会（2003）、230頁。

91年度以降では、91年度の44.9％がピークであった。この90年度代前半は、組立等の後工程がASEAN等の東アジアへの広がりをみせていたが、地域別データ公表の対象ではなかった。ちなみに、日本と北米の「販売高」は、あわせて6割を大きく超えるという時代であった。

続く90年度代後半では、後工程にとどまらず前工程を含めた製造拠点として飛躍的な拡大をみせる韓国と台湾が、それぞれ96年度、97年度に分離公表されている。他方、北米での「販売高」が、90年代前半と同様に3割前後で推移するのに対し、日本での「販売高」は3割強から2割強へと低下していることが認められる。

そして、03年度以降においては、最大の構成比を示していた北米が3割前後から一気に2割を割り込み、再び日本が最大の販売地域となる。ただし、最大の販売先になった日本市場ではあるが、22〜25％というようにわずかにウエイトが高まったにすぎず、北米市場の落ち込みの大半は韓国、台湾に取って代わられたといえよう。

続く、リーマンショック後の09年度から13年度の5年間における地域別の「販売高」については、TSMCに代表される台湾、サムスンが牽引する韓国がその存在感を強めているのに対し、日本市場は1割前後に落ち込むなど半導体の製造拠点から大きく後退していることが認められる。この点、インテル[49]に代表される半導体メーカーの一大拠点である北米は、2割前後を維持し続けていることに留意しなければならない。

（3）世界の製造装置別（大分類）の販売構成比の推移

次に、半導体製造装置の「販売高」の構成の特徴を、五つに大括りした大分類ベースにしたがってみてみよう（表1－16参照）。

一つは、「ウエーハプロセス用処理装置」が最も「販売高」の構成比が高く、かつ拡大傾向にあることがあげられる。表に示した年度の範囲でみると、91年

---

[49] インテルの半導体生産工場のうち、前工程工場は米国5工場、アイルランド1工場、イスラエル1工場、中国1工場、組立検査等はマレーシア2工場、コスタリカ1工場、中国1工場、ベトナム1工場である。電子ジャーナル編『半導体データブック』2014年版、384－385頁。

表1－16　世界の製造装置別（大分類）の販売高の推移（年度）

単位：100万ドル

年度	マスク・レチクル製造用装置	ウェーハ製造用装置	ウェーハプロセス用処理装置		組立用装置		検査用装置		半導体製造装置用関連装置	合計
			販売高	構成比	販売高	構成比	販売高	構成比		
91	236	153	5,063	58.3	830	9.6	1,930	22.2	478	8,690
92	143	91	5,044	61.2	814	9.9	1,785	21.6	367	8,245
93	127	145	7,401	63.9	1,044	9.0	2,429	21.0	440	11,586
94	172	153	10,501	65.4	1,310	8.2	3,250	20.2	674	16,059
95	244	255	17,630	67.4	1,844	7.0	5,264	20.1	934	26,171
96	497	402	17,267	69.5	1,401	5.6	4,230	17.0	1,061	24,858
97	636	288	19,411	66.3	1,891	6.5	5,886	20.1	1,177	29,289
98	711	86	12,502	64.9	1,437	7.5	3,737	19.4	791	19,265
99	549	133	20,242	66.0	2,525	8.2	6,302	20.6	915	30,665
00	673	191	33,937	69.6	3,511	7.2	8,682	17.8	1,794	48,787
01	778	83	15,665	74.6	975	4.6	2,319	11.0	1,172	20,993
02	557	106	14,973	71.0	1,357	6.4	3,054	14.5	1,050	21,096
03	497	114	16,893	65.5	2,036	7.9	4,873	18.9	1,368	25,782
04	625	122	26,241	70.4	2,151	5.8	5,930	15.9	2,194	37,262
05	713	153	22,456	67.8	2,340	7.1	5,813	17.5	1,663	33,136
06	829	223	30,199	72.5	2,425	5.8	6,090	14.6	1,884	41,650
07	694	267	32,121	75.5	2,885	6.8	4,877	11.5	1,727	42,571
08	419	233	16,331	74.1	1,512	6.9	2,489	11.3	1,056	22,039
09	560	96	15,184	73.9	2,023	9.8	2,125	10.3	2,312	20,560
10	879	94	33,506	76.4	4,006	9.1	4,336	9.9	4,911	43,865
11	1,272	106	33,430	78.7	3,102	7.3	3,694	8.7	882	42,485
12	998	71	25,494	76.1	2,906	8.7	3,310	9.9	731	33,509
13	807	51	27,802	80.3	2,467	7.1	2,788	8.1	717	34,633

資料：日本半導体製造装置協会『半導体・液晶パネル製造装置販売統計』1995年度版、2000年度版、『半導体・FPD製造装置販売統計』2007年版、2014年版、より作成。

度が6割弱と最も低く、その後は増減を繰り返しながらも着実に増え続け、13年度には8割に達している。これは、微細化、大容量化の技術革新上の焦点が、物理、化学、素材を含めた幅広い領域を構成しているプロセス技術に向けられていたことに重なるといえよう。まさに微細化を象徴するナノメートルという微細な世界での露光、成膜、エッチング、洗浄などのプロセス処理装置の高額化が反映していると考えられる。ただし、高額化といえども、装置メーカーからすると、期待する価格水準[50]にはほど遠いというのが実態のようである。

---

[50] 開発投資の回収という点からである。そうしたこともあり、300mmウエーハ用装置の開発費の回収ができていない現在において、450mmの開発製造には踏み込みたくないというのが装置メーカー側の一般的な立場である。

二つは、90年度代を通じて2割前後で推移していた「検査用装置」の構成比が、2010年度以降に1割を割り込んでいることが注目される。構成比でいうと、実に2分の1以下に落ち込んだことになる。こうした構成比の低下については、検査用装置がプロセス用処理装置と異なり電気系の技術体系を基礎としていることが影響していないだろうか。半導体製造装置以外の電気計測機器の価格低下が、ここでの装置価格に影響したとは言い切れないが、逆に免れたともいえないところに検査用装置の価格競争の激化、ひいては装置全体に占める「販売高」構成比の低下をもたらしている一つの要因をみることができよう。もちろん、これについては仮説そのものであり、詳細な検証が待たれるところでもある。少なくとも、世界シェアのトップを走るアドバンテスト[51]が、業績の低迷に直面している要因の一つを、こうした推移からも推測できよう。

　三つは、先の検査用装置と同じく後工程でコストとスループットの要求が厳しい「組立用装置」の構成比が、年度により大きく揺れ動いているものの、数年単位でみると比較的安定的に推移していることがあげられる。コスト、スループット、そして微細化による開発費増といった関係からすると、これまた仮説の域を脱することはできないが、検査装置よりは微細化の影響が強く、結果としてコスト対応の影響から相対的に免れていると考えられる。しかし、組立装置の中でも、モールディング装置に関しては、コスト競争が激しく、国内外の装置メーカーが中国をはじめとする東アジアで生産体制を整えていることを考慮すると、ここでの単純な仮説は成り立たなくなる。

　いずれにしても、こうした大分類に基づく「販売高」の構成比の変化については、それぞれの装置群の当面する様々な課題を反映するものであり、そうした点を強く意識して理解する必要があろう。

(4)　日本企業の地域別販売高の推移

　日本の半導体製造装置産業の販売先は、日本半導体産業の半導体開発にリードされていた60年代、70年代については、日本国内がほとんどであったと考え

---

51) アドバンテストのヒアリング調査は、2013年11月2日に実施。

表1-17 日本企業の地域別販売高の推移(年度)

単位:%、億円

年度	日本	北米	欧州	韓国	台湾	中国	その他	合計	販売高
86	80.9						19.1	100.0	2504
87	83.9						16.1	100.0	2880
88	81.5						18.5	100.0	4870
89	77.1						22.9	100.0	5182
90	80.9						19.1	100.0	5973
91	75.5	6.9	3.6				13.9	100.0	5813
92	66.3	9.7	5.6				18.5	100.0	3957
93	56.9	10.0	6.2				27.0	100.0	5056
94	55.9	10.8	4.2				29.1	100.0	7032
95	54.4	9.0	6.4	15.1	9.7		5.4	100.0	11008
96	49.5	11.6	7.8	15.1	10.7		5.2	100.0	11944
97	43.3	15.2	7.2	8.4	16.7		9.2	100.0	13200
98	41.3	17.3	7.5	5.3	19.2		9.3	100.0	8233
99	41.3	13.3	7.7	8.1	20.2		9.5	100.0	11302
00	40.1	17.1	7.5	8.6	16.0		10.8	100.0	18045
01	43.6	24.5	7.6	6.2	11.0		7.2	100.0	8834
02	38.7	18.5	6.0	11.1	13.7		12.0	100.0	8575
03	43.7	8.4	6.6	14.3	16.5	4.5	5.9	100.0	11671
04	36.4	10.4	5.4	15.2	19.0	5.6	8.0	100.0	15981
05	41.1	12.2	5.7	14.2	18.0	3.3	5.5	100.0	15169
06	38.9	11.8	3.6	16.6	18.8	5.3	5.1	100.0	17778
07	37.1	10.5	3.5	11.4	27.5	5.4	4.5	100.0	18510
08	40.7	18.5	6.2	10.8	11.3	4.0	8.6	100.0	7954
09	21.4	17.2	2.4	16.5	29.9	4.8	7.7	100.0	6528
10	20.9	19.1	5.0	16.4	24.7	7.8	6.2	100.0	12415
11	22.0	23.5	8.3	19.4	15.1	5.9	5.8	100.0	12637
12	15.2	26.0	5.5	15.5	27.6	5.8	4.4	100.0	10284
13	19.2	18.9	6.2	14.4	28.4	8.7	4.3	100.0	11278

資料:日本半導体製造装置協会『半導体・液晶パネル製造装置販売統計』1995年度版、2000年度版、『半導体・FPD 製造装置販売統計』2007年版、2014年版、より作成。

られる。

　この点、その後の80年代後半以降の日本企業の「地域別販売高」の推移を表している表1-17を眺めると、次のような変化が注目される。

　一つは、日本半導体産業が繁栄を謳歌していた80年代後半から90年代初めにおいて、日本国内向けの販売がすでに8割前後に減少していたことがあげられる。これについては、日本半導体産業の後工程工場のASEAN地域への工場展開[52]に伴う輸出が増えはじめていたことと、欧米から製造装置を輸入していた時代から、逆に欧米へ輸出できる時代へと急速に変化してきたことが背景としてあげられる。

---

52) 先の表1-4は、2013年時点の世界の工場数であるが、参考に示した日系工場のうち、ASEAN地域の大半は、この時代に展開されはじめたのである。

二つは、バブル経済の崩壊後の90年代において、国内向け販売が8割から半減していることがあげられる。この落ち込みは、様々な時代状況を反映した結果といえよう。何よりも影響を及ぼしたのは、世界のトップを走っていた日本半導体産業の競争力低下があげられる。少なくとも、円高基調における国内生産のコスト競争力低下という外部環境の変化があげられるが、86年の日米半導体協定[53]を起点とした日本半導体メーカーの競争力低下、それに代わって台頭してくる韓国、台湾メーカーという世界の半導体産業をめぐる競争構造の変化が指摘されねばならないだろう。

　そして、三つはリーマンショック後にみられた日本半導体メーカーの設備投資の冷え込みを反映するかのように日本向け販売が2割前後にまで落ち込んでいることがあげられる。世界市場の中で、日本市場は先の図1－5にみるように1割前後に低下していることを考慮すると、日本装置メーカーの日本販売が2割前後に落ち込んでいるのは致し方のない結果ともいえる。

（5）　日本企業の製造装置別（大分類）シェアの推移

　世界の製造装置販売高に占める日本企業のシェアの推移を表している表1－18を眺めると、次のような点が指摘できる。

　一つは、「プロセス用処理装置」における日本企業のシェアが、3割から4割強で推移していることがあげられる。ただし、詳細に眺めると、90年代中頃までの4割前後から、97年以降は3割近いシェアにとどまる年度も少なくないというように、シェアの低下がみて取れる。

　二つは、世界レベルでの販売高の構成比が半減以上に落ち込んでいる「検査用装置」であるが、日本企業のシェアは30％台半ばから50％台半ばで揺れ動いていることがあげられる。こうした一定のシェアを維持していることよりも、製造装置全体の構成比の低下が及ぼす影響の大きさに留意する必要がある。

53）伊丹敬之（1998）、325－329頁、において、日米半導体問題を「政治というファクター」から分析している。「アメリカでの公正市場価格の監視制度を作り、日本国内での外国製半導体（つまりはアメリカ製）の市場シェアに20％という数値目標を設ける」ことで、その後の日本企業の低迷、さらにはその受益者としての韓国企業という関係を明確に整理している。

表1－18　日本企業の製造装置別（大分類）のシェアの推移（年度）

単位：％

年度	マスク・レチクル製造用装置	ウェーハ製造用装置	ウェーハプロセス用処理装置	組立用装置	検査用装置	半導体製造装置用関連装置	合計
91	30.2	45.1	48.1	58.7	49.9	71.6	50.3
92	35.5	52.7	35.9	48.8	37.2	64.5	39.0
93	26.0	44.7	39.4	51.0	37.0	64.5	40.8
94	25.2	45.0	42.4	51.3	46.8	62.5	44.7
95	24.5	37.1	41.9	46.5	44.5	57.1	43.1
96	10.5	40.7	41.0	51.0	44.2	52.9	42.0
97	15.0	49.7	33.2	46.6	43.8	45.8	36.5
98	7.9	52.5	32.4	42.1	35.2	40.9	33.2
99	14.5	55.9	30.9	44.7	37.4	34.3	33.3
00	24.4	46.9	31.1	43.0	38.8	30.5	33.3
01	21.5	83.6	33.7	35.2	35.4	28.7	33.4
02	34.9	79.3	31.3	42.5	41.5	26.7	33.6
03	47.1	87.2	38.7	37.7	48.8	25.8	40.2
04	30.9	90.2	36.7	43.4	56.6	28.9	39.9
05	39.8	78.6	37.2	40.5	53.5	30.8	40.2
06	31.7	68.2	35.3	45.2	48.1	31.5	36.5
07	29.1	63.1	36.8	40.0	47.5	36.2	38.2
08	28.7	30.8	35.6	36.6	38.3	38.0	35.9
09	43.5	47.4	32.6	35.6	39.1	46.0	34.3
10	38.1	77.7	31.4	35.7	39.9	48.0	33.2
11	40.6	73.1	35.1	38.1	53.1	59.1	37.6
12	50.2	63.2	33.8	35.5	53.4	53.8	36.8
13	52.3	64.5	30.2	32.2	43.7	51.0	32.4
参考	424	33	8432	798	1223	367	11278
	3.8	0.3	74.8	7.1	10.8	3.3	100.0

注：各構成比は、日本製装置販売高（ドル換算）／世界の装置販売高、で求めている。ドル換算は下記の資料の換算値を採用している。また、参考の上段は、2013年度の日本製装置の販売高（億円表示）、下段は装置別の販売高の構成比である。

資料：日本半導体製造装置協会『半導体・液晶パネル製造装置販売統計』1995年度版、2000年度版、『半導体・FPD製造装置販売統計』2007年版、2014年版、より作成。

　三つは、「組立用装置」のシェアが低下していることがあげられる。これは、欧米企業の子会社によるアジア生産の影響によると考えられる。

　ただし、これらの点を正しく評価するには、個々の装置ごとにみられる欧米企業等との競争関係を詳細に検討する必要がある。

第3節　半導体製造装置産業の寡占化の進展

　以上のように、日本半導体製造装置産業は日本半導体産業の低迷を乗り越えるべく、海外市場に依存を強めることで世界レベルでの存在感を維持し続けている。しかし、そうした海外市場に発展の場を求めざるを得ないという経営環

境の変化は、本書の研究テーマの一つでもある中小装置メーカーの発展場面に多大な影響を及ぼしてきていることが認められる。その影響はプラスではなく、海外市場獲得を実現することが容易ではなく、結果として日本半導体産業の縮小に引きずられ発展場面から遠のくというケースも少なからずみられるのではないだろうか。

さらに、世界の半導体製造装置産業は、半導体の微細化、大容量化に対応するための研究開発に対応できること、影響力を強めている特定企業との取引場面に位置すること、などの生き残り競争の激化に伴う業界再編に繋がっている

表1-19 主要半導体製造装置(中分類)のシェア上位3企業等の概要(2012年)

単位:100万ドル、%

工程	装置名	市場規模	1位 企業名	シェア	2位 企業名	シェア	3位 企業名	シェア
前工程装置	露光装置	8,455	ASML	75	ニコン	19	キヤノン	4
	コータ&デベロッパ	1,781	東京エレクトロン	86	大日本スクリーン	9	韓国 SEMES	3
	ドライエッチング装置	4,952	Lam Reseach	41	東京エレクトロン	33	Applied Materials	17
	アッシング装置	252	Axcelis Technologies	26	Mattson Technology	24	韓国 PSK	18
	洗浄・乾燥装置	3,259	大日本スクリーン	53	東京エレクトロン	16	Lam Reseach	11
	酸化・拡散炉	847	東京エレクトロン	55	日立国際電気	29	ASM Internatinal	8
	ランプアニール装置	505	Applied Materials	80	大日本スクリーン	10	Mattson Technology	8
	中電流イオン注入装置	467	Applied Materials	66	日新イオン機器	22	SEN(住友重機子会社)	6
	高電流イオン注入装置	893	Applied Materials	75	Axcelis Technologies	14	SEN(住友重機子会社)	9
	高エネルギーイオン	137	Axcelis Technologies	51	Applied Materials	24	SEN(住友重機子会社)	16
	常圧 CVD 装置	7	天谷製作所	35	その他	65		
	減圧 CVD 装置	873	東京エレクトロン	47	日立国際電気	34	ASM Internatinal	9
	プラズマ CVD 装置	2,160	Applied Materials	56	Lam Reseach	29	ASM Internatinal	11
	メタル CVD 装置	548	Applied Materials	38	東京エレクトロン	28	Lam Reseach	26
	スパッタリング装置	2,007	Applied Materials	67	アルバック	15	Lam Reseach	8
	エピタキシャル成長	218	Applied Materials	41	ASM Internatinal	30	日立国際電気	18
	CMP 装置	1,189	Applied Materials	56	荏原製作所	35	東京精密	6
	Cu めっき装置	468	Lam Reseach	72	Applied Materials	17	その他	11
	ウェーハ検査装置	2,817	KLA-Tencor	54	日立ハイテクノロジーズ	17	Applied Materials	7
組立工程	ダイサ	637	ディスコ	81	東京精密	11	アピックヤマダ	4
	ダイボンダ	683	ASM Pacific Technology	26	BESI	26	日立ハイテクノロジーズ	18
	ワイヤボンダ	828	Kulike & Soffa	53	ASM Pacific Technology	31	新川	6
	TAB ボンダ	91	ASM Pasific Technology	71	新川	8	カイジョー	7
	モールディング	577	TOWA(日本企業)	43	ASM Pacific Technology	24	BESI	16
	マーキング装置	55	GSI Group	83	芝浦メカトロニクス	3	キヤノンマシナリー	3
検査装置	ロジックテスタ	729	アドバンテスト	44	Teradyne	33	LTX-Credence	9
	メモリテスタ	372	アドバンテスト	73	Teradyne	14	横河テスト	7
	ミクストシグナル	1,278	アドバンテスト	45	Teradyne	39	LTX-Credence	10
	プローバ	465	東京精密	50	東京エレクトロン	39	日本マイクロニクス	4
	ハンドラ	465	アドバンテスト	38	Delta Design	36	セイコーエプソン	11
	バーンイン装置	114	日本エンジニアリング	35	韓国 D.I	22	Aehr Test	16
他	電子ビーム描画装置	352	ニューフレアテクノロジー	88	日本電子	6	その他	6
	マスク・レチクル検査	412	KLA-Tencor	38	レーザーテック	24	Applied Materials	21
参考	日本企業		14		18		14	
	欧米企業		19		13		14	
	その他		-		2		5	

注:漢字・カタカナ表記以外の企業のうち、SEN と TOWA は日本企業、ほかは海外企業。
参考の欧米企業には、オランダ ASMI 社の香港子会社である ASM Pacific 社を含めている。また、その他は、データにある「その他」と韓国企業、空白の合計である。なお、露光装置は、下記資料では「ステッパ&スキャナ」と表示されている。
資料:電子ジャーナル編『半導体製造装置データブック』2014年版、110-181頁、より作成。

といえよう。

　なお、半導体製造装置産業内の競争関係については、後の第3章で詳細に取りあげると共に、第4章の事例研究においても触れることになるので、ここでは、世界の半導体製造装置産業がどのような競争関係にあるかを、各製造装置における装置メーカーのシェアを取りあげ概観しておくにとどめておきたい。

　表1-19は、2012年の主要な半導体製造装置の上位3位までの企業名とシェアを表している。これに基づき製造装置産業の寡占化の実態を理解していくことにしよう。

　一つは、表全体の企業名を眺めたとき、日本企業と欧米企業によってほとんど占められていることがあげられる。近年、韓国企業が国家政策の下で台頭しつつあるといわれているが、この表に登場しているのは3社[54]にすぎず、日米欧企業において市場競争が繰り広げられていることが認められる。

　二つは、その日本企業と欧米企業の競争関係を主要装置別にみると、シェア1位企業の企業数は、日本企業14機種、欧米企業19機種[55]と、欧米企業がやや優位に立っていることが認められる。これは、2012年の世界市場のおける海外企業（欧米以外を含む）のシェアが63.8％、日本企業が36.8％という実態を反映した結果ともいえる。

　こうした世界レベルでの寡占化の進展については、プロセス工程、組立工程、検査工程における技術体系の違いと、ユーザー産業の半導体プロセス技術開発との関係、さらには装置個々の市場規模などを含めて詳細に検討する必要がある。また、主要装置として取りあげられている以外の装置、とりわけ市場規模が小さく、中小装置メーカーが手がけているであろう装置において、主要装置と同様に世界レベルでの寡占化が進展しているか否かについては、今後の研究課題といえよう。

---

54) 3社とは、韓国 SEMES、韓国 PSK、韓国 D.I である。なお、韓国における製造装置メーカー育成については、国策的な背景が指摘できるが、最近では装置の技術革新が激しく、また研究開発費用も多額でもあり、費用対効果という点で現実的でなくなりつつあるという。服部毅（2010）、15頁。
55) ここでは、香港 ASM Pacific Technology を、2013年に非連結になったが資本の40％を保有する蘭 ASMI の関連会社として欧米企業に含めている。

第4節　装置開発における半導体製造装置メーカーの課題

1．指導から共同研究への変化の中での装置開発の課題

　半導体開発の世界では、微細化、大容量化の具体的な開発目標が、いわゆるムーアの法則[56]にしたがって設定され、結果を出し続けてきた。現在、そのムーアの法則にしたがった開発目標に対して、物理的な限界を指摘する悲観的な見方と、限界を乗り越えるとの楽観的な見方が存在している。そして、32nm、20nm、10nm、7nmといった微細化に対応した量産装置の開発と、300mmから450mmウエーハに向けての装置開発が半導体メーカーと装置メーカーの共同研究の場で取り組まれている。

　ところで、今日の日本半導体メーカーの低迷と撤退は、世界市場の3、4割を維持している日本半導体製造装置メーカーの今後の発展にどのような影響を及ぼすのであろうか。装置メーカーの技術革新は、半導体メーカーとの共同研究を基礎としてきただけに今後の動向が注目される。この点、日本半導体製造装置メーカーの多くは、すでに世界の半導体メーカーをユーザーとし、それら企業との共同研究を積み重ねており、その将来に対する懸念は少ないのかも知れない。しかし、韓国は国策として韓国半導体製造装置メーカーの育成に取り組んでいる。また、台湾も同様の動きをみせている。このほか、世界の半導体分野の先進的な共同研究開発拠点として、ベルギーのIMECとニューヨークのCNSE Albanyが存在感を強めていることにも留意しなければならない[57]。次代の先進的な開発拠点が日本を舞台にするケースが少なくなっていることの影響は決して小さくはない。

　半導体生産における共同開発の焦点の一つは、半導体メーカーと製造装置メーカーとの共同研究にあるが、それにとどまらず各製造工程における様々な素

---

56) インテルの創設者の1人であるゴードン・ムーア氏が、1965年に経験則から提唱した「半導体の集積密度は18〜24ヶ月で倍増する」という法則。http://e-words.jp/w/E383A0E383BCE382A2E381AEE6B395E58987.html
57) 社団法人日本機械工業連合会・三菱UFJ&コンサルティング（2010）、5-11頁、20-27頁。

材開発の課題が指摘できる。前工程関連でいうと、Siウエーハ、化合物半導体ウエーハ、マスク・レクチル、フォトレジスト、薬液、バルクガス、特殊ガス、ターゲット材、層間絶縁膜用塗布膜、保護膜用塗布膜、CMPスラリーの開発課題があげられる。また、組み立て工程関連としては、リードフレーム、セラミック基板、プラスチック基板、TAB/COF、Agペースト、ボンディングワイヤ、封止材などの開発課題があげられる。これらの素材メーカーの07年の売上高ランキング[58]によると、上位60社に占める日本メーカーは40社を数えている。こうした素材メーカーの世界レベルでの競争優位を製造装置開発の競争力強化にどのように繋げていくかが日本半導体メーカーの再生課題とも重なってきそうである。

2．半導体製造工程における開発競争の焦点

半導体の技術革新については、微細化、大容量化の取り組みに象徴できるが、ここまでみてきたように、すべての製造装置がこれらの問題を同じレベルの課題として抱えているわけではない。少なくとも、これらの課題の焦点は、前工程におけるプロセス工程に関わる製造装置にあり、組立工程と検査工程については、もちろん先進的な技術革新の場から逃れることはできないが、それよりも多様な半導体生産に重なる製品仕様を実現するための特殊な技術領域における研究開発が求められたり、コストやスループットなどを実現するための研究開発が競争条件に加わってくるなど、研究開発の局面は多様になってきている。ここでは、それらの開発競争がどのような問題を抱え、どのような開発競争を繰り広げているかを概観しておくことにする。

（1）プロセス工程における開発競争の焦点

プロセス工程における開発競争の焦点は、まさに微細化、大容量化、そして多様化にあるといっても過言ではない。ただし、露光、成膜、エッチング、洗浄といった工程個々に科せられた研究開発の課題は同様ではなく、同じ微細化

---

[58] 電子ジャーナル編『半導体素材データブック2007』（2008）、138頁。

といっても技術革新の課題の所在は、それぞれの装置によって異なっている。

露光装置の技術革新の焦点

現在、次代の露光技術として取り組まれているのが、ナノメートルの一桁レベルの微細化技術として期待されている紫レーザー（EUV）を使用しての露光装置[59]といわれている。この取り組みについては、露光装置メーカーのみならず、先進的な取り組みに踏み出している半導体企業の半導体プロセス技術の開発と共に進められている。

しかし、これまで発表され続けてきた計画では、このEUV露光装置の実用化がそろそろ実現する時期であるが、現在まで量産機の完成を伝える報道はない[60]。とはいえ、インテル、TSMCなど、最先端の微細化技術の開発による発展を打ち出している企業は、その技術開発を早期に実現するために、蘭ASMLに資本投入という形による支援[61]を実施していることは周知の通りである。

この点、この問題を正しく理解できる技術的な知識のない著者が、これ以上深く分析することはできないが、描画のための紫レーザーのコントロールが大きな壁になっているようである。

もう一つの技術革新のテーマである450mm対応の装置開発については、ニコンでは2013年のインテルへの納入に続き、2015年納入をSUNY研究財団と契約したことが発表されている[62]。ただし、このウエーハの大型化である450mm問題については、露光装置のみが対応できても、他のプロセス装置、さらには組立装置、検査装置が実用化の装置を開発することが条件づけられているなど、現実の実用化までには時間がかかりそうであるというのは素人ゆえ

59）EUV露光装置は、波長13.5nmの極端紫外線（EUV）波長を用いたリソグラフィ技術である。
60）第4章で検討しているが、量産段階に向けて着実に歩んでいることが認められる。
61）蘭ASMLの資金金の15％を米インテルが、5％を台湾TSMCが開発資金として投入する。ASMLジャパンのヒアリング調査（2013年12月3日）ほかによる。
62）受注した450mmウエーハ対応ArF液浸露光装置は、Global 450 Consortiumの会員企業によって、プロセス開発、評価、デモンストレーション等で使用されるという。ニコン「報道資料」2013年7月4日付。なお、SUNY研究財団とは、ニューヨーク州立大学の財団である。

の考えであろうか。

成膜、エッチング、洗浄装置の技術革新の焦点

　成膜、エッチング装置を手がける装置メーカーを訪問し、技術的な課題を尋ねたときの答えは、実に様々であるだけでなく、著者の理解の範囲を超えた内容であった。ただし、それらの多くは、現在の半導体の技術的延長上（連続性）にある微細化実現の方法論であったり、全く異なった（非連続性）フィン方式[63]であったり、あるいは磁気方式[64]であったりと、実に多様な技術的課題の説明であった。そうした説明を受けた技術内容を素人が記述しても混乱を重ねることになるので、本書では、様々な技術革新に向けての取り組みがされていることを記すにとどめておきたい。

　ただし、洗浄・乾燥装置を例に、微細化対応に対する理解の手がかりの一つを提示しておきたい[65]。それは、半導体生産の生産性に関わる品質とスループットの問題である。一般的に、ウエーハの洗浄を効率よく行うには、複数のウエーハを一度に行う方式を思い浮かべることになろう。現実の洗浄方式でいうと「バッジ式」がそれに該当する。このバッジ式は、成膜工程でも採用され、生産性を高めてきたようである。

　ところが、微細化の進展は、洗浄工程におけるバッジ式では、品質が維持しにくくなるという問題に直面する。洗浄とは、エッチングなどで削られた物質をすべて洗い落とすことである。この洗い落とすことと、生産性を高めることが相反する結果をもたらすことになる。それは、微細になればなるほど洗い落とされた物質が洗浄槽の中で他のウエーハに付着する危険を回避できないことにある。これを解決する手段として、「枚葉式」という1枚1枚洗浄するという方法が、高度な微細化の段階に踏み込むと共に、採用されることが増えてきたようである。1枚のウエーハに吹き付ける洗浄剤（薬剤）は、次の1枚に使

---

[63] 佐々木雄一朗ほか（2010）、57-62頁。
[64] これまでの電子による「0・1」ではなく、磁気の性質を利用した半導体（MRAM）である。この開発が、日本半導体の救世主になるのではないかという期待が大きい。泉谷渉（2012）。
[65] 大日本スクリーン製造のヒアリング調査（2013年11月29日）に基づく。

われることがなく、常に新しい洗浄剤がウエーハの洗浄に用いられるという方法である。
　こうしたバッジ式から枚葉式における技術的課題は単純ではなく、生産性を大きく落とさず、求められる品質を実現するには、研究開発が繰り返し実施されているということに留意しなければならない。

装置メーカーによる装置開発と半導体メーカーとの取り引き関係
　先の洗浄における品質保証のための装置の使用条件等の設定については、装置メーカーの実用化試験の中でのデータが活かされるのではないかと想像される。しかし、他の成膜、エッチングなどの装置については、装置メーカーによる条件設定は一定の制約下に置かれている。それは、半導体製造におけるプロセス技術の開発主体が半導体メーカーにあるということが最大のポイントになっている。極論すれば、装置をどう使うかは半導体メーカーの手の内にあり、装置メーカーは関与できないということである。
　こうしたプロセス技術こそが、微細化に向けての研究開発の焦点になるが、装置メーカーにとっては、その技術の多くがブラックボックス化された領域になっている。このため、装置メーカーと半導体メーカーの取引関係は、単純ではなく、様々な関係をもたらすことになる。
　一つは、量産化段階前の開発途上の製造装置の多くが、装置メーカーから半導体メーカーに貸し出され、試験的に使いながらプロセス技術を積み重ねデータ化されていくという過程を通っていることがあげられる。これを装置メーカー側からみると、何億円もする試験のための装置を何台も貸し出すだけにとどまらず、試験のための材料代を負担し、また試験を補助するための人も派遣するというのが常態化しているようである。これは、半導体メーカーによる実用化、量産化に向けてのプロセス開発場面であるが、装置メーカーにとっては貸し出した装置の量産設備としての採用に向けてのサービスであり、装置改良の情報源であるという二つの性格を持っている。こうしたことが常態化すればするほど、資金的な余裕のない中小装置メーカーの撤退に大きく影響してきたことだけは間違いないようである。なお、これらについては、第4章の事例研究

で詳細に分析しているので、ここではこれ以上は言及しない。

　二つは、こうした貸し出しによる試験的な使い方にとどまることなく、プロセス技術の開発が、共同開発という側面を強めていることがあげられる。しかし、発注者側である半導体メーカーは、何社もの装置メーカーと共同開発するのではなく、できる限り絞るというやり方が広がっているようである。それは、1社に絞るのではなく、2社程度にしているようにみえる。もちろん、個々の装置の市場規模が小さい場合には、狭い技術領域での独占を許す発注と共同研究もないわけではない。こうしたことが、結果として装置業界内の寡占化をもたらす要因の一つとして考えられる。

　三つは、先の半導体メーカー主導によるプロセス技術の開発というだけでなく、装置の仕様等の技術革新が装置メーカー側に蓄積され、それをベースとした取引が拡大しつつあるということがあげられる。かつて、業界トップの米アプライドマテリアルズ（AMAT）が、半導体メーカーに対してプロセス工程における技術ノウハウを提供するビジネスモデル[66]を打ち立てようとしたもののうまく機能しなかったようであるが、韓国、台湾の半導体メーカーの台頭と共に、装置メーカーが装置仕様のノウハウ提供が一般的な取引になりつつあるという流れが強まってきている。

　この流れは、独自のプロセス技術を自社で開発してきた日本と欧米の設計から製造まで一貫して行う総合デバイスメーカー（IDM）との取引においても、一定の広がりをみせているようである。これを装置メーカー側のプロセス技術の蓄積による取引地位の向上として捉えるのか、あるいは半導体メーカーの技術力の低下として捉えるかを、単なる見方の違いとして理解していいのであろうか。問題は、先進的なプロセス工程の技術革新の大半が、巨額の研究開発投資を投じ続けている上位3社の半導体メーカーに限定されつつあることと、その場面における共同研究に限定されつつあるということである。少なくとも、そうした研究開発の場に参加することが、装置メーカーのプロセス技術の蓄積に繋がるかどうかを決定づけるといっても過言ではない。

---

66) 業界では、このアプライドマテリアルズ（AMAT）の取り組みが、最初であったようである。AMAT直接ではなく、AMAT以外の複数の装置メーカーから聞き取ることができた。

（2）組立工程と検査工程における開発競争の焦点

　組立工程と検査工程の研究開発の焦点は、先のプロセス工程と異なり、微細化、大容量化、さらには半導体メーカーとの共同研究などに限定的ではなく、次のような特徴をみることができる。

　一つは、組立装置の代表的なモールディング装置でみると、組立工程のアジア展開という流れを背景に、スループット対応の課題もあるが、それ以上に価格が問われるコスト対応力が重要な課題になっていることがあげられる。とりわけ、ボリュームゾーンにおいては、蘭ASMIの香港連結子会社であったASM Pacific Technology[67]とTOWA[68]との価格競争を背景に、他の機械産業と同様の中国生産が一つの焦点となっている。この一つの要因として、組立工程が、メカトロニクスとしての装置であり、飛躍的な発展を遂げているコンピュータ制御に基づく装置になっていることがあげられる。

　二つは、検査装置の研究開発の焦点が、微細化に対応する技術革新にありながら、他方では電気系の技術革新を伴うという性格を備えているところに特異性をみることができる。たとえば、バーンイン装置については、完成した半導体を電気的ストレス（電圧、電流）と環境負荷（温度、湿度）を加え検査する装置であるが、その技術体系は大半が電気系技術に重なるものといってよい。その意味では、プロセス工程の装置が、物理、化学、材料などの広範囲な技術領域を構成するのとは大きく異なっている。

　三つは、プロセス工程における装置メーカーが大企業を焦点に寡占化に向かっているのに対し、組立装置と検査装置については、寡占化の進展はみられるものの、大企業のみで構成されているのではなく、今なお中小装置メーカーが半導体製品の多様性を背景とした特定の技術領域を構成しながら存立していることに留意しなければならない。

　もちろん、こうした特性も、個々の装置によって微妙に異なるなど、すべての組立装置と検査装置に共通するものではなく、大企業を中心とした巨額の研

---

67) 2013年に蘭ASMIの連結子会社を外れるが、40％の最大株主であることに変わりはない。
68) TOWA（本社、京都市）は、資本金8,932百万円、従業員数（連結）1,073人のモールディング装置を主とする装置メーカーである。

究開発費の投入を背景とした寡占化が進展している装置もみられるなど、実に多様な発展場面を構成していることが指摘できる。

3．欧米企業と日本企業の研究開発費比率からの示唆

そうした半導体製造におけるプロセス装置、組立装置、検査装置の研究開発の焦点の違いは、それぞれが要する研究開発費に影響を及ぼすことになると考えられる。売上高に対して10％を超える研究開発費を必要とする装置もあれば、

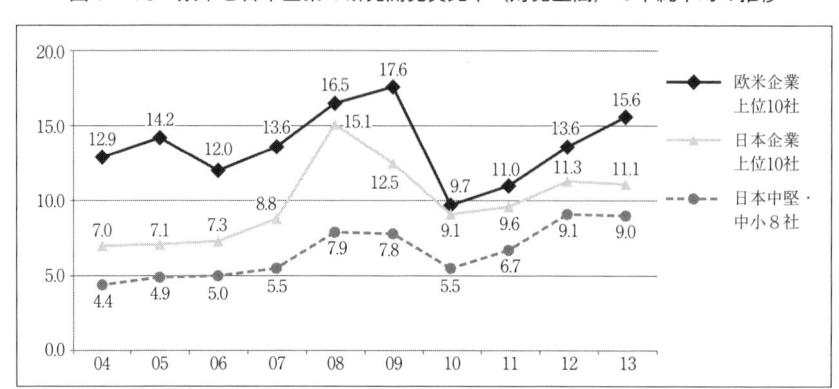

図1－10　欧米と日本企業の研究開発費比率（対売上高）の単純平均の推移

注：①欧米企業上位10社とは、半導体製造装置販売高で2012年、13年において上位を占めている下記の企業である。Applied Materials、ASML、KLA-Tencor、Lam Research、ASM International、Teradyne、Kulicke & Soffa Industries、Veeco Instruments、BESI（10年以降のデータ）、FEI。研究開発費比率は、10社とも企業全体で算出している。
②日本企業上位10社とは、半導体製造装置販売高で2012年、13年で上位を占めている企業であり、かつ有価証券報告書のセグメント別にみて主に半導体製造装置の研究開発比率が算出できる下記の企業である。なお、半導体製造装置事業以外の事業規模が大きい企業も多く、その場合には半導体製造装置が主となっているセグメント情報によって研究開発費比率を算出している。その企業は、（　）で表示している。東京エレクトロン、大日本スクリーン製造、（ニコン）、（日立ハイテクノロジーズ）、アドバンテスト、ディスコ、（日立国際電気）、（荏原製作所）、ニューフレアテクノロジー（07年度以降）、（東京精密）とした。
③日本中堅・中小8社とは、上位10社に次ぐと共に、主に半導体製造装置の研究開発費が把握できる任意に選んだ企業である。また、セグメント情報により研究開発費比率を算出している企業は（　）で表示している。日本マイクロニクス、TOWA、レーザーテック（10年度以降）、新川、（日新電機）、アピックヤマダ、（エスペック）、テセック。
④上記の年表示は、決算期の大半が年度末の3月である日本企業は「年度」を示し、決算期の大半が年末の12月である欧米企業については、「暦年」を示している。また、それと異なる決算期の企業については、決算期間が長い年度、暦年に、また中間の場合は比較対象の企業群に近い年に振り分けている。

資料：各企業の「有価証券報告書」「Annual Report」各年版、より作成。

5％前後で十分だという装置もあるかもしれない。その意味では、同じ競争の舞台に立つ装置ごとに、どれだけ研究開発費が投じられているかを検証していく必要がある。しかし、企業が公表している研究開発費のデータは、装置ごとに示したものではない。もちろん、特定の装置のみの開発を手がける企業の場合には、特定装置についての研究開発費を把握することができるが、大半の企業については、装置ごとの研究開発のデータを把握することは現実的でない。

　ここでは、こうした点を強く意識しているが、研究開発費のもう一つの焦点ともいえる日本企業と欧米企業の「研究開発費比率」に注目したい。それは、企業訪問の際に何度か聞くことになった「欧米企業の研究開発費は日本企業の2倍ほどである」ということに信憑性があるかどうかについてである。

　図1-10は、2倍であるということが根拠に基づいたものかを、また比率がどのように推移しているかを明らかにするために算出した欧米企業と日本企業の過去10年の研究開発費比率の単純平均を示したものである。これをみると、次のように集約することができよう。

　一つは、日本企業に比べ、リーマンショック前までは、1.5～2倍で推移していたことがあげられる。とはいえ、リーマンショック後は、売上高が急減したこともあり、数値が大きく揺れ動き、10年（日本企業の多くは、年度末決算、欧米企業の多くは年末決算と、ほぼ3ヵ月の差がある）には、両者の比率は、ほぼ同じ水準となっている。その後の景気回復と共に、両者の比率は再び開いていくが、日本企業の比率が高まったこともあり、リーマンショック前ほどの差ではなくなっていることが指摘できよう。

　二つは、日本企業において、中堅・中小8社の研究開発費比率の単純平均が、日本企業上位10社の単純平均のおよそ6割から8割ほどで推移するなど、常に下回っていることがあげられる。こうした実態については、大手企業と中堅・中小企業という企業規模を背景とする理由なのか、あるいは中堅・中小8社で構成される装置のうち組立装置、検査装置のウエイトの高さが影響しているのか、いずれにせよそれらの分析結果をもって評価する必要があるが、ここでは、両者の単純平均の比率が違っているという事実に着目して置くにとどめておきたい。

こうした単純平均といえども研究開発費比率が欧米企業と日本企業で異なっていることが、それぞれの研究開発体制を正確に反映した結果であるのか、また、日本企業の中でも大手企業と中堅・中小企業で比率に大きな差があることが、今後の競争関係にどのような影響を及ぼすのか、この点が著者の関心事の一つであるといってよい。

　少なくとも前者の問いについては、世界的な競争を繰り広げる装置メーカーの研究開発費が、金額面での比較も必要ではあるが、比率的に1.5倍とか2倍の差があっては同じ競争の場に立てないのではないかという仮説に基づいている。はたして、日本企業の「有価証券報告書」と欧米企業の「Annual Report」に記載されている研究開発費は、同じ会計処理で作成されているのであろうか。もちろん、日本の会計基準と米国の会計基準、そして国際会計基準が微妙に異なっている[69]ことは承知しているが、そのことが、2倍近くの差に影響しているとは考えていない。少なくとも、日本と米国の研究開発に関しての文脈としての会計基準に大きな差はない。また、棚卸し資産として計上できる国際会計基準にしても、長期で考えるとそれほど大きな差を発生させるとは考えにくい。

　となると、ここでの差はまさに日本企業と欧米企業の研究開発費の計上の仕方が異なるということになる。しかし、それでは先の仮説の回答にはならない。この点、その手がかりになるかは曖昧ではあるが、一つは日本企業においては研究開発費として計上するのが明らかに研究開発のみの業務に関わっている研究所に限定する傾向がみられるという点である。また、それとは微妙に異なるが、本書の比較対象である工作機械産業で取りあげる岡本工作機械製作所の有価証券報告書の「研究開発活動」によると、「研究開発費の総額は123百万円……当社グループの研究・開発・技術スタッフは88人……」とある[70]。この88人の人件費を提出会社の平均給与4.9百万を用い算出すると、431百万円となるように、人件費が研究開発に含まれていないケースもみられる。いずれにしても、日本企業と欧米企業を比べたとき、人件費の計上がどこまで研究開発費として処理されているのかの疑問が残るのである。

---

69) 西村優子（1999）、103-118頁。
70) 2014年3月期、14頁。

こうした違いが出る理由の一つは、研究開発体制の公表に対する考え方が、日本企業と欧米企業では異なっているからではないだろうか。たとえば、これまでの日本企業の研究開発については、人数を含めてであるが、秘密[71]とはいわないまでも可能な限り非公開にしようとする傾向が強かったのに対し、欧米企業は、逆に次なる発展に繋がる研究開発に積極的に取り組んでいることを外部（とりわけ株主等の市場）にアピールするという意味で、研究開発費に組み入れ可能な費用はすべて計上する傾向にあるというようにである。もし、こうした企業姿勢の違いが研究開発費の会計処理に影響しているとするならば、両者の研究開発費比率の比較研究のすべてとはいわないが無意味になってしまうことすら予想されるのである。
　いずれにしても、この問題は、同じ競争場面にある企業の研究開発体制は、研究開発費比率ベースで1.5倍とか２倍の差にはならないという著者の仮説に基づく疑問であることを断っておきたい。

第５節　海外における生産体制とサービス体制の実態

　半導体製造装置の製造は、自動車や家電製品のような量産製品と異なり、国内生産に重心を置いている。同じ非量産領域で生産設備という点で共通する工作機械産業の海外生産比率は業界全体で１割強であるが、半導体製造装置産業の海外生産比率はそれを下回っていると考えられる。
　他方、半導体製造装置の取引上の特性でもある装置の設置からメンテナンスに至るサービス体制については、生産とは異なり、海外需要への対応が強まると共にユーザー近くで整えられてきた。ここでは、そうした半導体製造装置の国内外の生産体制の実態と、海外ユーザーに向けてのサービス体制の実態をみていくことにする。

---

71) 過去40年近くのヒアリング調査において日本企業、とりわけ大企業では、研究開発に関わる研究費の額や研究員の人数については、マル秘扱いが求められるか、曖昧な回答しか得られなかったことが大半であった。

1．海外生産体制等の実態

わが国の半導体製造装置産業は、海外市場に8割前後を依存している現在にあっても、個々の機種により異なるとはいえ、大半は国内生産による生産体制を整えている。しかし、ここまでみてきたように、最先端領域であればあるほど半導体製造装置産業とユーザーである半導体産業が共同で研究開発を進めるのが必須という関係にあることから、海外市場における現地生産という生産戦略がこれまで以上に拡大するとみる仮説が成り立つのではないだろうか。

こうした仮説の信憑性を検討する前に、海外生産の実態を、二つのデータに基づき整理しておくことにする。一つは、日本半導体製造装置協会が1996年にまとめた『会員企業の海外進出状況調査報告書』である。この報告書には、表1－20に表したように様々な情報が掲載されており、当時の日本半導体製造装置産業の海外生産の取り組み状況を理解する上で有益な資料といえよう。二つは、電子ジャーナル編『半導体製造装置データブック』2013年版から抽出した海外工場のデータである。このデータに加え、表1－21では、有価証券報告書等で確認できた企業に限られるが国内工場と海外工場の従業員数を表示している。この二つは、異なった組織のデータであり、単純に比較することはできないが、それぞれの時代における海外生産の実態を表していると考えてよいだろう。

（1）1996年当時の協会・会員企業の海外生産状況

まず、1996年当時の協会・会員企業の海外生産状況の特徴を、表1－20にしたがってみていくことにしよう。

設立年をみると、70年代が3件、80年代が6件、90年代（〜96年）が22件となっている。こうした海外展開は、先にみた欧米装置メーカーの日本法人設立年とほぼ重なっているなど、日本装置メーカーと欧米装置メーカーが世界市場獲得に向けて、互いに攻勢をかけるという競争構造を形成する時代に突入したことを示している。ただし、ここでの調査結果は、あくまでも海外での製造事業を対象とするものであり、先の欧米企業の日本法人の設立にみられる販売サービス拠点を主とする展開と重ね合わせて理解するのは無理があり、日本企業

表1-20 協会・会員企業の「海外進出状況調査」の結果（1996年）

企業名	海外拠点	設立	製造の事業内容						従業員数	出資比率
			設計関係	生産技術	部品加工	部品調達	組立	検査		
アドバンテスト	米国	1982				○	○	○	133	100
	韓国	1996					○	○	1	100
	シンガポール	1996	○		○		○	○	3	100
	マレーシア	1995				○	○	○	13	100
	中国	1995			○	○	○	○	11	100
アピックヤマダ	シンガポール	1989			○		○		42	100
エステック	米国	1991							12	60
光洋リンドバーグ	韓国	1996	○	○	○	○	○	○	14	50
国際電気	米国	1992	○	○		○	○	○	286	100
	韓国	1993	○	○		○	○	○	78	55
スピードファム	台湾	1987	未記入						31	100
住友精密工業	イギリス	1989	○		○	○	○	○	100	100
大日本スクリーン	韓国	1993					○	○	232	30
テセック	米国	1984						○	9	83.3
東京精密	米国	1995			○		○		8	100
	米国	1970	○		○		○	○	65	100
TOWA	米国	1995	未記入						50	55
	韓国	1994			○				12	50
	韓国	1993					○		132	45
	シンガポール	1988			○				21	100
	マレーシア	1991			○				182	100
ニチデン機械	マレーシア	1995			○		○		66	100
日本酸素	ドイツ	1990				○			12	100
	韓国	1990							100	20
日本真空技術	米国	1975	○						80	100
フジキン	米国	1990					○		60	100
	アイルランド	1990					○		15	100
プラズマシステム	韓国	1990				○	○	○	55	30
横河電機	シンガポール	1973					○		587	100
理研計器	米国	1994					○		13	50
ローツェ	台湾	1996	○	○		○	○	○	20	49
19社・31拠点の事業内容別の実施件数			9	7	14	17	24	19	−	−

資料：社団法人日本半導体製造装置協会『会員企業の海外進出状況調査報告書』1996年、1－16頁、より作成。

と欧米企業が世界市場に踏み出す時代状況を理解するという点にとどめておきたい。

　次に、注目されるのは、海外での製造に関する事業内容が、「組立（24件）」、「検査（19件）」にとどまることなく、「部品加工（14件）」、「部品調達（17件）」も少なくないという点があげられる。けっして単純なノックダウン方式にとどまらず、一歩踏み込んだ生産に取り組んでいたことが認められる。とりわけ、

その後の特定ユーザー企業との取引でみられる、ユーザー企業の工場近くでの装置設計がすでに9拠点に達していたことは特筆される。

また、海外拠点の従業員規模については、自動車、電機などの量産工場と比較すべくもないが、数人規模から数百人規模というレベルにあることに注目しておきたい。

(2) 現在（2013年）の製造装置メーカーの海外工場

次に、現在（2013年）の製造装置メーカーの海外工場の展開状況を『半導体製造装置データブック』のデータと各社の有価証券報告書、ホームページに基づいて作成した表1-21にしたがってみていくことにする[72]。

これによると、現在、海外工場を展開している企業は、11社であり、17工場を数えていることが認められる。96年当時31海外拠点のうち10拠点が米国であったのに対し、現在の17工場では米国は1工場にすぎない。他の工場は、東アジアでの展開であるという特徴をみることができる。

また、従業員規模が把握できている海外工場をみると、工作機械を主に生産している岡本工作機械製作所を除いたとしても、200、300、400人台の工場がみられるなど、96年頃に比べ、規模が大きくなっているともいえよう。

この二つの特徴からイメージできるのは、海外工場は減少傾向にあるが、生産を継続している工場については、従業員規模が相対的に大きくなっているということである。

いずれにしても、国内工場の従業員数を上回っているのは、半導体製造装置単独のTOWAと工作機械を主に生産している岡本工作機械製作所の2社にとどまっていることからも理解できるように、わが国の半導体製造装置メーカーの大半が、国内生産に重心を置くという生産体制を整えていることが確認できよう。

---

[72] なお、先の海外進出調査が、協会の会員企業を対象にしているのに対し、ここでは会員以外が含まれる『半導体製造装置データブック』で取りあげられている装置メーカーを対象としている。それは、かつては協会の会員企業であったが、現在では会員企業ではないという例が増えているからである。装置メーカーの減少と、協会の組織率の低下が背景にある。

表1-21 現在の半導体製造装置メーカーの海外工場

企業名	主力製品	海外工場	生産概要
アドバンテスト	テスタ	韓国	13/5韓国
アピックヤマダ	モールディング装置	中国	国内工場224人、海外工場45人
岡本工作機械製作所	CMP装置	シンガポール、タイ	国内工場478人、海外工場1021人（工作機械が主）
キヤノンマシナリー	ダイボンダ	マレーシア	HPにマレーシア法人を生産会社と表示。人数不明
光洋サーモシステム	酸化・拡散炉	韓国	韓国子会社のHPで半導体製造装置生産を確認、人数不明
新川	ワイヤボンダ	タイ、ベトナム	国内工場464人、タイ76人、ベトナムはソフトウェア
東京エレクトロン	コータ&デベロッパ	米国	国内工場4132人、海外工場382人
TOWA	モールディング装置	マレーシア、中国、韓国	国内工場415人、海外工場434人
日新イオン機器	中電流イオン注入装置	中国	
日本マイクロニクス	プローブカード	中国、台湾、韓国	国内工場820人、海外工場210人
日立国際電気	酸化・拡散炉	韓国	国内工場604人、海外工場228人

注：国内工場、海外工場として掲載しているのは、半導体製造装置製造が含まれている工場のみである。ただし、半導体製造装置以外の製造に従事する従業員も含まれている。製造装置以外のみの工場は除いている。また、国内工場については、有価証券報告書で半導体製造装置の生産を手がけ、「主要な設備の状況」に掲載されている子会社を含む。それ以外の子会社は除く。なお、岡本工作機械製作所については、大半が工作機械生産で占められている。
資料：電子ジャーナル編『半導体製造装置データブック』2013年版、各社の有価証券報告書（2013年度決算）、ホームページ等、より作成。

　この点、ある大手装置メーカーは次のように指摘している。日本企業がユーザーの立地する場所で生産体制を整えようとしたとき、少なくとも日本、米国、韓国、台湾の4ヵ所で展開する必要があるが、前工程の装置に関しては、生産台数が限られており、それらを分散させるメリットが見当たらない。もし、4ヵ所で生産することがコストを含めた生産性からして可能であれば、すぐにでも対応する、というものであった。他方、1台当たりの価格が相対的に低く生産台数がある程度見込める後工程の装置に関しては、コスト競争の激しさが加わることによって、海外生産に踏み出すケースが多いという傾向がみられる。たとえば、表1-21にみられるモールディング装置のTOWAとアピックヤマダのケースが該当しよう。

2．外需依存とメンテナンス等のサービス事業の実態

　次に、半導体製造装置メーカーの海外における販売・サービス体制を、個別企業別に表した表1-22、23と、それらの拠点を国別に集約した表1-24にしたがってみていくことにしよう。

表1－22　主に前工程の海外販売・サービス拠点

	企業名	売上高 百万円	販売地域				海外販売・サービス拠点数と国名	
			日本	北米	欧州	アジア他		
主に前工程	東京エレクトロン	477,873	17	24	10	49	7	米国、イギリス、イスラエル、韓国、台湾、シンガポール、中国
	大日本スクリーン製造	167,593	17	28	18	37	6	米国、ドイツ、韓国、台湾、シンガポール、中国
	ニコン	140,000	20	35	3	42	6	米国、ドイツ、韓国、台湾、シンガポール、中国
	日立ハイテクノロジーズ	97,300	10	30	15	45	13	米国3、ドイツ、イギリス、アイルランド、イスラエル、韓国、台湾4、シンガポール
	日立国際電気	65,330	10	15	5	70	8	米国、ドイツ、アイルランド、イスラエル、韓国、台湾、シンガポール、中国
	ニューフレアテクノロジー	35,306	17	58		25	4	米国、ドイツ、韓国、台湾
	荏原製作所	35,000	28	7	5	60	6	米国、ドイツ、韓国、台湾、シンガポール、中国
	キヤノン	35,000	55	5	10	30	7	米国、オランダ、韓国、台湾2、シンガポール、中国
	アルバック	29,235	56	14	0	30	9	米国、ドイツ、韓国、台湾、シンガポール、タイ、マレーシア、中国、インド
	日本エー・エス・エム	11,000	70	10	5	15	0	
	SEN	10,801	100	0	0	0	2	韓国、韓国
	キヤノンアネルバ	8,906	24	18	21	37	8	米国、ドイツ、韓国2、台湾、シンガポール、中国
	レーザーテック	8,803	50	3	5	42	6	米国、ドイツ、韓国、台湾、シンガポール、中国
	日新イオン機器	8,000	33	10	0	57	5	米国、韓国、台湾、シンガポール、中国
	不二越機械工業	5,600	75	5	0	20	1	マレーシア
	日本電子	5,500	25	10	10	55	11	米国、フランス、イギリス、オランダ、スウェーデン、ドイツ、イタリア、韓国、台湾、シンガポール、中国
	岡本工作機械製作所	5,023	45	10	5	40	4	米国、中国、シンガポール、タイ
	スピードファム	4,300	70	0	0	30	2	韓国、台湾
	芝浦メカトロニクス	3,500	50	1	1	48	4	米国、韓国、台湾、中国
	アプリシアテクノロジー	3,000	50	50	0	0	3	台湾2、中国
	光洋サーモシステム	2,855	54	0	19	27	5	ドイツ、韓国、台湾、タイ、中国
	住友精密工業	2,300	55	0	0	45	1	イギリス
	東京芯化工業	1,337	65	0	0	35	3	米国、欧州、台湾
	日本エレクトロプレイティング・エンジニヤース	684	22	3	1	75	3	米国、韓国、台湾
	神港精機	300	100	0	0	0	0	
	天谷製作所	178	50	0	0	50	0	
	楠本化成	100	100	0	0	0	1	中国

注：売上高は、下記資料に掲載されている各社の2012年度決算の数値である。
資料：電子ジャーナル編『半導体製造装置データブック』2013年版、188-381頁、より作成。

（1）　主に前工程に関わる装置メーカーの海外販売・サービス拠点

　まず、主に前工程の装置製造に関わっている主要な装置メーカーの海外における販売・サービス拠点の実施状況を、表1－22で確認してみよう。ここに掲載している企業は、『半導体製造装置データブック』に取りあげられている主要な装置メーカーであるが、海外に販売・サービス拠点を展開していないのは、蘭ASMIの日本法人である日本ASMと、神港精機、天谷製作所の3社にすぎず、他の24社は海外に少なくとも1拠点は販売・サービス拠点を構えていることが認められる。

　表に取りあげた企業を装置の売上高順に並べているが、必ずしも売上高が大

きい企業ほど販売・サービス拠点が相対的に多い、というふうに指摘できるほどの特徴はみられない。こうした販売・サービス拠点の展開状況は、それぞれの企業が海外市場にどのように関わっているかを反映しているのであって、売上高規模のみに影響されるものではないことを、この表は示唆しているといえよう。

表1-23 組立工程と検査工程の海外販売・サービス拠点

	企業名	売上高 百万円	地域別販売構成比				海外販売・サービス拠点数と国名	
			日本	北米	欧州	アジア	他	
組立工程	ディスコ	58,000	31	5	9	55	32	米国6、ドイツ、フランス、イギリス、モロッコ、韓国、台湾5、シンガポール、タイ、マレーシア3、ベトナム、フィリピン、中国9
	TOWA	15,852	13	1	1	86	8	米国、ドイツ、韓国、台湾2、シンガポール、フィリピン、中国
	新川	13,396	28	0	0	71	13	米国、韓国、台湾2、フィリピン2、シンガポール、マレーシア、タイ、中国3
	キヤノンマシナリー	7,760	37	0	0	63	4	韓国、台湾、マレーシア、中国
	アピックヤマダ	5,284	55	2	0	44	6	米国、韓国、台湾、シンガポール、中国2
	超音波工業	3,171	32	0	0	68	0	
	澁谷工業	3,150	47	2	4	47	0	
	石井工作研究所	2,319	71	0	0	29	0	
	第一精工	1,634	15	0	0	85	5	台湾、シンガポール、マレーシア、タイ、中国
	住友重機械工業	1,600	65	0	0	35	2	米国、中国
	タカトリ	1,034	81	0	0	17	6	米国、イギリス、台湾、フィリピン、シンガポール、中国
	カイジョー	750	50	1	1	48	3	米国、タイ、中国
検査工程	アドバンテスト	126,224	11	21	5	63	6	米国、ドイツ、韓国、台湾、シンガポール、中国
	東京精密	37,463	34	7	8	51	10	米国、ドイツ、韓国、台湾、マレーシア、シンガポール、タイ、ベトナム、インドネシア、中国
	日本マイクロニクス	21,760	54	7	1	39	6	米国、欧州、韓国、台湾、シンガポール、中国
	セイコーエプソン	6,000	27	6	0	67	4	米国、韓国、台湾、シンガポール
	テセック	4,684	27	6	2	66	16	米国2、ドイツ、イギリス、フランス、韓国、台湾2、マレーシア3、フィリピン2、シンガポール、タイ、中国
	シバソク	3,000	80	0	0	20	10	韓国、台湾、香港、シンガポール、マレーシア、中国5
	トプコン	3,000	42	1	0	57	0	
	日本エンジニアリング	2,600	28	55	0	17	5	米国、ドイツ、韓国、台湾、中国
	エスペック	2,177	69	6	1	24	3	ドイツ、マレーシア、中国
	浜松ホトニクス	2,150	35	15	10	40	9	米国、ドイツ、フランス、イギリス、イタリア、スウェーデン、ロシア、中国2
	SYNAX	2,100	60	5	0	35	4	台湾、シンガポール、中国2
	藤田製作所	800	100	0	0	0	0	
	ワイエイシイ	682	30	0	0	70	5	米国、韓国、台湾、シンガポール、中国

注:売上高は、下記資料に掲載されている各社の2012年度決算の数値である。
資料:電子ジャーナル編『半導体製造装置データブック』2013年版、188-381頁、より作成。

(2) 組立・検査工程に関わる装置メーカーの海外販売・サービス拠点

次に、組立工程と検査工程に関わっている装置メーカーの海外販売・サービス拠点の展開状況を、表1-23で確認してみよう。ここで特筆されるのは、海外に32拠点展開しているディスコであろう。ディスコについては、ウエーハをチップ状に切断するダイサなどの組立工程の装置メーカーであるが、その世界シェアが9割を超えていることと、かつ消耗品である刃等の供給体制を整える必要があることから、組立工場が展開されている大半の国で拠点を構えていると考えられる。この点、他の装置メーカーの拠点数については、前工程の装置メーカーと同様に、企業個々の海外展開の取り組みの違いを反映していると考えられる。

(3) 装置メーカーにおける海外販売・サービス拠点の国別の展開状況

ごく当たり前のことであるが、装置メーカーの海外販売・サービス拠点数は、ユーザーである半導体工場の地域的広がりに相関すると考えられる。表1-24

表1-24 国別・販売・サービス拠点数

	主に前工程企業		組立工程企業		検査工程企業		拠点合計		参考:工場数	
	拠点数	構成比	拠点数	構成比	拠点数	構成比	拠点数	構成比	工場数	構成比
米国	21	16.7	10	12.8	9	11.5	40	14.2	64	20.2
欧州	24	19.0	5	6.4	14	17.9	43	15.2	41	12.9
韓国	19	15.1	5	6.4	8	10.3	32	11.3	28	8.8
台湾	25	19.8	15	19.2	10	12.8	50	17.7	34	10.7
中国	16	12.7	20	25.6	16	20.5	52	18.4	57	18.0
香港					1	1.3	1	0.4	1	0.3
シンガポール	13	10.3	6	7.7	8	10.3	27	9.6	21	6.6
マレーシア	1	0.8	6	7.7	6	7.7	13	4.6	31	9.8
タイ	3	2.4	4	5.1	2	2.6	9	3.2	14	4.4
フィリピン			5	6.4	2	2.6	7	2.5	17	5.4
ベトナム			1	1.3	1	1.3	2	0.7		
インドネシア					1	1.3	1	0.4	4	1.3
インド	1	0.8					1	0.4		
イスラエル	3	2.4					3	1.1	4	1.3
モロッコ			1	1.3			1	0.4	1	0.3
合計	126	100.0	78	100.0	78	100.0	282	100.0	317	100.0

注:参考に示した工場数は、表1-4に基づいているが、「欧州ほか」に分類していたイスラエルとモロッコについては、販売・サービス拠点数が確認できるため別表記している。また、米国については、地域分類では「北米」となっている。
資料:電子ジャーナル編『半導体製造装置データブック』2013年版、188-381頁、より作成。

は、装置メーカーの販売・サービス拠点を、それぞれの企業が手がけている主な製造装置を基準に、「主に前工程企業」「組立工程企業」「検査工程企業」の3つに分類し、各国に割り振った結果である。

これを、先に提示した表1-4の「世界の半導体産業の主要工場数と生産体制の内訳」と対比させると、次のように集約することができよう。

一つは、各国のユーザーである半導体工場数に対応するように、販売・サービス拠点が展開されていることがあげられる。販売・サービス拠点数の多い順に、中国（52拠点、57工場）、台湾（50拠点、34工場）、欧州（43拠点、41工場）、米国（40拠点、64工場）、韓国（32拠点、28工場）、シンガポール（27拠点、21工場）、マレーシア（13拠点、31工場）という関係をみることができる。

二つは、そうした関係がみられる一方、工場数に対する拠点数が、製造装置の幅広さと装置メーカー数の多さからすると、特定の半導体工場を意識した販売・サービス拠点の展開にとどまっていることがいえよう。もちろん、半導体工場が数多く展開されている国においては、たとえばその国に販売・サービス拠点を設ければ、すべての半導体工場に対応できることが想定されるなど、必ずしも半導体1工場に販売・サービス拠点が1ヵ所必要というわけではないことはいうまでもない。

ただし、これらの分析評価については、個々の半導体工場と販売・サービス拠点がどのように関係づけられているかということと、前工程、組立工程、検査工程といった工程の違いが販売・サービス拠点の展開にどのように影響するかを詳細に検討する必要があるが、ここでは概略的な理解にとどめておきたい。

第2章 日本工作機械産業の構造的特質と問題の焦点

　日本の工作機械産業は、長期にわたる国内の設備投資の縮小基調を背景に、拡大を続ける海外市場に発展の場を求め続けている。その外需依存の歩みは、それほど急激ではなく緩やかにみえるが、着実に拡大を続けている。すでに日本の工作機械産業の外需依存は、一般社団法人日本工作機械工業会（以下では、日本工作機械工業会、あるいは工業会と略す）の会員企業を対象とした「受注統計」によると、2014年時点で7割弱に達している[1]。

　その外需依存を地域別に眺めると、かつての欧米を焦点とする時代から、生産活動を活発化させているアジア地域を焦点とする時代へと変化していることが認められる。また、受注の量的な確保だけでなく、従来の工作機械に求められていた機能、品質とは異質な要求を含めて圧倒的な存在感を示している中国市場にどのように対応するかが、日本工作機械産業にとって重要な課題の一つに数えられている[2]。いったい、そうした巨大市場、さらには拡大を続けるアジア市場に対して、ドイツなどの欧州勢と、あるいは韓国、台湾、中国などのアジア勢と、どのように対峙していくことになるのであろうか。

　本章では、こうした問題意識を念頭に置きながら、日本工作機械産業の構造的特質を、序章で示した五つの分析視角を意識し整理していくことにする。

第1節　日本工作機械産業の構造的特質

　まず、ここでは各種の統計データに基づき、日本工作機械産業を概観していくことにする。

---

1) 2014年の外需比率は67.1％を数えている（一般社団法人日本工作機械工業会「受注統計」）。
2) 一般社団法人日本工作機械工業会（2012）、30-34頁。

表2−1　世界主要国の工作機械の生産額の推移

単位：億ドル

	80	90	95	00	05	06	07	08	09	10	11	12	13
日本	30	90	74	76	116	119	125	135	58	105	163	159	104
	14.7	26.5	28.2	28.6	29.1	27.2	23.5	22.8	14.9	21.0	23.8	23.3	17.9
中国	3	6	13	15	40	53	78	101	116	155	195	188	150
	1.5	1.8	4.7	5.5	10.0	12.1	14.8	16.9	29.7	30.9	28.4	27.5	25.9
ドイツ	35	62	49	49	73	75	97	121	79	67	99	102	106
	17.0	18.4	18.6	18.6	18.2	17.1	18.3	20.3	20.2	13.5	14.4	15.0	18.3
韓国	1	6	10	12	25	28	31	28	19	31	40	40	38
米国	37	24	30	25	28	29	25	32	17	23	34	37	37
台湾	2	−	11	14	25	30	38	17	31	41	45	37
イタリア	12	27	21	23	25	29	50	39	27	25	29	28	29
スイス	9	23	17	17	22	25	30	35	18	20	30	28	26
その他	75	101	39	35	45	51	58	66	40	42	55	55	53
合 計	204	339	264	266	398	438	530	595	391	500	686	682	579

注：各国の生産額は、日本工作機械工業会が「Gardner Publications, Inc.」資料に基づき作成している。
　　なお、原データは、切削と成形を百分率で表示しているが、工業会ではそれを金額に換算し、表示している。2013年は推定値。下段は、構成比％。
資料：一般社団法人日本工作機械工業会『工作機械統計要覧』各年版、より作成。

1．世界の中での日本工作機械産業の位置

　わが国の工作機械の生産額は、1982年から08年までの27年間世界トップを維持してきた。しかし、表2−1によると、リーマンショック後の09年には中国、ドイツに追い越され、世界第3位に落ち込む。翌10年、11年、12年と世界第2位になるものの、13年には再び3位となる。また、わが国の工作機械生産の世界全体に対する割合は、90年から08年までは、20〜30％で推移していたものの、リーマンショック後の09年、そして直近の13年では20％を割り込んでいる。

　一方、2013年の工作機械の消費額（生産−輸出＋輸入）[3]に基づく市場規模は、中国211億ドル（12年は371億ドル）、米国58億ドル、ドイツ51億ドル、韓国34億ドル、日本31億ドル（12年は47億ドル）[4]、台湾14億ドルと、中国が突出している。次第に、世界の工作機械市場のボリュームゾーンは、中国を焦点としたアジア市場に移っているといえよう。

　ところで、世界の工作機械について、日本工作機械工業会の『工作機械産業

---

3) 生産は、表2−1の資料と同じ。輸出と輸入については、一般社団法人日本工作機械工業会『工作機械統計要覧』2014年版、294−298頁に基づくが、原データは「Global Trade Atlas」である。
4) いかに、日本市場における製造業の設備投資が冷え込んでいるかが理解できよう。

ビジョン2020』では、工作機械を次の三つに分けている[5]。一つは航空・宇宙、医療関連の製品分野で使われている高機能・高価格製品としての「高級機」、二つは工作機械、自動車、電気・電子部品などの製品分野で使われている中価格品としての「中級機」、三つは一般機械部品、日用品などの製品分野で使われている低価格品としての「低級機」である。

　これらを主要な生産国別でみると、高級機については、「欧米」が主に位置づけられ、「日本」が一部手がけているとしている。中級機については、「日本」が主で一部欧米が手がけるというように位置づけている。低級機については、「台湾」「韓国」「中国」が手がけているとしている。こうした位置づけをみる限り、各国の工作機械メーカーがほぼ異なる分野を構成するなど、棲み分けされているようにみえるが、各製品分野における市場競争は強まっている。

2．統計データと各種データの特性

　わが国の工作機械産業は、戦後に発展する半導体製造装置産業とは異なり、戦前から様々な統計データ等が蓄積されている。また、業界団体である日本工作機械工業会では、会員企業を対象とした「受注統計（受注額）」だけでなく各種データを整理し、それを『工作機械統計要覧』としてまとめ続けている。ここでは、それらを含め本書で特に使用する統計データ等の特性を整理しておくことにする。

（1）　工業統計調査と生産動態調査について

　まず、経済産業省が実施している「工業統計調査」と「生産動態統計調査」のデータのうち、本書で用いるデータの特性についてみてみよう。

「工業統計調査」の産業別製造業の事業所数と製造品出荷額等について

　「工業統計調査・産業編」では、日本標準産業分類の製品別に基づき業種分類が事業所別にされている。この点、ここで留意しておきたいのは次の二つで

[5) 一般社団法人日本工作機械工業会（2012）、33頁。

ある。

　一つは、「金属工作機械製造業」として集計されている事業所は、あくまでもその事業所での生産品目のうち、主たる生産品によって分類されているという点である。したがって、工作機械製品は生産しているが、主たる生産品でない場合には「金属工作機械製造業」としてはカウントされていない。また、この「金属工作機械製造業」に分類された事業所の従業者数と製造品出荷額等には、その事業所の工作機械以外の生産品目に従事する従業者数とその製造品出荷額等が含まれているということに留意する必要がある。

　二つは、部品等の生産に関わる事業所として集計されている「金属工作機械用・金属加工機械用部分品・附属品製造業（機械工具、金型を除く）」は、その名称が示しているように、工作機械だけでなく、プレス機などの金属加工機の部品生産を主にしている事業所を含んでいる点である。また、工作機械の主要な部品でもあるベッド、コラムなどの鋳物製造は、別途「銑鉄鋳物製造業」として分類されるなど、すべての工作機械生産に関わる事業所が含まれているわけではないことに留意する必要がある。

「工業統計調査」の品目別の産出事業所数と出荷額について

　「工業統計調査・品目編」における工作機械の品目別の事業所数や出荷額については、次のようなデータ特性を備えている。

　一つは、この調査が全数調査であるという点である。ただし、全数調査といえども、「1－3人」を含めたすべての製造業を対象とする調査は08年が最後となっている。したがって、それ以降は「4人以上」であっても「調査対象の製造業がすべて」という意味で「全数調査（裾切り調査）」というように表現されている[6]。ちなみに、そうした条件付きの全数調査であるが、回収率は2012年調査（12月31日現在）では94.9％と、かなり高い捕捉率にある。

　二つは、工作機械製品の生産する事業所を品目別に算出事業所数として集計していることである。また、分類上の変更はあるものの、1950年にまで遡り、

---

[6] 工業統計調査の抽出方法では、括弧書きで裾切り調査とし、注記で「ただし、従業者3人以下の事業所を除く」とある。

その推移をみることができる。

「生産動態統計調査」の調査目的、調査対象、公表時期
　「生産動態統計調査」は、工作機械の生産額を迅速に把握できるように、調査月の翌月末には「速報」が、翌々月中旬には「確報」が「生産動態統計月報」として公表されている。こうした迅速性を重視することから、調査の対象は、従業者50人以上の事業所に限定されている。
　なお、先の「工業統計調査」の公表は、調査年の12月31日現在の結果が「速報」として翌年9月頃に、また「確報」の産業編、品目編が翌々年の3月、4月頃となっている。

（2）日本工作機械工業会の「受注統計（受注額）」のデータ特性
　次に、日本工作機械工業会が調査公表している「受注統計」についてである。この「受注統計」で公表されている「受注額」のデータ特性は、次のように集約することができる。
　一つは、調査対象が工業会・会員企業に限定されていることである。「工業統計調査・産業編」で把握できる金属工作機械製造業の事業所数が800前後であるのに対し、工業会・会員企業は2015年1月現在、93社であり、企業、事業所を基礎とするデータの捕捉率は高くはない。しかし、表2－6に示すとおり、有力工作機械メーカーの大半が会員であり、金額ベースでの捕捉率は決して低くはない。
　二つは、政府統計における「生産額」と「出荷額」が、確定した金額を調査対象にしているのに対し、「受注額」を調査対象としているところに特徴がある。
　ところで、工業会では、原則、国内企業・事業所による営業活動の結果としての「受注額」を調査対象としている[7]。しかし、海外需要が飛躍的に拡大している今日では、海外における受注が海外現地法人による営業活動の結果であるか、国内企業・事業所の営業活動の結果であるかを分けるのは、極めて難し

7）一般社団法人日本工作機械工業会に確認した結果である。

く、また微妙な関係にある。それは、海外営業が完成された製品の販売であれば、事は比較的単純であるが、工作機械の場合、何かしらの仕様変更とか、付属工具の違いとか、また輸出規制の問題[8]などによる機械の加工精度の調整など複雑な要素が加わり、受注イコール売買金額の確定を意味していないという点においてである。こうした事情から、工業会では、先の原則にのっとり、調査をする姿勢を維持しているものの、個々の受注が国内営業によるものか、海外拠点の営業によるものなのかの判断は、会員企業に任さざるを得ないのが実態のようである。

こうした点を含めて、企業がどのような判断の下に、「受注統計」の調査に回答しているかについては、企業個々に聞き取る必要があるが、著者としては会員企業の海外での販売活動と生産活動の大半が、ここでの「受注額」に反映しているのではないかと考えている。したがって、本書の分析では、工業会の「受注統計」は、会員企業の国内外を通じての「受注額」を結果して集計しているものとして位置づけておくことにする。

3．日本工作機械産業の企業構成と産業規模

こうした政府統計の「工業統計調査」「生産動態統計調査」と、工業会の「受注統計（受注額）」のデータ特性を踏まえながら、わが国の工作機械産業の産業規模をみていくことにする。

（1）　工作機械メーカーの企業構成と企業数の推計

工作機械メーカーの事業所数と企業数

表2－2は、「工業統計調査・産業編」に基づく「金属工作機械製造業」の事業所数の推移を示している。これによると、1960年682事業所であった金属工作機械製造業は、70年1,943事業所、80年1,972事業所、90年2,460事業所と、

---

[8] ホワイト国以外（輸出貿易管理令の規制対象）への製品輸出や現地生産に対する規制運用が、ドイツ、米国と比べ差があることを指摘している。一般社団法人日本工作機械工業会（2012）、167頁。

表2－2　産業分類による金属工作機械製造業の推移と試算

	従業者規模	60	70	80	90	00	05	10	12
	1－ 3人	44	533	792	1,128	157	207	*202*	*236*
	4－ 9	104	639	585	660	219	121	121	103
	10－ 19	192	273	216	236	222	183	183	198
	20－ 29	107	125	110	126	106	79	79	113
	30－ 49	92	109	82	93	62	64	64	66
	50－ 99	75	124	83	91	78	55	55	62
	100－199	33	73	53	60	40	40	40	42
	200－299	11	25	21	33	19	23	23	19
	300－499	8	11	13	10	8	10	10	13
	500－999	10	19	11	18	11	14	14	12
	1000－	6	12	6	5	4	5	5	5
	産業分類による事業所数の合計　①	682	1,943	1,972	2,460	926	801	*796*	*869*
試算	品目別算出事業所単純合計　②	1,035	1,715	1,607	1,576	1,465	1,222	*966*	*958*
試算	品目別－産業別　③＝②－①	353	－228	－365	－884	539	421	170	89
試算	試算用係数（3年分）　④＝①／②	65.9	－	－	－	63.2	65.5	－	－
試算	産業別事業所数の試算　⑤＝②＊③	－	1,113	1,043	1,023	－	－	－	－
試算	公表値と試算による推移　①と⑤	682	1,113	1,043	1,023	926	801	*796*	*869*
	金属工作機械・加工機械部品等製造業	2,941	4,655	7,951	12,416	12,992	12,170	*10,898*	*10,213*

注：①2010年、12年の「1－3人」は、推計に基づいて公表されている（斜字）。
　②試算の「品目別産出事業所数単純合計」とは、旋盤以下品目別に公表されている算出事業所を合計した事業所数である。なお、品目別では「1－3人は推計されていないため、10、12年の品目別産出事業所数は、「4人以上」の公表値である（斜字）。
　③工業統計では、業種分類としての産業別事業所数が品目別産出事業所数の単純合計を上回ることはない。しかし、上記の70－90年については、逆転した結果となっているため、試算用係数（計算式④の3年分平均）を用いて、この間の産業別事業所数を試算した（55年、65年、08年を加えた6年分でも、ほぼ同様の結果を得ている）。
　④参考の「工作機械・加工機械部品等製造業」は、「金属工作機械用・金属加工機械用部分品・附属品製造業（機械工具・金型を除く）」であり、工作機械のみの部品等の事業所のみで構成されていない。2010年、12年は、「1－3人」の推計を含む（斜字）。
資料：経済産業省『工業統計調査・産業編』、『工業統計調査・品目編』各年版、より作成。

事業所数を増加させるが、2000年926事業所、05年801事業所と大幅に事業所数を減らしている。

　しかし、この推移を、金属工作機械の算出事業所数を品目別に公表している品目編と比較したとき、70年、80年、90年の金属工作機械製造業の事業所数が、異常に多いことに気づくであろう。少なくとも、産業別の事業所数は、複数の品目の製造に関わっている企業を含んでいることから品目別に公表されている算出事業所数の単純合計を下回らなくてはならないが、その合計を大きく上回っている。本来、この金属工作機械製造業については、部品等の製造を手がける事業所は、「金属工作機械用・金属加工機械用部分品・附属品製造業（機械工具・金型を除く）」に分類されていることになっているが、これらの調査年

においては、部品等を手がける一部の事業所が何らかの基準をもって、ここに分類されたとも考えられる。

こうした点を、表の注記にしたがって、試算すると、金属工作機械製造業の事業所数は、60年682事業所、70年1,113事業所、80年1,043事業所、90年1,023事業所、00年926事業所、05年801事業所と、70年以降減少基調を示すことになる（表の太字数字）。また、「1－3人」を含めた全数調査が08年を最後になったことは、たとえ推計値が公表されていようとも、小規模企業を含めた分析をする研究者にとって、極めて大きな問題であることをあえて記しておきたい。

いずれにしても、現時点での工作機械を主に製造する事業所は、800前後を数えているとしておきたい。この約800事業所を、単純に企業数ベースに換算することはできないが、大手メーカーの多くが複数の事業所による生産体制を整えていること、中小メーカーの大半が単数の事業所による生産体制を整えていることを考慮したとき、工作機械メーカーの企業数は、750前後を数えているのではないかと推計しておくことにする。

工作機械機種別（品目別）の産出事業所数の推移

次に、工作機械の機種別（品目別）の産出事業所数の推移を、「工業統計調査・品目編」からみてみよう（表2－3）。

工作機械は、数値制御（コンピュータ制御）の普及する前までは、丸物加工の汎用旋盤、角物加工のフライス盤、研削加工の研削盤が代表的な機種であった。その他、穴開加工のボール盤や、歯車製造の歯切り盤（ホブ盤）など、様々な工作機械が製造されてきた。

品目別の産出事業所を単純に合計したのをみると、70年が1,715事業所と最も多く数えている。機種別にみると、旋盤が60年に297事業所、フライス盤が70年に121事業所、研削盤が70年に139事業所と、表に掲示した年では最大となっている。

これに対して、数値制御機器が主力製品となり品目別で分離公表されている90年以降では、数値制御旋盤の産出事業所が2000年をピークに減少し続けていることが認められる。また、工作機械の単価を大きく引き上げることになるマ

シニングセンタについては、00年の88事業所をピークに事業所数を減少させている。

この二つの機種を含めて、大半の機種において産出事業所数を減少させているのは、工作機械需要の変動の激しさと、その困難を乗り切れずに撤退を余儀なくされた企業が少なからずみられることと、機種ごとに生産企業が集約化されていることを理由にしていると考えられる。

（2）　サポート企業としての部品加工業の企業数の推移と業種構成

表2-3に示している「品目編」の「金属工作機械の部品等」によると、部品等を算出する事業所は、90年の4,271事業所を最大とし、00年に大きく3,000台に落ち込むものの、05年に再び4,000台の事業所数を数えている。しかし、これらは工作機械の部品等を算出する事業所を網羅してはいない。それは、たとえば工作機械の主要部品であるベッド、コラムなどの製造は、銑鉄鋳物製造業（分類番号2251、以下同じ）に分類され、工作機械のカバーの加工は製缶板金業（2446）に、プレス部品の加工は金属プレス製品製造業（2452）、熱処

表2-3　品目別の産出事業所数の推移（全数調査）

品目別	60	70	80	90	00	05	08	10	12
旋盤	297	243	191	-	-	-	-	-	-
数値制御旋盤	-	-	-	70	78	55	60	48	43
その他の旋盤	-	-	-	158	118	88	119	48	56
ボール盤	92	100	125	39	27	20	19	15	18
中ぐり盤	27	38	25	16	13	8	7	3	7
フライス盤	86	121	104	64	44	40	32	23	23
平削盤	40	45	12	8	-	-	-	-	-
ブローチ盤	9	-	-	-	-	-	-	-	-
研削盤	100	139	138	106	86	78	80	74	75
歯切り盤、歯車仕上機械	30	38	28	19	16	14	14	12	17
複合専用機	-	130	195	-	-	-	-	-	-
専用機	-	-	-	269	280	237	284	241	230
マシニングセンタ	-	-	-	64	88	70	72	60	68
その他の金属工作機械	354	861	789	763	715	612	614	442	421
単純合計	1,035	1,715	1,607	1,576	1,465	1,222	1,301	966	958
参考：金属工作機械の部品品等	671	1,771	2,513	4,271	3,217	4,117	4,087	2,450	2,480

注：2010年以降の工業統計の品目別では、従業者3人以下の産出事業所数は推計されていないので4人以上を表示（斜字）。なお、08年以前のデータは、推計値ではない。
資料：経済産業省『工業統計調査・品目編』各年版、より作成。

加工は金属熱処理業（2465）、メッキ加工は電気めっき業（2464）というように、製品基準ではなく加工機能別に分類されているからにほかならない。

こうした統計上の制約から、工作機械産業を構成する部品加工等を手がける企業の全体像を明らかにすることは難しいが、日本工作機械工業会が1988年に実施したアンケート調査結果[9]は、少し古いデータになるが部品加工業の構成と広がりをイメージするという点では有益であろう。

表2－4は、工業会会員と会員以外の企業を対象としたアンケート調査に回

表2－4　工作機械メーカーの一次下請の企業構成（106社集計）

外注内容	外注先数（延数）	構成比（％）	1社当たり平均企業数	うち、系列会社
鋳造	615	11.0	5.8	11
機械加工	2,589	46.1	24.4	41
組立（電気・機械）	495	8.8	4.7	21
部分組付品	441	7.9	4.2	17
製品の一括外注	184	3.3	1.7	28
板金類	588	10.5	5.5	11
その他	704	12.5	6.6	9
合計	5,616	100.0	53.0	138

注：アンケート調査は、236社発送、有効回答113社、上記項目集計106社。
資料：財団法人機械振興協会経済研究所（委託先社団法人日本工作機械工業会）『工作機械産業の生産能力と下請構造』1989年、49頁、より作成。

表2－5　工作機械メーカーの外注費比率と内容別構成比

外注内容	平均外注費比率	構成比
鋳造	4.6	16.2
機械加工	9.3	32.7
組立（電気・機械）	3.8	13.4
部分組付品	2.3	8.1
製品の一括外注	3.3	11.6
板金類	3.4	12.0
その他	1.7	6.0
合計	28.4	100.0

注：集計数は65社である。
資料：財団法人機械振興協会経済研究所（委託先社団法人日本工作機械工業会）『工作機械産業の生産能力と下請構造』1989年、49頁、より作成。

9）財団法人機械振興協会経済研究所（1989年）、49頁。

答した106社の外注内容別の外注先の延べ企業数を表したものである。このうち、外注内容で最も多くの企業数を数えているのは、「機械（切削等）加工」で、延べ2,589社、外注先全体に占める割合は、実に46.1％に及んでいる。いかに、工作機械製造において、工作機械を用いての「機械加工」が重要な位置を占めているかが認められよう。ところで、この「機械加工」の外注先は、現在では有力工作機械メーカーの多くが内製化に取り組んでいることから企業数としては減少していると考えられる。たとえば、外注先数ではなく金額ベースであるが、ヤマザキマザックでは、10年ほど前は2〜3割を外注に依存していた機械加工は、現在では1〜2割に減らすなど内製化を進めている[10]。

　従来、部品等の機械加工については、受注変動の激しい工作機械産業では外注利用が一般的であったが、今日では海外生産における機械加工データ（CAMデータ）の社内作成を目的に内製化を推し進める企業も広くみられるなど、かつての受注変動回避とは異なる生産体制が整えられている[11]。

　次に、多いのは「鋳造」である。延べ615社、外注に占める割合は11.0％である。いうまでもなく、「鋳造」は工作機械の重要部品としてのベッドとコラムなどの鋳造部品を手がける銑鉄鋳物業であるが、現在では、表2−4にみられる系列企業11社を構成していた時代と異なり、系列企業の拡大[12]、国内外における自社製造体制の整備[13]、さらには海外からの調達[14]を含めて、大きく変化している。なお、外注費に占める「鋳造」の割合は、16.2％である（表2−5）。

　三番目は、数値制御化されると共に高速加工化が進んだ工作機械を安全面等から金属板でカバーするために、加工量が増えた「板金加工」があげられる。この「板金加工」については、先の「機械加工」と「鋳造」とは少し事情が異

---

10) ヤマザキマザックのヒアリング調査（2013年11月8日）による。
11) 岡本工作機械製作所のヒアリング調査（2013年10月4日）による。
12) ヤマザキマザックは、鋳物の安定的調達のため、鋳物業（泉鋳造株式会社）をグループ化している。ヒアリング調査より。
13) 岡本工作機械製作所では、タイにおいて、工作機械用鋳物を製造しているが、自社のみならず同業他社にも供給している。ヒアリング調査より。
14) 多くの工作機械メーカーが、国内鋳物業からの調達に限定することなく、中国等の鋳物メーカーからの調達量を増やし続けている。

なっているようである。その理由の一つに、「板金加工」が、工作機械メーカー自身の製品生産における技術体系と重なる「機械加工」とは異なり、別の技術体系に基づくものであり、内製化に踏み込むには生産技術領域を拡大する必要になるという点があげられる。この点、付加価値の内部化を計画し、「板金加工」の内製化に踏み出した工作機械メーカーも少なくないが、結果として外注活用を超えた成果を出すことができず、再び外注依存を強めていったというケース[15]が少なくないようである。

こうした以外にも、多くの企業が工作機械生産の外注企業として構成されている。表2－4では、「組立（電気・機械）」が495社（8.8％）、「部分組付品」441社（7.9％）が続き、さらに様々な加工によって構成されている「その他」が704社（12.5％）を数えていることが認められる。

この他、注目すべきは、「製品の一括外注」が184社に及んでいることである。この184社というのは、発注企業106社に対してであり、1社当たり1.7社の「完成品外注」が存在していることになる。これらの「一括外注」が、工作機械メーカーにとって、どのような役割を担っているかは定かではないが、その理由として考えられるは、自社では手がけていない機種を調達するというケース、あるいは自社で生産するのは量的な限界により非効率であるため外部から調達するというケースなどであるが、こうしたケースが現在もなお引き継がれているか否かについては、今後の分析課題として残しておきたい。

4．日本工作機械産業の金額ベースに基づく業界及び機種別規模

次に、わが国の工作機械産業の金額ベースの業界規模と機種別規模を各種統計からみていくことにする。

（1）各種生産・出荷・受注データからみた産業規模の推移

まず最初に、工作機械業界全体の金額規模を把握するために、政府統計に基づく工作機械の「出荷額」と「生産高」、また工業会・会員企業の国内外にお

---

[15] ヤマザキマザックの本社工場には、自動機を装備した板金工場が設けられているが、機械加工と異なり、技術的ノウハウが異なるため、未だ外注依存が高いようである。

図2-1　わが国工作機械産業の各種データに基づく業界規模の推移

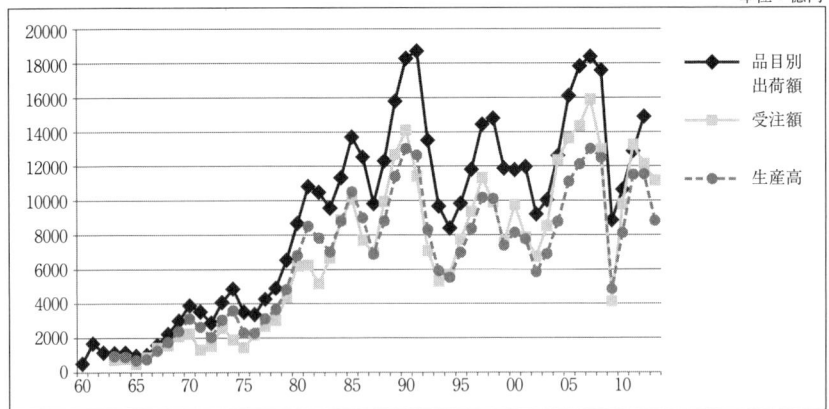

単位：億円

注：品目別出荷額合計は、80年以前は全数、81年以降は4人以上で表示している。生産高は、50人以上の事業所が調査対象。受注額は、工業会会員企業対象。
資料：品目別出荷額は、経済産業省『工業統計調査・品目編』各年版、受注額は、一般社団法人日本工作機械工業会『工作機械統計要覧』各年版、生産高は、一般社団法人日本工作機械工業会『工作機械統計要覧』各年版（原データは、経済産業省「生産動態統計調査」）、より作成。

ける「受注額」を取りあげる（図2-1）。なお、ここで取りあげる三つのデータは、相互に関連しているものの、それぞれの調査対象、調査目的等が異なることから、それらを単純に比較することはできない。それゆえ、個々のデータと相互の関係を理解するには、それぞれのデータ特性を踏まえておく必要がある。

「工業統計調査」の品目別の出荷額の合計からみえてくる業界規模

「工業統計調査・品目編」に公表されている品目別の出荷額の合計額は、国内事業所における工作機械の出荷額全体をカバーしている。ここでのデータは、80年までが全数調査の結果を81年以降は4人以上の結果を表示している[16]。

---

16) 工業統計では、80年以降、年の末尾が0、3、5、8の年が全数調査、それ以外が4人以上を対象に調査されてきた。ここでは、時系列での変化をみるために81年以降は4人以上の出荷額に統一している。なお、1981年以降の全数調査の年における「1-3人」の占める割合は、出荷額で1,682～3,389百万円、構成比で0.12～0.35％程度であり、全体を把握する上で特に支障はないと考えられる。

さて、「品目別出荷額合計」が最大であった年は、91年で1兆8700億円を数えていた。それが94年には8400億円に落ち込み、97、98年の2年間は1兆4000億円を超え、02年には9200億円となり、07年には1兆8000億円を超え、リーマンショック後の09年には9000億円を割り込む。そして、12年には1兆5000億円近くまで回復するのである。このように、国内における工作機械産業の出荷額は、3～5年置きに増減を繰り返し続けている。まさに、景気変動の影響を受ける設備産業の一つの典型例といえよう。

工業会・会員企業の受注額の推移

　日本工作機械工業会では、会員企業の「受注額」を毎月、調査している。その調査範囲は、企業単位となっている。また、先の政府統計が、国内事業所の工作機械の出荷額を調査対象にしているのに対し、ここでの「受注統計（受注額）」は、先に指摘したように工業会・会員企業の世界レベルでの受注活動の動向を示していると理解しておきたい。

　表2－6は、国内事業所を調査対象とした「工業統計調査」の「品目別出荷額合計」を基準（100）としたとき、国内外の事業活動の結果である工業会・会員企業の「受注額」が、どの程度の比率（基準比）になっているかを示した

表2－6　工業統計調査品目編に対する工業会・会員企業の受注額比

単位：億円

	工業統計調査		生産動態統計調査		工業会・会員企業	
	品目別出荷額	基準	生産額	基準比	受注額	基準比
50	9	100.0	−		−	
60	533	100.0	−		−	
70	3886	100.0	3123	80.4	2252	57.9
80	8686	100.0	6821	78.5	6215	71.6
90	18268	100.0	13034	71.4	14121	77.3
00	11775	100.0	8146	69.2	9750	82.8
10	10648	100.0	8130	76.4	9786	91.9
12	14897	100.0	11520	77.3	12124	81.4

注：品目別出荷額の80年以前は、全数、85年以降は、4人以上の公表値である。
資料：品目別出荷額は、経済産業省『工業統計調査・品目編』各年版、受注額は、一般社団法人日本工作機械工業会『工作機械統計要覧』各年版、生産高・輸出高・輸入高は、一般社団法人日本工作機械工業会『工作機械統計要覧』各年版（原データは、生産高が経済産業省「生産動態統計調査」、輸出高と輸入高は財務省「貿易統計」）、より作成。

ものである。これによると、基準比は、00年82.8、10年91.9、12年81.4となっている。

本来、工業会の「受注額」が日本の工作機械産業の国内外事業に占める割合を求めるには、国内事業の一つの指標である「工業統計調査」の「品目別出荷額合計」と海外事業の事業規模を示す何らかの指標とを対比させる必要があるが、現時点で工作機械業界の海外事業を金額で求めることはできない。それをここでは、政府調査及び業界調査等の結果を考慮し、海外生産比率を10％として工業会・会員企業の「受注額」が日本工作機械産業の国内外事業に占める割合を試算し、どの程度市場規模を捕捉しているかをイメージしておくことにする。

【試算】2012年のケース
工作機械産業の国内外事業規模＝品目別出荷額合計(国内)／国内生産比率
　　　　　　　　　　　　　　＝品目別出荷額合計(国内)／(1－海外生産比率)
　　　　　　　　　　　　　　＝1兆4552億円／(1－0.1)
　　　　　　　　　　　　　　＝1兆6552億円
工業会・会員企業の受注額の構成比＝受注額／工作機械産業の国内外事業規模
　　　　　　　　　　　　　　　　＝1兆2124億円／1兆6552億円
　　　　　　　　　　　　　　　　＝73.2％

上記の試算（2012年）では、わが国の工作機械産業の国内外事業に占める工業会・会員企業の「受注額」の構成比は、およそ73.2％ということになる。つまり、「受注統計（受注額）」は、日本工作機械産業の国内外活動の7割強をカバーするデータであると本書では位置づけておくことにする。

さて、その「受注額」の推移を先の図2－1でみると、07年が1兆6000億円弱と最も高く、リーマンショック後の09年には4000億円強と大きく沈み込むなど、工作機械産業の受注変動が激しいことが読み取れる。

（2）工作機械の品目（機種）別の金額と構成の推移
次に、工作機械の品目（機種）別の需要動向を、国内事業の活動を表してい

る「工業統計調査」の「品目別出荷額」と、工業会・会員企業の「機種別受注額」からみていくことにする。

国内事業における品目別出荷額の構成

まず、「工業統計調査・品目編」から、工作機械の品目別の出荷額の推移を図２－２に基づきみてみよう。これによると、数値制御付きの工作機械が分離公表された85年以降、「マシニングセンタ」と「数値制御旋盤」が上位を占め続けていることが認められる。

また、この両品目の出荷額が工作機械に占める割合を示している表２－７をみると、「マシニングセンタ」の構成比が拡大し続けていることも認められる。85年17.3％であった構成比は、00年には24.5％、10年には29.7％と拡大し、12年には33.6％に達している。一方、「数値制御旋盤」は、20％前後で推移しているが、10年、12年をみるとやや構成比が小さくなりつつある。

この他、割合の高い品目は、「専用機」であり、年によって変動がみられるが15％弱といったところで推移している。また、仕上げ加工などで使われてきた「研削盤」の構成比も10％弱で推移している。

ところで、工作機械において、「マシニングセンタ」、「数値制御旋盤」、そし

図２－２　主要な工作機械の品目別出荷額の推移

単位：億円

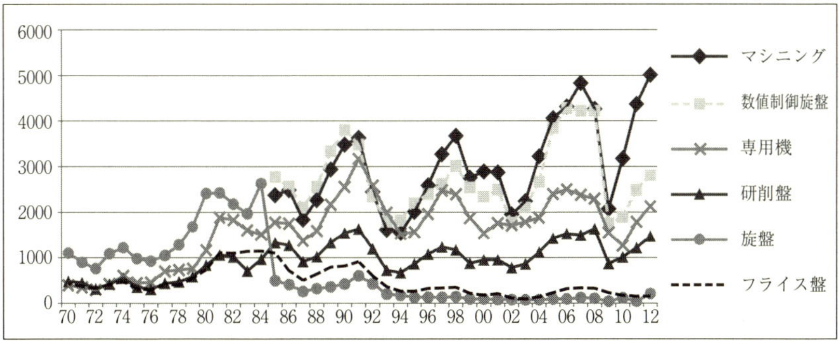

注：81年以降は、「4人以上」の公表値に基づく。また、85年に、数値制御旋盤が旋盤から分離公表、マシニングセンタもその他から分離公表されている。
資料：経済産業省『工業統計調査・品目編』各年版、より作成。

て「専用機」の出荷額の構成比が高いのは、これらの製品が高額化していることも、一つの理由である。たとえば、5軸のマシニングセンタでは1億円を超える製品も少なくない、というようにである。

工業会・会員企業の「受注額」からみた機種別構成の推移

工業会・会員企業の国内外事業における工作機械の「機種別受注額構成」（表2-8）を、先の日本工作機械産業の「品目別出荷額構成」（表2-7）と比較すると、次のように特徴づけられる。

一つは、工作機械の主力製品である「マシニングセンタ」と「旋盤[17]」の「受注額」の構成比が、10、13年をみると、合計で7割を超えていることがあげら

表2-7 品目別の出荷額と構成比の推移

単位：億円、%

	品目名	75	80	85	90	95	00	05	10	12
品目別・出荷額	マシニングセンタ	-	-	2371	3472	2006	2885	4049	3165	5003
	数値制御旋盤	-	-	2766	3791	2199	2330	3830	1884	2802
	旋盤	976	2407	493	420	134	93	92	117	209
	小　計	-	-	5630	7683	4339	5308	7970	5166	8015
	専用機	450	1159	1775	2548	1556	1534	2393	1258	2118
	研削盤	358	833	1327	1540	862	945	1426	1010	1469
	中ぐり盤	74	173	154	265	158	150	263	146	289
	歯切り盤等	146	315	496	352	113	119	215	203	194
	フライス盤	324	732	1098	814	263	177	231	172	156
	ボール盤	143	306	236	316	130	161	251	15	24
	平削盤	43	51	56	53	4	0	0	0	0
	その他	994	2710	2934	4698	2405	3380	3360	2679	2632
	合　計	3509	8686	13706	18268	9831	11775	16110	10648	14897
構成比	マシニングセンタ	-	-	17.3	19.0	20.4	24.5	25.1	29.7	33.6
	数値制御旋盤	-	-	20.2	20.8	22.4	19.8	23.8	17.7	18.8
	旋盤	27.8	27.7	3.6	2.3	1.4	0.8	0.6	1.1	1.4
	小　計	-	-	41.1	42.1	44.1	45.1	49.5	48.5	53.8
	専用機	12.8	13.3	13.0	13.9	15.8	13.0	14.9	11.8	14.2
	研削盤	10.2	9.6	9.7	8.4	8.8	8.0	8.9	9.5	9.9
	中ぐり盤	4.2	3.6	3.6	1.9	1.1	1.0	1.3	1.9	1.3
	歯切り盤等	2.1	2.0	1.1	1.5	1.6	1.3	1.6	1.4	1.9
	フライス盤	9.2	8.4	8.0	4.5	2.7	1.5	1.4	1.6	1.0
	ボール盤	4.1	3.5	1.7	1.7	1.3	1.4	1.6	0.1	0.2
	平削盤	1.2	0.6	0.4	0.3	0.0	0.0	0.0	0.0	0.0
	その他	28.3	31.2	21.4	25.7	24.5	28.7	20.9	25.2	17.7
	合　計	100.0	100.0	100.0	100.0	100.0	100.0	100.0	100.0	100.0

注：小計の欄の「-」表示は、分離公表されていない品目・機種等があるケースである。
資料：経済産業省『工業統計調査・品目編』各年版、より作成。

---

[17] 工業会・会員企業を対象とする機種分類では、数値制御旋盤と汎用旋盤が分離公表されてはいない。

れる。国内事業のデータである品目別出荷額構成が、汎用旋盤を加えても5割前後であったことを考慮すると、会員企業では両機種の生産に重心を置く企業が多いことを示している。

二つは、工業会・会員企業の取扱機種と工業統計調査の品目のすべてが一致しているわけではないので正確なことはいえないが、放電加工機の構成比等を考慮してみても、「その他の工作機械」の構成比が、工業会・会員企業では極めて少ないということがあげられる。つまり、750社前後に達する工作機械メーカーの多様な製品構成が、有力企業を中心に構成されている工業会・会員企業では、主力機種を中心に構成され、会員外の企業、とりわけ中小工作機械メーカーが取り扱っている特徴的な工作機械機種が「受注額」には反映されていないということかも知れない。

表2-8 工業会・会員企業の「機種別・受注額」と構成比の推移

単位：億円、％

	機種名	75	80	85	90	95	00	05	10	13
機種別・受注額	マシニングセンタ	-	1082	2725	3779	2177	3323	4714	4149	4340
	旋盤	425	1663	2858	3900	2393	3027	4069	2936	3592
	小　計	-	2744	5583	7679	4570	6350	8783	7085	7933
	研削盤	228	881	1044	1429	755	851	1201	828	829
	FMS	-	-	-	215	142	251	417	231	419
	専用機	152	837	848	1409	648	417	741	314	372
	放電加工機	-	-	932	1044	562	661	587	317	356
	歯車機械	47	186	152	265	140	133	298	227	214
	中ぐり盤	153	395	284	327	132	145	228	154	181
	フライス盤	195	593	777	803	206	156	132	35	51
	ボール盤	47	50	59	229	108	227	447	3	3
	その他	209	530	425	721	493	561	798	592	813
	合　計	1456	6215	10085	14121	7755	9750	13632	9786	11170
構成比	マシニングセンタ	-	17.4	27.0	26.8	28.1	34.1	34.6	42.4	38.9
	旋盤	29.2	26.8	28.3	27.6	30.9	31.0	29.8	30.0	32.2
	小　計	-	44.2	55.4	54.4	58.9	65.1	64.4	72.4	71.0
	研削盤	15.7	14.2	10.4	10.1	9.7	8.7	8.8	8.5	7.4
	FMS	-	-	0.0	1.5	1.8	2.6	3.1	2.4	3.8
	専用機	10.4	13.5	8.4	10.0	8.4	4.3	5.4	3.2	3.3
	放電加工機	-	-	9.2	7.4	7.2	6.8	4.3	3.2	3.2
	歯車機械	3.2	3.0	1.5	1.9	1.8	1.4	2.2	2.3	1.9
	中ぐり盤	10.5	6.4	2.8	2.3	1.7	1.5	1.7	1.6	1.6
	フライス盤	13.4	9.5	7.7	5.7	2.7	1.6	1.0	0.4	0.5
	ボール盤	3.2	0.8	0.6	1.6	1.4	2.3	3.3	0.0	0.0
	その他	14.3	8.5	4.2	5.1	6.4	5.8	5.9	6.0	7.3
	合　計	100.0	100.0	100.0	100.0	100.0	100.0	100.0	100.0	100.0

注：小計の欄の「-」表示は、分離公表されていないことを表わしている。
資料：一般社団法人日本工作機械工業会『工作機械統計要覧』各年版、より作成。

いずれにしても、本書における工作機械産業の分析において、多様な機種を取り扱っている中小工作機械メーカーの大半が、工業会に加入していないことに留意した上で、工業会・会員企業の「受注統計（受注額）」に基づいた分析を理解しておく必要がある。たとえば、それは次項でみる工作機械産業の国内外需要に分析においても、こうした中小工作機械メーカーが会員外であることを理解した上で、分析を進めていかなくてはならないということである。

（3）　日本工作機械産業の輸出比率と工業会・会員企業の外需依存率

さて、外需依存を強めているといわれる日本工作機械産業の実態を、既存のデータによりどこまで明らかにすることができるのであろうか。この点、工業会・会員企業に限定すれば、国内外事業における「受注額」を、地域別等で調査していることから、外需依存の変化を正確に提示することができる。しかし、その数値が、750企業前後のわが国工作機械産業における外需依存の実態を正確に表しているとはいえない。その理由の一つに、会員企業に限定してみても、小規模企業であればあるほど、国内依存にあることが予想されるからである。

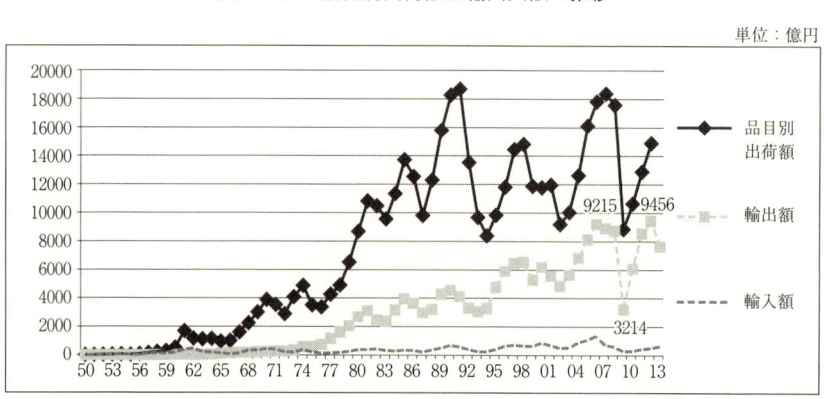

図2-3　品目別出荷額と輸出入額の推移

資料：経済産業省『工業統計調査・品目編』各年版、一般社団法人日本工作機械工業会『工作機械統計要覧』各年版（原データは、財務省「貿易統計」）、より作成。

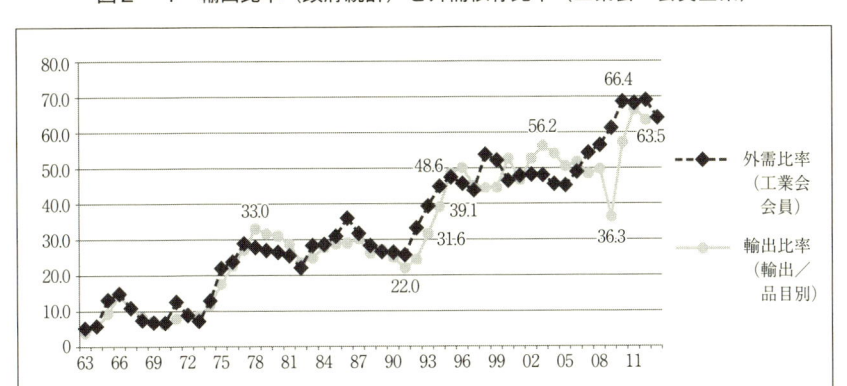

図2-4 輸出比率（政府統計）と外需依存比率（工業会・会員企業）

資料：経済産業省『工業統計調査・品目編』各年版、一般社団法人日本工作機械工業会『工作機械統計要覧』各年版（原データは、財務省「貿易統計」）、より作成。

国内生産による工作機械の輸出比率の試算

そうした点を踏まえ、ここでは国内生産と海外向け輸出の関係を、国内事業を調査対象とする「工業統計調査」と「貿易統計」の政府統計により分析を進めていくことにする。この二つの政府統計を、単純に比較し、輸出比率を求めることがどこまで実態を反映しているかは定かでないが、一つの指標としては利用できるのではないかと考えている。

図2-3は、「工業統計調査」の「品目別出荷額合計」と財務省の「貿易統計」に基づく工作機械の輸出入の推移を示している。輸出額は、81年に3000億円を超え、89年に4000億円を超え、97年に6000億円を超え、06年には9215億円と、過去最大に達している。

これらの「輸出額」と「工業統計調査」の「品目別出荷額合計」で求めた比を、ここでは「輸出比率」[18]として位置づけることにする。それを表したのが、図2-4である。これによると、わが国の工作機械産業の国内事業に基づく輸出比率は、66年、67年に10％を超えていたが、74年に再び10％を超えるまで一桁台で推移してきた。まさに、70年代前半までは、わが国工作機械産業が国内

---

18) 異なる基準で集計したデータを比較することは正確性に欠けるが、一定の傾向を得ることはでき、時系列での変化をみる上では大きな支障はないと考えている。

需要を焦点に発展してきたことを示している。

　それが76年には20％を超え、78年には30％を超え、そして93年頃まで振幅は大きいものの3割前後で推移する。この時代は、わが国の工作機械が海外、とりわけ工作機械の先進国である欧米において着実に実績を積み重ねていた時期であった。

　さらにこの輸出比率は、94年39.1％、95年48.6％、96年50.1％と短期間に急角度で上昇する。以後、わが国工作機械産業の輸出比率は5割を超え、11年には66.4％、12年には63.5％と続けて6割を超えたのである。このように輸出比率が拡大してきた背景には、工作機械産業のユーザー産業である自動車などの日本産業の海外進出と、それに伴う日本国内製工作機械の需要拡大、さらにはアジア市場の拡大と生産レベルの高度化に伴う日本国内製工作機械需要の高まりということがあげられる。

工業会・会員企業の国内外事業における外需依存比率の推移

　他方、有力企業の集まりである工業会・会員企業の国内外事業における「受注額」からみた内需と外需の推移は、図2-5に示したとおりである。これによると、外需が内需を上回ったのは、98年のことである。その後も07年までは、外需と内需は拮抗するが、リーマンショック後の10年以降には内需を外需が大

図2-5　工業会・会員企業の国内外事業における外需と内需の推移

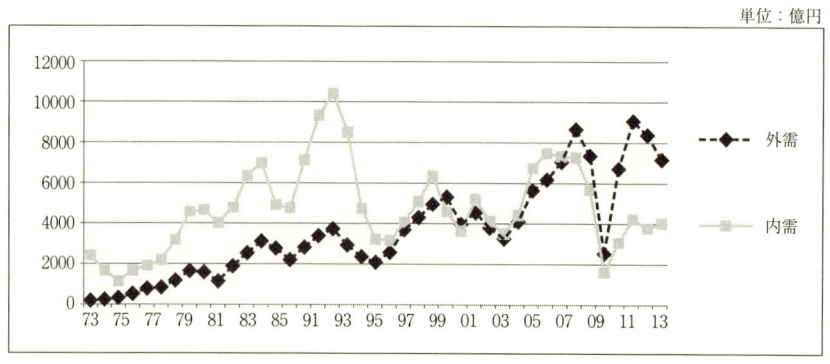

単位：億円

資料：一般社団法人日本工作機械工業会『工作機械統計要覧』各年版、より作成。

きく上回ることになる。

　これを先の図2-4の外需依存比率でみると、外需が50%を超えたのが98年で、09年以降は6割を上回り続けている。12年には、実に69.0%にも達しているのである。なお、ここでの外需依存比率と輸出比率は、ほぼ同じような傾向を示していることが指摘できる。

第2節　国内外のユーザー産業の構成と推移

　次に、わが国工作機械産業の発展の歩みと、外需依存を強める歩みを、工作機械の国内外のユーザー産業の構成という視角からみていくことにする。この場合、前章でみてきた半導体製造装置産業がインテル、サムスン、TSMCなどの半導体メーカー3社への依存へ急速に傾斜しているのに対し、ここでの工作機械については、例外的ともいうべき特定企業の巨額の設備投資が業界全体の統計データに影響するケースも散見されるとしても、ユーザーを企業レベルで語るのではなく、企業の固まりとしての「産業ごと」に捉えることの方が実態を理解する上で有益であると考えている。

　その最大の理由としては、少なくとも数百とか、あるいは研究開発レベルの研究機関等を含めても1,000を超えるかどうかの規模にある半導体製造装置産業のユーザー企業数と、日本国内だけでも最低5万前後の工場に装備されていると見込まれる工作機械産業のユーザー企業との数の違いがあげられる。

　ここでは、そうした広がりをみせている工作機械産業のユーザー産業の構成を、国内市場と海外市場にみていくことにする。なお、わが国工作機械産業の国内外におけるユーザー産業の定量的把握は、「工業統計調査」の調査項目にはないため、工業会・会員企業を対象とした「受注統計（受注額）」に基づき分析を進めていくことにする。

1．国内市場におけるユーザー産業の構成と推移

　さて、図2-6は、73年以降の工業会・会員企業の国内市場向けのユーザー産業の構成の推移を表してものである。これによると、国内市場の大半が、「一

図2－6　工業会・会員企業の国内市場におけるユーザー産業別の受注額推移

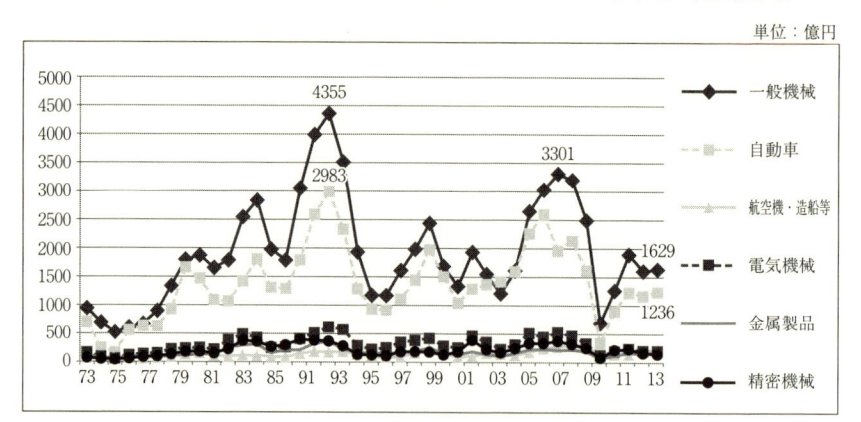

単位：億円

[図：1973年から2013年までの一般機械、自動車、航空機・造船等、電気機械、金属製品、精密機械の受注額推移を示す折れ線グラフ。一般機械は90年に4355億円、05-07年頃に3301億円、13年に1629億円。自動車は90年頃に2983億円、13年に1236億円。]

資料：一般社団法人日本工作機械工業会『工作機械統計要覧』各年版、より作成。

般機械」と「自動車」で占められ続けていることが認められる[19]。この点、次世代産業として注目を浴び続けている航空機産業については、「航空機・造船及びその他輸送用機械」に含まれているが、ここ30年ほどで300億円を超えたのは08年のみで、その他の年は100億円から300億円前後で推移していることに留意しておきたい。

　国内市場の大半を占め続けている「一般機械」と「自動車」からの「受注額」の推移については、次のように集約することができよう。

　一つは、国内市場の大半を占めてきたユーザーである「一般機械」と「自動車」が、70年代、80年代を通じて受注変動を伴いながら戦後最大のピークである90年において、それぞれ4355億円、2983億円に達していたことがあげられる。この二つの産業で、表2－9に示したように全体の7割強を占めていた。

　二つは、バブル経済の崩壊以降の10数年間における「一般機械」と「自動車」の市場規模が、拡大基調にあった70年代後半から80年代前半の国内市場規模に落ち込み、長く低迷を余儀なくされたことが認められる。いうまでもなく、こ

---

[19] 工業会のユーザー産業の分類は、日本標準産業分類でいうと旧分類を継続し時系列での分析に耐えられるようになっている。また新旧同じの輸送用機械については、特に需要の大きい自動車産業を分離集計している。

表2－9　工業会・会員企業の国内市場におけるユーザー産業別の構成比

品目別	75	80	85	90	95	00	05	10	13
一般機械	35.6	28.9	28.1	41.9	39.4	37.0	40.5	40.8	40.6
自動車	11.1	26.6	17.8	28.7	27.1	24.7	34.7	29.1	30.8
航空機・造船等	3.4	2.1	1.0	1.6	2.1	2.0	3.2	4.6	5.6
電気機械	3.4	3.8	4.2	5.9	8.5	8.8	5.9	6.3	5.0
金属製品	3.3	1.7	3.0	3.4	4.1	3.5	3.0	3.6	4.6
精密機械	2.4	2.8	3.5	3.5	4.3	7.3	4.4	7.0	3.5
鉄鋼・非鉄金属	4.1	1.0	0.9	1.4	1.7	1.5	1.6	2.0	2.9
商社・代理店	10.9	5.1	8.3	7.8	5.8	9.2	1.2	0.6	1.3
その他	3.7	1.5	2.2	5.8	7.0	6.0	5.5	6.1	5.7
合　計	100.0	100.0	100.0	100.0	100.0	100.0	100.0	100.0	100.0

資料：一般社団法人日本工作機械工業会『工作機械統計要覧』各年版、より作成。

の時代は、工作機械産業のユーザーである自動車を中心とした日本産業が、海外生産に力強く踏み出した時期であり、また国内における設備投資も低迷を続けるなど、工作機械産業にとって国内市場の低迷は厳しいものであった。

　三つは、リーマンショック前後の国内市場の急変があげられる。08年秋のリーマンショック前の夏頃までは、自動車産業の国内投資が活発になった時期であり、自動車産業の拡大にリードされた「一般機械」の設備投資も拡大基調にあった。そうした拡大基調がリーマンショックにより一気に縮小し74、75年頃の水準までに落ち込むという未曾有の事態に直面したのである。ようやく2010年代に入り、国内市場も一般機械と自動車の設備投資が持ち直し、リーマンショック直前までとはいかないが、回復傾向がみられる。

　この点、工業会では、「自動車」を上回るユーザーである「一般機械」について、その多くが自動車用生産設備、金型製作などにおいて自動車生産に関わっていると推測し、国内市場の最終ユーザーとしての自動車産業が、3割前後ではなく、5割を大きく超えているのではないかとみている[20]。

　ところで、戦後の日本経済を自動車産業と共にリードしてきた「電気機械」が、工作機械のユーザー産業としてはそれほど目立った存在ではないことに注目したい。この点については、電機産業の生産設備について詳しい調査分析が

---

20) それは、自動車産業の裾野の広さを意識したものであり、たとえば一般機械に含まれる金型業についても、自動車部品用金型が数多く生産されているという実態を踏まえたものである。

必要であるが、電機産業が自動車産業に比べ、機械加工を伴う部品が相対的に少ないこと、また組立等の生産設備が自社の工機部門で内作される傾向が強かったことなど、自動車産業のものづくりの歩みとは、異質であったと推測することができる。

2. 変化する海外需要とユーザー産業の構成と特質

次に、日本工作機械産業の海外市場における地域（国）別の需要動向と、海外におけるユーザー産業の構成についてみていくことにする。

（1） 地域（国）別における海外需要の変化

外需依存を高め続けている日本の工作機械産業であるが、ユーザー産業の構成をみる前に、地域（国）別の市場規模の変化を、それぞれの構成比の推移等をみながら検証していくことにする。

地域別・輸出額の構成比からみえてくる海外需要の変化

表２－10は、財務省の「貿易統計」からみた工作機械の「地域（国）別・輸出額」の構成比の推移を表している。ここからみえてくる特徴は、次のとおりである。

一つは、わが国工作機械産業の重要な輸出先としての「米国」の存在についてである。この表は、98年以降のデータを示すにとどまっているが、その98年時点において43.9％と、米国向けが４割を超えている。その後、米国向け輸出は、３割を切り、09年からは２割を割り込む。この理由の一つに、中国を焦点とするアジア地域への輸出拡大が、構成比のみならず、金額ベースでも進んでいることがあげられる。とはいえ、13年は、再び米国向けが２割を超えている。金額的にも1774億円と、米国市場に活気が戻っているような水準に達しているが、これが一時的なものかどうかについては、今後の推移を見極める必要がある。

二つは、「中国」の存在感が急速に拡大していることがあげられる。98年、00年では５％強にすぎなかった構成比が、02年には１割を超え、09年には３割

表2-10 日本工作機械産業の地域（国）別・輸出額の構成比の推移

単位：％、億円

		98	00	02	04	06	08	09	10	11	12	13
アジア	韓国	2.2	8.9	8.3	10.3	11.4	5.9	9.9	8.0	7.9	5.1	7.1
	台湾	7.0	12.6	9.1	12.8	10.8	3.6	3.9	4.3	3.6	2.3	2.8
	中国	5.4	5.3	11.2	17.3	17.1	18.5	28.0	35.7	36.0	34.9	23.1
	中国・金額	354	329	541	1183	1572	1618	900	2173	3081	3297	1769
	タイ	1.7	3.2	7.0	6.8	5.4	5.1	5.9	7.4	6.3	11.7	8.2
	シンガポール	1.8	3.3	2.0	2.9	2.0	1.1	1.1	1.0	0.7	0.6	0.7
	その他アジア	5.8	7.0	9.4	8.3	8.3	11.3	13.9	14.5	10.4	12.7	13.8
	小計	23.8	40.3	47.1	58.4	54.8	45.6	62.8	70.8	64.9	67.4	55.6
欧州	ドイツ	7.6	5.9	4.5	4.5	4.7	6.5	3.0	2.6	3.4	2.2	3.5
	イギリス	3.2	2.2	2.1	0.9	1.1	1.0	0.9	0.5	0.7	0.5	1.1
	その他欧州	15.7	11.8	12.5	11.2	11.2	17.4	10.6	8.1	9.8	7.5	10.6
	小計	26.6	19.9	19.0	16.6	17.0	25.0	14.5	11.3	13.8	10.3	15.2
北米	米国	43.9	35.3	28.6	20.9	24.9	23.6	16.3	14.7	17.4	18.0	23.1
	米国・金額	2885	2192	1386	1431	2294	2062	523	892	1487	1704	1774
	カナダ	1.4	1.3	1.4	0.6	0.9	1.1	1.2	0.6	0.8	0.8	1.0
	メキシコ	0.7	0.4	0.5	1.2	0.5	0.9	1.7	0.5	0.8	1.7	3.3
	小計	46.0	37.1	30.5	22.8	26.3	25.5	19.2	15.8	19.0	20.6	27.5
中南米		2.0	1.1	0.9	0.9	0.8	2.5	2.3	1.3	1.4	1.0	1.2
その他地域		1.6	1.6	2.5	1.2	1.0	1.4	1.2	0.8	0.9	0.8	0.5
合計		100.0	100.0	100.0	100.0	100.0	100.0	100.0	100.0	100.0	100.0	100.0
金額・合計		6571	6201	4847	6831	9215	8747	3214	6086	8552	9456	7665

注：網掛け部分は、金額を表示している。
資料：一般社団法人日本工作機械工業会『工作機械統計要覧』各年版（原データは、財務省「貿易統計」）、より作成。

近くに達し、10年から12年については35％前後で推移するなど、わが国工作機械産業における輸出先として重要な位置を占めるようになったことが認められる。しかし、13年には金額的に前年に対して半減するなど、中国市場の拡大基調に変化が起こっているようにもみえる。

　三つは、かつては米国に次ぎ、輸出地域であった「欧州」への輸出が、世界の工作機械産業の雄であるドイツを中心に広がりをみせると共に、増減を繰り返しながらも徐々に縮小していることが指摘できる。ただ、欧州の構成比の増減は、04年16.6％、07年26.4％、12年10.3％、13年15.2％と振幅幅が大きく、その動向をこうした数値のみから判断することはできない。

　四つは、中国を除くアジア地域の動向についてである。2000年代中盤までは、「台湾」「韓国」がそれぞれ10％前後で推移するなど、主要な輸出先であった。しかし、「台湾」については、台湾企業の中国大陸進出の動向を反映するかのように07年以降5％を割り込み続けるなど、輸出先としての存在感が小さくなっている。これに対して、日本企業の進出先として着実に発展している「タイ」

については、2000年代を通じて4～6％台を維持すると共に、12年には11.7％と1割を超え、続く13年も8.2％を数えるなど、その存在感は大きい。

工業会・会員企業の「地域別受注額」の構成比からみえてくる海外需要

表2-11は、工業会・会員企業の「地域別受注額」の構成比の推移を示したものである。先の貿易統計に基づく輸出先の構成比と異なり、ここでの「受注額」の構成比については、先に指摘したように国内生産のみならず海外生産を含めた国内外事業活動を基礎にしていると理解しておきたい。この点、圧倒的な輸出先であった欧米での現地生産、またその後のアジアを焦点とした現地生産などは、先の貿易統計による輸出には直接反映されるものではないが[21]、ここでの「受注額」には、直接的に反映されることになる。

そうした工業会・会員企業の国内外事業を基礎とした地域別の「受注額構成比」が、国内事業を基礎とした「輸出額構成比」と、どのような違いを示しているかに焦点を当て、その特徴を整理しておくことにしよう。

一つは、圧倒的な存在感を示してきた「米国」の構成比が、輸出の構成比に比べ、常に5％前後を上回っていることがあげられる。日本の工作機械産業の金額ベースでおよそ7割強を占めるであろう工業会・会員企業の製品構成が同じであり、その海外事業も同一であれば、この5％を、米国における現地生産というように位置づけることができるが、異なるデータの比較に基づく分析は容易ではない。ただし、次のような事情は、この数値の違いを考える上で有益であろう。まず、70年代、80年代を通じて進出した工作機械メーカーの多くが現在では撤退していること、また現在なお、現地生産を単に継続ではなく強化し続けているヤマザキマザック[22]1社の生産量がかなり大きく、現地生産の大

---

21) しかし、完全に貿易統計に反映されないかというとそうではない。それはホワイト国（国際的な輸出レジューム参加国）等の問題に象徴されるように、ほぼ完成品に近い製品を日本に輸入し、機能等を調整・付加することで輸出するというケースがみられるからである。シチズンマシナリーミヤノのヒアリング調査（2013年11月22日）より。

22) ヤマザキマザックは、上場していないため、米国工場での生産規模を正確に把握することはできないが、ヒアリング調査（2012年12月7日）によると、生産能力は月130台であったが、月200台の増産体制を整えつつあったようである。

表2-11 工業会・会員企業の地域（国）別・受注高の構成比の推移

単位：％、億円

		98	00	02	04	06	08	09	10	11	12	13
アジア	韓国	0.6	4.2	6.9	6.3	5.2	4.2	5.2	6.7	4.0	3.1	4.6
	台湾	2.6	4.3	4.6	3.5	2.9	1.7	2.2	3.0	1.7	1.8	2.6
	中国	3.0	5.1	10.7	16.5	13.7	17.6	34.5	37.7	36.2	36.5	21.5
	中国・金額	157	231	347	931	962	1290	871	2530	3278	3056	1539
	タイ	0.7	1.9	4.6	4.4	3.1	4.1	3.2	4.5	6.2	6.3	5.5
	マレーシア	0.2	1.1	1.4	1.3	1.1	1.3	1.9	1.5	0.6	0.6	0.7
	シンガポール	1.2	2.6	2.2	2.3	2.0	0.8	1.2	1.0	0.6	0.8	0.7
	インド	1.0	0.7	1.1	2.1	3.7	4.4	2.9	3.3	2.4	3.2	2.5
	その他アジア	1.2	2.1	3.1	3.0	2.6	2.4	3.7	3.2	4.1	4.2	3.9
	小　計	10.4	21.9	34.6	39.4	34.3	36.6	54.7	60.9	55.9	56.6	42.0
欧州	ドイツ	10.7	11.0	9.0	8.4	9.1	11.6	3.5	5.6	5.9	4.5	6.1
	イギリス	4.9	4.1	3.8	2.7	3.6	3.5	2.3	1.8	1.7	1.8	2.3
	イタリア	5.1	4.9	5.6	3.7	4.5	4.5	2.7	1.7	1.6	0.9	2.1
	その他欧州	12.9	10.4	11.1	11.3	11.8	12.9	8.2	6.6	8.1	6.7	9.8
	小　計	33.6	30.4	29.6	26.2	29.0	32.4	18.5	15.8	17.3	13.8	20.2
北米	米国	49.8	43.2	30.8	28.4	30.4	24.7	22.5	19.2	21.5	24.2	31.3
	米国・金額	2650	1961	1002	1600	2139	1816	566	1287	1942	2027	2245
	カナダ	0.5	1.8	1.4	2.3	1.5	1.6	1.2	1.2	1.3	1.3	1.6
	メキシコ	2.5	0.6	0.6	1.2	2.7	1.0	0.3	0.1	1.8	2.5	2.8
	小　計	52.8	45.7	32.8	31.9	34.6	27.4	24.0	21.1	24.5	28.0	35.8
中南米		1.4	0.8	0.9	1.0	1.0	2.2	1.4	1.4	1.3	0.8	1.0
その他地域		1.7	1.3	2.2	1.6	1.2	1.4	1.4	0.8	0.9	0.8	0.9
合　計		100.0	100.0	100.0	100.0	100.0	100.0	100.0	100.0	100.0	100.0	100.0
うち、NC機		98.1	98.3	97.4	97.6	98.2	98.5	97.5	97.0	98.3	98.9	98.6
金額合計		5320	4534	3255	5634	7040	7343	2522	6711	9046	8366	7162
うち、NC機		5221	4455	3171	5497	6915	7232	2459	6512	8888	8275	7064

注：網掛け部分は、金額を表示している。
資料：一般社団法人日本工作機械工業会『工作機械統計要覧』各年版、より作成。

半を占めていることに注目しておきたい。

　二つは、「中国」からの「受注額」の構成比が、輸出先別の構成比と、それほど大きく異なっていない点についてである。先の米国では、現地生産が、構成比の違いに影響しているのではと考察したが、後に提示する表2-18にみられるように現時点で中国に生産工場を展開する工業会・会員企業は30社で、38工場に達している。このうち、比較的生産規模が大きいのは、有価証券報告書で確認したツガミ、ソディック、スター精密、シチズンマシナリーミヤノと、ヒアリング調査によるヤマザキマザックなどであろう。しかし、これら企業の現地生産が、両データの構成比の違いとなって現れていないことについては、さらなる検証が必要である。

　三つは、欧州市場における「受注額」の構成比が、輸出の構成比よりも98年〜06年までは10ポイント前後、07年以降は3〜7ポイントほど高く推移していることについてである。欧州への日本工作機械メーカーの工場進出は、後の表

2-18に示すとおり、80年代に3工場、90年代に3工場、2000年代に3工場であるが、そのうち4工場が撤退している。ただし、こうした進出と撤退が、両者の構成比に反映しているかを正確に判断することはできない。

(2) 海外市場におけるユーザー産業の構成

次に、日本工作機械産業の海外市場におけるユーザー産業がどのように構成されているかを、工業会・会員企業の「受注統計（受注額）」にみていくことにする。

海外市場におけるユーザー産業構成の推移

表2-12によると、海外市場における主要なユーザー産業の構成の特徴は、以下のように集約することができよう。

まず、海外市場における「自動車」の構成比が3割前後に達しているのは、日本自動車産業の海外生産が日本企業製工作機械の設備によって進められたことが寄与していると考えられる。ただし、現在ではコスト競争の激しいアジアにおける日本自動車産業の工作機械の装備は、かつての日本企業製にこだわるというスタイルから、アジア企業製の工作機械を構成するという変化をみせている。

また、「一般機械」の構成比が国内よりも10ポイントほど低いのは、金型製作とか生産機械の部品生産などの多様な需要を構成している中で、日本企業製工作機械が価格・品質面でアジア企業製よりも魅力的であるかどうかが、強く影響している。また、日本の一般機械産業の海外展開が、自動車産業に比べ多くないことも影響しているように思える。それは、まさにここでの分析の焦点である工作機械産業の海外生産が、自動車産業に比べ低いことと重なっている。

その他では、自動車を除いた「航空機・造船・その他の輸送用機械」が、09年から13年にかけて5％弱から8％強の範囲で推移しているが、この構成比は国内よりもやや高いという程度であることを指摘するにとどめておきたい。

これに対し、国内では、ほぼ10％を下回り続け13年には5％にとどまっている「電気機械」が、海外市場では10年から12年の3ヵ年において、2割を超え

表2-12 工業会・会員企業の外需におけるユーザー産業の構成

単位：億円、％

		鉄鋼・非鉄金属	金属製品	一般機械	電気機械	自動車	航空機・造船等	精密機械	商社・代理店	その他	計
受注額	09	43	80	776	440	568	220	109	143	143	2522
	10	49	154	1855	1490	1810	318	266	410	359	6711
	11	78	201	2480	1927	2708	520	233	477	423	9046
	12	65	125	2166	2146	2371	421	195	584	293	8366
	13	53	151	2320	516	2346	528	188	769	290	7162
構成比	09	1.7	3.2	30.8	17.4	22.5	8.7	4.3	5.7	5.7	100.0
	10	0.7	2.3	27.6	22.2	27.0	4.7	4.0	6.1	5.4	100.0
	11	0.9	2.2	27.4	21.3	29.9	5.7	2.6	5.3	4.7	100.0
	12	0.8	1.5	25.9	25.6	28.3	5.0	2.3	7.0	3.5	100.0
	13	0.7	2.1	32.4	7.2	32.8	7.4	2.6	10.7	4.1	100.0

注：上記の「航空機・造船等」は、「航空機・造船・その他の輸送用機械」を略している。
資料：一般社団法人日本工作機械工業会『工作機械統計要覧』各年版、より作成。

る構成比を示していることが注目される。この構成比の高さについては、後で詳細に分析するが、中国市場におけるスマートフォン等の生産体制を整えている台湾企業などからの巨額の受注が大きく反映している。そうした特定のニーズに基づく需要は、その特定企業・特定産業にリードされた設備投資が冷え込むと、一気に「受注額」が減ることになる。13年の7.2％という構成比は、まさにそうした設備投資の冷え込みを反映しているといえよう。

最後に、「商社・代理店」の構成比についてである。この５～10％という構成比は、けっして小さくはなく、この先の売り先のユーザー産業がどのように構成されているのか、あるいはどのような日本の工作機械メーカーが受注しているかという点でも興味深いが、ここではデータの制約からこれ以上の分析には踏み込むことができない。

地域別（国）別・ユーザー産業の構成の特徴

表２-13は、地域（国）別のユーザー産業の構成を表したものである。2013年の構成比のみで、地域（国）別のユーザー産業構成を特徴づけることには無理があるが、日本工作機械産業の外需がどのように構成されているかをイメージすることはできよう。

まず、今日の日本工作機械産業の市場として拡大を続けているアジアを眺めると、次のような特徴をみることができる。

一つは、「タイ」と「インド」において「自動車」が、それぞれ7割強、6割強を数えていることがあげられる。日本自動車産業が長きにわたってASEAN地域の生産拠点として位置づけ続けてきた「タイ」において、日本自動車産業がいかに、日本工作機械産業のユーザー産業として大きな存在であるかを示している。また、「インド」についても、スズキ、ホンダをはじめとした日本自動車産業の次なるアジア拠点とする地域戦略を反映した結果であるといえる。

　二つは、「韓国」「台湾」におけるユーザー産業の構成が、明らかに異なっていることがあげられる。自国の自動車産業が拡大発展している韓国と、自国の自動車産業を育成できなかった台湾という違いを反映するかのように、両国の「自動車」の構成比は大きく異なっている。こうした自動車産業の発展がユーザー産業の構成に影響することは、自動車産業の発展から遠い「シンガポール」市場における「自動車」の受注が5.9％にとどまっていることに重なっているといえよう。

表2−13　工業会・会員企業の地域（国）別・ユーザー産業の構成（2013年）

地域・国名		鉄鋼・非鉄金属	金属製品	一般機械	電気機械	自動車	航空機・造船等	精密機械	商社・代理店	その他	計
アジア	韓国	1.1	2.0	30.8	8.2	38.9	2.8	1.8	13.4	1.0	100.0
	台湾	0.0	4.3	39.1	10.7	20.8	3.2	5.7	11.3	4.8	100.0
	中国	1.0	0.9	33.0	19.4	37.5	1.5	2.1	2.8	1.9	100.0
	タイ	1.5	0.9	15.6	2.5	72.2	0.7	0.6	5.1	0.9	100.0
	マレーシア	0.0	1.7	36.4	13.8	23.1	2.3	1.5	18.0	3.3	100.0
	シンガポール	0.3	0.3	51.4	2.8	5.9	2.5	2.2	11.7	22.9	100.0
	インド	0.4	1.2	24.4	1.7	63.6	4.2	0.5	2.0	2.0	100.0
	その他アジア	1.0	1.0	17.2	4.2	66.0	0.2	1.2	5.2	4.0	100.0
	小　計	1.0	1.3	29.2	12.6	44.6	1.7	1.9	5.4	2.4	100.0
欧州	ドイツ	1.3	12.2	23.6	4.6	14.9	7.0	3.7	23.4	9.3	100.0
	イギリス	0.2	2.3	33.6	3.6	8.7	21.1	5.8	20.9	3.9	100.0
	イタリア	0.1	1.8	39.8	2.2	19.6	9.2	2.9	18.6	5.8	100.0
	その他欧州	0.6	5.4	32.6	4.8	16.3	16.3	3.0	16.9	4.2	100.0
	小　計	0.7	6.7	30.7	4.3	15.4	13.3	3.5	19.5	5.8	100.0
北米	アメリカ	0.5	0.6	38.1	2.9	25.5	10.8	3.1	12.8	5.6	100.0
	カナダ	0.1	0.2	41.0	2.0	16.2	23.9	1.4	14.3	0.8	100.0
	メキシコ	0.0	0.0	15.7	1.0	78.9	2.5	0.6	0.6	0.8	100.0
	小　計	0.5	0.6	36.5	2.7	29.3	10.8	2.8	11.9	5.0	100.0
中南米		2.1	1.1	45.4	0.8	26.0	5.2	0.8	16.7	1.9	100.0
その他地域		1.4	2.0	38.6	5.3	15.6	6.7	12.6	13.7	4.2	100.0
合　計		0.7	2.1	32.4	7.2	32.8	7.4	2.6	10.7	4.1	100.0
NC機の構成比		98.1	99.4	99.2	98.4	98.1	100.0	91.1	99.0	99.7	98.6

資料：一般社団法人日本工作機械工業会『工作機械統計要覧』2014年版、より作成。

三つは、「中国」において、「電気機械」の構成比が、２割弱と他の地域を大きく上回っていることがあげられる。この中国におけるユーザー産業の構成については、今日の日本工作機械産業にとって米国と並ぶ二大ユーザー国であり、次項以降で取りあげるので詳しくは記述しないが、12年においては６割という構成比を示していたことに留意したい。
　次に、欧米市場についてである（なお、欧米市場において圧倒的な存在感を示す「米国」については、先の中国と同様に次項以下で検討を加えることにしたい）。
　米国と並び工作機械先進地域としての欧州市場については、相対的に「自動車」の構成比が低いことが特徴としてあげられる。これは、多くの欧州自動車産業が欧州企業製の工作機械を長年にわたって導入し続けてきたことを反映していると考えられる。先のアジアでは、新規設備として日本企業製の工作機械が候補になるが、欧州市場では、まずは欧州企業製が候補となり、購入条件と一致すれば、それが装備されるという環境にある。その中で、日本企業製の工作機械が市場を獲得するには、欧州企業製と比較して何かしらの魅力がなくてはならないことはいうまでもない。
　その魅力の一つが、性能、品質を高め競争力を高めている５軸のマシニングセンタや複合機（ミーリング機能を持つ旋盤、ターニング機能を持つマシニングセンタ）の開発・製造ではないだろうか。それは、自動車分野でも導入されているが、ここでの分類でいうと「航空機・造船・その他の輸送用機械」ということになる。おそらく、これらの高額機器を数多く受注していることが、「航空機・造船等」における「イギリス」の21.1％、「イタリア」の9.2％、「ドイツ」の7.0％という構成比に反映しているのではないだろうか。
　こうした地域（国）別のユーザー産業の構成を詳細に検討するには、時系列データ等を加えて詳しく検証していく必要があろう。そこで、わが国の２大ユーザー国である米国と中国について、時系列データを示し検討していくことにする。

(3) 米国市場におけるユーザー産業と輸入先の推移

　欧州と並び工作機械産業の先進国であった米国市場において、電気機械、自動車などに比べ、ものづくりのマザーマシンである工作機械を販売することは容易でなかったと考えられる。しかし、表２－14に示した85年以降の米国における工作機械輸入の推移をみると、日本自動車産業の米国進出前の85年時点では、すでに一定の評価を受けるだけでなく、日本からの輸入が５割を超えていたことが認められる。

　この点、ヤマザキマザックは、そうした評価を得る前の74年に米国に進出し、現在まで40年間にわたって現地生産を続け、着実に米国市場からの信頼を積み重ねている。また、米国進出ではなくとも、着実に性能を高め、差別化された製品を開発・製造し続けていた日本メーカー製の工作機械も、相次いで米国市場へ輸出を積み重ねてきたのである。たとえば、松浦機械[23]は、75年から立型マシニングセンタを米国に輸出を開始するが、そのユーザーの多くが当時最先端の加工を手がける軍需産業であり、航空宇宙産業であったようである。

　さて、話を米国における工作機械の85年以降の推移に戻すと、日本からの輸

表２－14　米国における日本とドイツからの工作機械輸入の推移

単位：百万ドル、％

		85	90	95	00	05	08	09	10	11	12	13
日　本	金額	721	853	1,428	1,712	1,526	1,972	641	983	1,789	2,067	1,739
	構成比	52.4	48.3	53.7	50.8	47.6	48.3	33.7	45.1	45.0	40.8	39.5
ドイツ	金額	187	313	316	484	547	609	356	304	589	846	729
	構成比	13.6	17.7	11.9	14.4	17.1	14.9	18.7	13.9	14.8	16.7	16.5
その他	金額	467	601	916	1,173	1,135	1,504	904	894	1,594	2,152	1,939
	構成比	34.0	34.0	34.4	34.8	35.4	36.8	47.6	41.0	40.1	42.5	44.0
合　計	金額	1,375	1,767	2,660	3,369	3,208	4,085	1,901	2,181	3,972	5,065	4,407
	構成比	100.0	100.0	100.0	100.0	100.0	100.0	100.0	100.0	100.0	100.0	100.0

注：原データは、2009年までが米国商務省、2010年以降が「Global Trade Atlas」。
資料：一般社団法人日本工作機械工業会『工作機械統計要覧』各年版、より作成。

---

[23] 松浦機械のホームページ「沿革」と、2001年から６年間にわたっての訪問の際のヒアリング調査より。この米国輸出は、手形決済の国内取引と異なり、現金取引であり、松浦の下請等との取引は、主に現金払いというように、同業他社とは大きく異なっていた。

表2−15 工業会・会員企業の米国におけるユーザー産業の構成

単位：億円、％

		鉄鋼・非鉄金属	金属製品	一般機械	電気機械	自動車	航空機・造船等	精密機械	商社・代理店	その他	計
受注額	09	6	22	224	24	102	64	28	58	38	566
	10	8	24	482	46	247	140	63	143	134	1287
	11	13	30	738	62	457	210	79	190	163	1942
	12	15	21	772	65	489	196	66	275	128	2027
	13	12	14	856	66	572	243	69	287	126	2245
構成比	09	1.0	3.9	39.6	4.2	18.1	11.3	4.9	10.2	6.8	100.0
	10	0.6	1.9	37.4	3.6	19.2	10.9	4.9	11.1	10.4	100.0
	11	0.7	1.5	38.0	3.2	23.5	10.8	4.1	9.8	8.4	100.0
	12	0.7	1.0	38.1	3.2	24.1	9.6	3.3	13.6	6.3	100.0
	13	0.5	0.6	38.1	2.9	25.5	10.8	3.1	12.8	5.6	100.0

注：上記の「航空機・造船等」は、「航空機・造船・その他の輸送用機械」を略している。
資料：一般社団法人日本工作機械工業会『工作機械統計要覧』各年版、より作成。

入が常にトップであり、第2位がドイツであった。ただし、リーマンショック後の日本からの輸入割合は、それまでの5割前後と異なり、09年の3割強を除いてみても4割前後にとどまるなど、今後の動向を注視する必要がある。

ところで、こうした米国における日本とドイツからの工作機械の輸入については、当初はNC旋盤、マシニングセンタなどのＭＥ機器を得意とする日本と、高度な汎用機や特殊機能を備える工作機械に特徴づけられるドイツというように機種構成の違いが指摘できたが、それが現在も継続されているのか、あるいは両者は接近しているのかについては、日本メーカーとドイツメーカーの製品展開を基礎とした分析を詳細にする必要があると考えている[24]。

さて、そうした日本からの輸入、および一部現地生産を含むであろう米国市場からの「受注額」を、表2−15のユーザー産業の構成からみてみよう。

これによると、ユーザー産業として最も構成比が高いのは、「一般機械」であり、リーマンショック後から13年に至るまで大きく変わっていない。それに続くのが、「自動車」であるが、その構成比は拡大基調にあるようにみえる。金額的にも400億円を超え、13年には572億円に達するなど、米国における自動車産業が堅調に回復していることがみて取れる。ただし、このデータからは、

---

[24] 日本とドイツの製品展開のうち、NC化（数値制御化）という観点からの差は、後の表2−18にみられるようにほとんどないと思われる。

ユーザー企業が日系企業かローカル企業かを判断することはできない。
　また、先に松浦機械が軍需産業、航空・宇宙産業向けに輸出を75年から開始したと記述したが、現在では他の日本メーカーの高級機がそうした産業分野から受注されていることが、「航空機・造船等」の構成比が10％前後で推移していることからも窺い知ることができる。

（4）　中国市場におけるユーザー産業と輸入先の推移

　近年、急速に経済発展を遂げている中国が、日本の工作機械産業にとって重要な輸出先であり（表2－10参照）、受注先（表2－11参照）となっていることは、先にみてきたとおりである。
　そうした日本工作機械産業にとって、中国が重要性を増してきたことについては、日本産業の中国進出に伴う日本企業製工作機械需要の高まりと、中国企業の製品生産の高度化に伴う高精度工作機械需要の高まりをあげることができる。こうした点を、中国における工作機械の生産、輸入の推移から概観してみよう。

中国における工作機械の生産と輸入の推移

　先の表2－1に示したように、中国における工作機械生産は09年以降、世界第1位を占め続けている。その中国における工作機械生産が急角度で拡大したのは、表2－16にみられるように2000年代に入ってからのことであり、さらに06年53億ドルが、翌07年には98億ドルと倍近くに拡大し、11年には195億ドルに達している。12年、13年ではやや縮小しているが、それでも世界第1位であることには変わりはない。
　一方、輸入は02年に20億ドルを超え、11年には100億ドルを超えるなど拡大を続けている。また、内需は11年には284億ドルに達している。こうした国内生産、輸入を基礎とした中国市場の拡大は、日本工作機械産業にとって、単なる輸出先ではなく、現地生産の対象として位置づけられていくことになる。
　ちなみに、中国における輸入先の国別構成比の推移は、図2－7に示したとおりである。これによると、93、94、95年の3ヵ年は、日本とドイツが20～30

表2-16　中国における生産・輸出・輸入・内需

単位：百万ドル

年	生産	輸出	輸入 金額	輸入 対内需	内需	年	生産	輸出	輸入 金額	輸入 対内需	内需
87	705	67	245	(27.8)	882	01	n.a.	232	1,639	－	n.a.
88	774	113	227	(25.6)	888	02	n.a.	264	2,075	－	n.a.
89	1,288	160	243	(17.7)	1,371	03	2,290	318	2,905	(59.6)	4,877
90	850	180	254	(27.5)	924	04	3,140	446	4,365	(61.8)	7,059
91	1,108	177	381	(29.0)	1,312	05	4,000	657	4,630	(58.1)	7,973
92	1,156	165	548	(35.6)	1,539	06	5,330	927	5,476	(55.4)	9,879
93	1,547	175	1,150	(45.6)	2,522	07	9,834	1,219	5,240	(37.8)	13,855
94	1,356	197	1,173	(50.3)	2,332	08	10,104	1,356	5,224	(37.4)	13,972
95	1,250	217	1,362	(56.9)	2,395	09	11,566	954	4,559	(30.1)	15,171
96	1,167	208	1,565	(62.0)	2,524	10	15,474	1,284	7,518	(34.6)	21,708
97	1,139	227	973	(51.6)	1,885	11	19,506	1,664	10,547	(37.2)	28,389
98	793	180	904	(59.6)	1,517	12	18,753	1,859	11,183	(39.8)	28,077
99	n.a.	192	982	－	n.a.	13	14,988	1,884	7,993	(37.9)	21,097
00	n.a.	246	1,253	－	n.a.						

注：下記の資料では、「内需＝生産＋輸入－輸出」で算出している。また、各年の数値は、下記資料の年版によって異なっていることが多いが、その場合極力後の年版を採用し表示している。そうした正確性に乏しくとも、中国工作機械の生産、輸出、輸入、内需の推移については、おおよその傾向を示していると考えられる。原データは、2010年までが「中国工作機械・工具工業協会」、2011年以降の生産が「Gardner Publications, Inc.」、輸出入が「China Customs」である。
資料：一般社団法人日本工作機械工業会『工作機械統計要覧』各年版、より作成。

図2-7　中国における工作機械輸入の国別構成比の推移

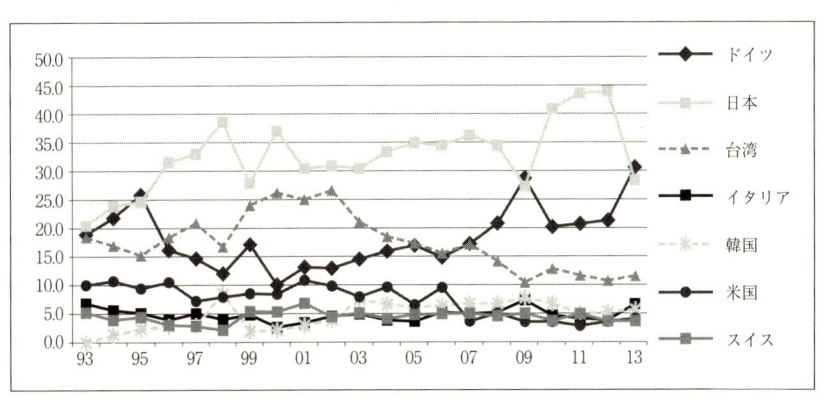

注：原データは、2010年までが「中国工作機械・工具工業協会」、2011年以降が「Global Trade Atlas」。
資料：一般社団法人日本工作機械工業会『工作機械統計要覧』各年版、より作成。

％の範囲で拮抗していたが、96年から08年までは日本がドイツを5～30ポイントほど上回り続け、輸入先第1位を維持していた。リーマンショック後の09年

にはドイツに第1位を譲るが、日本は翌10年から12年まで第1位に返り咲く。しかし、13年に再びドイツが第1位となるというような変化をみることができる。

中国市場における日本工作機械メーカーのユーザー企業の構成

次に、日本工作機械産業の立場から、中国市場をみてみよう。この場合、中国市場を、ユーザー産業ではなく、ユーザー企業という視点からみると、次の三つに分けることができる。

一つは、中国に生産拠点を構えた「日系企業」である。従来、日本産業の中国進出については、日本国内で使っていた「日本企業製工作機械」を装備する傾向が強かったようである。しかし、現在では、部品生産等でのローカル企業とのコスト競争の激化を背景に、日本企業製以外の工作機械が装備されるケースが増えているようである。そうした意味では、日系企業の工作機械需要イコール日本企業製工作機械ということではなくなりつつあるといってよいだろう。

二つは、まさにローカル企業としての「中国企業」があげられる。かつては、一部の中国企業がユーザー企業として認識されていたが、現在では中国企業が手がける製品領域の品質幅が広くなってきていることを背景に、高精度の中級機を含めた需要が、広く中国企業に生まれていることが指摘できる。しかし、現実は、さらに多様であり、価格的には低価種レベルでありながら、品質面では中級機という極めて対応の困難な需要が、量を伴いながら拡大している。これを本書では、中国市場における「低価格・中機種のボリュームゾーン」として位置づけ、その対応のあり方を研究課題の一つとしている。いずれにしても、中国市場における中国企業の需要は、多様かつ複雑性を増しながら、さらにコスト対応が軽視できないというところにありそうである。

三つは、中国に展開する日本以外の「外国企業の現地法人」があげられる。工作機械ユーザーという点で外国企業を眺めると、特に圧倒的な生産量をこなしている台湾企業が注目できる。ここで使われている工作機械の多くが加工精度の高い日本企業製であっても、従来の工作機械では考えられないような変化がみられる。

その変化とは、日本企業製工作機械に求められていた加工精度が変わったと

いうのではなく、求められる耐用年数にある。われわれは、良い工作機械とは、何年、何十年使ってもメンテナンスさえしっかりすれば、当初の加工精度を維持できるものだと考えてきた。今、求められているのは、そうした長期にわたっての品質保証ではなくて、極論すれば、特定の製品の生産期間のみという品質保証である。わずか1年で、何千台という工作機械が廃棄されるという例は知らないが、そうした考え方が生まれつつあることに留意しておきたい。

いずれにしても、中国市場はますます多様な工作機械ニーズを生み出し続けている。日本工作機械産業にとって中国市場は、量的な意味で魅力的であるが、多様なニーズのどこをターゲットにするかで、中国市場への製品投入のあり方、現地生産のあり方を変えなくてはならないほど複雑性を増していることだけは確かである。

中国市場におけるユーザー産業の構成

こうした多様なユーザー企業を構成する中国市場を、ユーザー産業の構成という視点からみてみよう(表2-17)。

何よりも注目すべきは、「電気機械」の構成が、日本市場、海外市場全体と比べ、異常なほど高いことである。たとえ、表に示したデータが09年から13年という5ヵ年にすぎずとも、他の市場の10%未満に対して、09年31.6%、10年44.0%、11年47.2%と続き、12年は実に60.4%に達していたのである。

こうした「電気機械」が高い構成比を示しているのは、先に記述した中国におけるスマートフォン生産をめぐる巨額の設備投資の影響である[25]。この点、台湾ホンハイの中国生産子会社のフォックスコーンだけでなく、「電気機械」を構成する多くの台湾企業、さらには中国企業が、世界の工作機械をめぐる設備投資とは異なった動きをみせていたことが、一種異常とも思える中国市場に

---

[25] 片山和也「JIMOF2012視察レポート」(2012年11月1日)によると、アップルが、アイフォンの筐体をプラスチックから金属に転換したとき、部品生産がプラスチック成形からマシニングセンタによる削りだしという生産体制の変更が起こったという。必要とするマシニングセンタは、筐体が月産1000万個の場合、何万台にも達するという。このことが、日本工作機械メーカーに特需ともいえる注文が中国から入った背景と考えられる。

表2-17 工業会・会員企業の中国におけるユーザー産業の構成

単位:億円、%

		鉄鋼・非鉄金属	金属製品	一般機械	電気機械	自動車	航空機・造船等	精密機械	商社・代理店	その他	計
受注額	09	17	7	227	276	247	48	19	19	11	871
	10	4	29	588	1,114	670	40	33	29	22	2530
	11	30	21	623	1,548	879	71	39	18	50	3278
	12	3	15	458	1,845	643	24	22	28	18	3056
	13	15	14	507	299	368	23	32	43	238	1539
構成比	09	2.0	0.8	26.0	31.6	28.4	5.5	2.2	2.2	1.2	100.0
	10	0.2	1.2	23.2	44.0	26.5	1.6	1.3	1.1	0.9	100.0
	11	0.9	0.6	19.0	47.2	26.8	2.2	1.2	0.5	1.5	100.0
	12	0.1	0.5	15.0	60.4	21.0	0.8	0.7	0.9	0.6	100.0
	13	1.0	0.9	33.0	19.4	23.9	1.5	2.1	2.8	15.5	100.0

注:上記の「航空機・造船等」は、「航空機・造船・その他の輸送用機械」を略している。
資料:一般社団法人日本工作機械工業会『工作機械統計要覧』各年版、より作成。

おける「電気機械」の圧倒的な設備投資をもたらしたことに間違いがないようである。

13年、中国市場における「電気機械」の構成は、19.4%と一気に縮小する。これは、まさに先のような台湾企業、中国企業の設備投資の揺れ動きを反映したものであるが、それが今後どのように推移するかは定かではなく、われわれはそれらを冷静に注視していく必要がある。

第3節 工作機械産業の製品展開と技術構造の特質

次に、日本と欧米の工作機械産業の製品競争力を、単に最先端の技術領域に限定することなく、拡大を続けるアジア市場における需要を踏まえた上での製品競争力を意識しながらみていくことにする。また、先の半導体製造装置産業と異なり、多様なニーズを持つ膨大な数にのぼるユーザー企業を構成する市場において、大手工作機械メーカーの製品展開と、中小工作機械メーカーの生産展開の違いの有無についても言及していくことにする。さらに、そうした製品競争力の維持にとって重要な製品開発研究がどのような技術特性を備え、どのように取り組まれているかについても整理しておくことにする。

1．製品領域をめぐる競争関係の重なりの進展

　日本工作機械工業会の『工作機械産業ビジョン2020』では、主要な工作機械生産国の現在と今後の国際的な位置づけを、図2－8のように表している。そこでは、航空機・宇宙、医療関連などの製品分野では「高級機」に付加された加工レベルが求められ、工作機械、自動車、電気・電子部品などの製品向けを「中級機」の加工レベルが対応し、一般機械部品、日用品などの製品向けで「低級機」が使われるという分け方をしている[26]。

　この分け方については、それぞれのものづくりに求められる加工精度がこれほど単純に分けられるものでないが、各市場に対応する工作機械の品質レベル、そしてそれらを手がける生産国別の工作機械メーカーの技術レベルの違いをイメージするには有益であると考えている。しかし、一般論としての日用品の精度に対する誤解[27]や、製品を構成する部品個々が幅広い加工レベルを構成していることなどを排除していることを忘れてはならない。繰り返しになるが、これはあくまでも生産国別の競争力を理解する手がかりにすぎない。

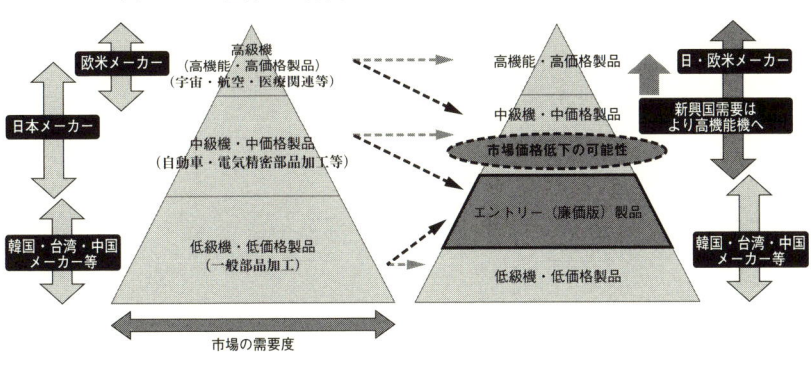

図2－8　世界の工作機械メーカーの製品領域と市場イメージ

出所：一般社団法人日本工作機械工業会『工作機械産業ビジョン2020』2012年、33頁の一部を抜粋。

---

26) 一般社団法人日本工作機械工業会（2012）、32－33頁。
27) 日用品だから加工精度が低いというのは、あまりにもイメージ的であり正確性に欠ける。たとえば日用品としての歯ブラシ製作用の金型に求められる精度、機能は、自動車、電機の部品生産に比べ決して劣るものではない。これは金型に限らず、部品レベルでもそうした例をみることができる。

さて、そうしたイメージに基づき、工作機械の加工レベルと生産国を対比すると、欧米メーカーはほとんど高級機・高機能・高価格製品分野を構成し、日本メーカーは中級機・中価格製品分野と高級機の一部を構成するとされ、韓国、台湾、中国メーカーは低級機・低価格製品を構成すると位置づけられている。

　しかし、こうした分け方による棲み分けは、時代と共に変化していくことは否定できない。それは、たとえば次のような変化が起こっているという意味においてである。

　一つは、高級機分野における日本メーカーの追い上げである。ただし、欧米市場における高級機市場での日本製高級機の普及は容易ではなく、これまで日本企業が得意としてきたNC装置を組み込んだ高級機分野に限定されているというのが実態のようである。ただし、日本国内、アジア市場においては、日本製の5軸加工機、複合機などの高級機が競争力を備えつつあることはいうまでもない。

　二つは、これまで日本企業が優位性を備えていると考えられてきた中級機分野において、ドイツなどの欧州メーカーが操作性と生産性を備えたシーメンスのNC装置を装備し[28]、アジア市場を焦点に中価格品の品揃えをすることで競合関係が強まっていることがあげられる。

　三つは、そうした中級機分野に急速に技術力を高めてきている韓国、台湾、中国メーカーが低級機ではなく、低価格でありながら中級品に近い製品が作れるようになり、中級機市場の競争が激化しつつあることである。

　こうした高級機、中級機市場における競争の激化が、今後の日本工作機械産業の発展の行方に大きく影響することはいうまでもない。

　こうした変化を見据えてのことであると考えられるが、先の『工作機械産業ビジョン2020』では、今後の生産国別の競争関係について、高級機と中級機分野における日米欧の競争激化、廉価版と称する中級機市場の出現とその生産拡大に踏み出す韓国、台湾、中国メーカーという構図で、日本工作機械産業の困

---

[28] 海外市場では、ユーザーが使い慣れたシーメンス製のNC装置を装備することが条件づけられるなど、ファナック、三菱電機などの日本製のNC装置を装備することでの対応が難しくなっている。それゆえ、日本工作機械メーカーもシーメンス製の取扱が増えている。

難を描いている。それは、高級ブランド品に太刀打ちできず低価格品との板挟みの中で日本メーカーの存立領域が縮小している生活関連産業[29]と重なるような分析結果である。いずれにしても、NC装置を装備した量産品を差別化の基軸としてきた日本工作機械産業ではあるが、今日の世界レベルでの競争の中では、そうした単純な構図にとどまることが許されるはずもなく、多様な存立場面を構成しながら発展場面を築き上げていくことが求められているといえよう。

ところで、表2－18は、日本をはじめとした国別のNC工作機械の金額ベースの生産構成比を示したものである。これによると、NC工作機械を得意としてきたといわれる日本のNC化率に対して、ドイツのNC化率がほぼ同じか、やや高い水準にあることが認められる[30]。このデータをみる限り、現在では、日本とドイツがNC装備の工作機械生産において、金額ベースでの差はみられないということになる。もちろん、日本国内の歯車製造業において、ドイツ製ホブ盤の性能が高く評価されているように、たとえNC装置が備え付けられる

表2－18　国別・NC工作機械の生産構成比（金額ベース）

	08	09	10	11	12	13
日本	87.8	85.6	82.8	84.0	90.0	89.3
ドイツ	90.0	88.2	88.6	89.0	88.6	88.7
イギリス	－	－	－	－	60.4	62.2
韓国	－	－	－	－	96.0	95.8
米国	75.9	75.2	－	－	－	－

注：各国のデータは下記資料に基づくが、それらの原データは次の通りである。
　　日本は、経済産業省『生産動態統計調査』、ドイツは「CECIMO（原データ：VDW）」、イギリスは「Office National Statistics」、韓国は「KOMMA」、米国は「AMT」。なお、米国のみ、出荷額である。
資料：一般社団法人日本工作機械工業会『工作機械統計要覧』各年版、より作成。

29）たとえば、靴、バッグ、眼鏡などについて日本メーカーは、ブランド力に優れた欧米メーカーに太刀打ちできず、さらに低価格での市場獲得に踏み出している中国製品に量的に追い上げられているが、この構図とほぼ同様のイメージである。
30）「欧州メーカーの工作機械のほとんどは、オーダーメイド的に作られている」と、一般社団法人工作機械工業会（2012）、36頁、にあるが、NC装備という点ではほとんど変わらず、逆に日本メーカーが仕様変更のない標準品販売にとどまっているケースは少ないという実態を踏まえると、両者のものづくりの方向は接近しているように思える。

時代になっているとしても差別化された工作機械が今なお存在することはいうまでもない。

2. 日本工作機械メーカーの多様性と中小メーカーの製品展開の特徴

　日本工作機械産業の手がける工作機械すべてを中級機というように一括りすることは、個々の工作機械メーカーの個性的な製品展開を見失わせることになる。しかし、それを排除しようと個々の工作機械を取りあげ、その加工レベルとか機能、品質を分析することは著者の能力を超えたものであり、ここでは業界全体の問題を議論するという現実的な方法論によって製品構成の特質をみていくことにする。また、ここでは出来うる限り工作機械の多様性を理解するために、大括り（中分類と呼ぶことにする）としての機種別の構成と、さらに詳細な機種分類（小分類）により工作機械メーカーの製品展開の広がりを理解していくことにする。

（1）　日本工作機械メーカーの製品展開の特徴

　表2-19は、中小企業基本法上の中小企業の定義に基づき、工業会・会員企業を中小企業と大企業に分類し、機種別（中分類と小分類）の生産企業数を表したものである。いうまでもなく中小企業と大企業[31]の分類は、従業員数（300人以下）と資本金（3億円以下）のどちらかが、基準を満たしている場合には、中小企業と区分している。

　この点、先述の日本工作機械業界の海外生産とか海外サービス拠点の分析に際しては、企業の従業員数について、海外事業を構成する海外法人等を対象としていることから「連結決算上の従業員数」を採用しているが（本章第4節）、ここでは中小企業基本法に基づく「中小企業」という区分に焦点を当てることから、「連結決算上の従業員数」ではなく、個々の「企業単体の従業員数」を表示し、区分の基準に用いている。

[31) 中小企業基本法上の定義では、中小企業を区分する基準を提示しているが、それ以外の企業を、何と呼ぶかを示してはいない。ここでは、それを中堅企業とか大企業とかに分けるのではなく、単純に「大企業」と呼ぶことにする。

表2-19 中小企業定義に基づく企業分類と生産機種(小分類)構成

機種名		中小企業 99以下	中小企業 100以上	大企業 999以下	大企業 1000以上	合計	機種名		中小企業 99以下	中小企業 100以上	大企業 999以下	大企業 1000以上	合計
MC	横軸	2	10	8	9	29	放電加工	NCワイヤ放電加工機			2	3	5
	立て軸	3	11	9	10	33		NC細穴放電加工機	1		1		2
	門形	2	5	1	5	13		NCレーザー放電加工機			1	4	5
	生産企業数	4	16	10	11	41		生産企業数	1		3	6	10
NC旋盤	NC旋盤・横軸	2	4	7	5	18	専用機等	ユニット		2	3	1	6
	NC旋盤・立て軸	1	4	2	4	11		専用機	5	11	6	4	26
	ターニングセンタ	2	6	6	6	20		NC専用機	5	8	8	4	25
	生産企業数	3	6	7	5	21		トランスファマシン	1	3	3	2	9
その他の旋盤	普通旋盤	3		2		5		生産企業数	6	13	10	5	34
	単軸自動旋盤チャック						歯車機械	ホブ	1	2		2	5
	単軸自動旋盤棒材用	1			1	2		歯車形削り盤		1		1	2
	多軸自動旋盤	1				1		歯車研削盤	1	4	1	1	7
	NC自動旋盤	2		3	1	6		歯車仕上げ機械	1	2		1	4
	立て旋盤		1			1		生産企業数	1	5	1	2	9
	卓上旋盤		1			1	中ぐり盤	横中ぐり盤		2	1		3
	車輪旋盤		1			1		ジグ中ぐり盤		2	1		3
	超精密旋盤			1	2	3		精密中ぐり盤				1	1
	クランクシャフト旋盤		1			1		横中ぐりフライス盤	1	1		2	4
	ピストン旋盤	1				1		ジク中ぐりフライス盤				1	1
	生産企業数	5	3	5	3	16		生産企業数	1	5	3	3	12
NC旋盤+その他の旋盤		6	6	9	7	28	フライス盤	ベッド型フライス盤	1	1		1	3
研削盤	平削り盤		1			1		ひざ型フライス盤	1	1			2
	キーみぞ盤			1	1	2		プラノミラー				1	1
	円筒研削盤	1	3	2	4	10		ロータリーフライス盤		1			1
	ロール研削盤		2		1	3		NCフライス盤	1	3	2	1	7
	内面研削盤		1	3	1	5		両頭フライス盤		2			2
	平面研削盤	3	2	4	3	12		ねじフライス盤		1			1
	芯なし研削盤	2	1			3		複合フライス盤		1			1
	ならい研削盤			1	1	2		生産企業数	1	9	2	1	13
	万能工具研削盤		1			1	ボール盤	直立ボール盤	1				1
	工具研削盤	1	2	1	1	5		ラジアルボール盤		1		1	2
	ホーニング盤	1		2	1	4		多軸ボール盤		2	1		3
	ねじ研削盤			2	2	4		NCボール盤	1	3	2	1	7
	ジグ研削盤		2			2		深穴ボール盤		2	1		3
	立型研削盤		3	1		4		生産企業数	2	6	4	1	13
	グライディングセンタ			1		1	その他	ブローチ盤		1		1	2
	万能研削盤		2		1	3		ラップ盤		1			1
	クランク軸研削盤		1		2	3		超仕上げ盤			2	1	3
	マルチホイール研削盤				2	2		金切りのこ盤	1	1	1	1	4
	外形研削盤		1		1	2		ねじ切りねじ立て盤		1			1
	両頭研削盤				1	1		超精密加工機			1	1	2
	シェービングカッタ		1		1	2		スライシングマシン	3		1		4
	マルチプロフィール			1		1		グラファイト電極加工機		1			1
	石英研削盤		1			1		砥粒切断機		1			1
	複合研削盤		1			1		非球面加工機			1	3	4
	フェルール研削盤			1		1		パイプ切断機		1			1
	ゴム研削盤		1			1		金属光造形複合加工機		1			1
	溝研削盤		1			1		電子ビーム加工機				1	1
	生産企業数	7	10	9	9	35		NC装置			1	4	5
								FMS		2	6	6	14
								生産企業数	3	6	11	11	31
							集計企業総数		17	18	30	18	83

注:企業分類は、中小企業基本法上の中小企業の定義(従業員300人以下、または資本金3億円以下)に基づき、大企業と中小企業を分類している。従業員数は、企業個々の従業員数であり、連結決算上の従業員ではない。この定義に基づくと、従業員が300人を超えていても、資本金が3億円以下であれば、中小企業に分類されることになる。ここでは、資本金3億円を超え従業員数300人未満の企業は6社、資本金3億円以下で従業員300人超の企業は2社。いずれも「中小企業100人以上」に含まれている。

資料:工業会・会員企業の資本金と従業員数については、上場企業は有価証券報告書の最新版(2014年3月期が大半)、非上場企業については、ホームページ及びネット情報。企業別の取扱機種については、一般社団法人日本工作機械工業会「ホームページ、会員情報」、より作成。

ちなみに、工業会・会員企業のうち、表に示した工作機械を生産している企業83社は、「従業員99人以下の中小企業」が18社、「従業員100人以上の中小企業」が30社と、中小企業が47社を数え、「従業員999人以下の大企業」が18社、「従業員1000人以上の大企業」が17社と、大企業が35社を数えている。つまり、工業会・会員企業の半数以上は、中小企業が占めているということである。また、会員企業以外の700社弱[32]に達する工作機械製造業の大半が中小企業であることを考慮したとき、わが国の工作機械メーカーの大半は中小企業によって占められていることになろう。

　さて、そうした中小企業が大半を占める工作機械メーカーではあるが、工業会・会員企業83社の企業分類と製品構成については、次のように集約することができよう。

　一つは、生産企業の分布を小分類ごとに眺めると、機種個々によって中小企業の生産企業数が多かったり、あるいは大企業が多かったりという違いが認められるが、全体的には企業規模によって、生産している機種が大きく異なっているという違いは特に見当たらないことがあげられる。もちろん、生産企業が1社とか、2社しか生産していない機種もあり、それが中小企業であったり、大企業であったりという違いがあることはいうまでもない。

　二つは、工作機械の小分類の機種名を眺めると、工作機械においては様々な機能を備えた製品の広がりをみせていることが認められる。実際の工作機械では、ストローク、テーブルなどの大きさが異なる製品が数多く生産されるだけでなく、工業会・会員企業が生産していない機種とか、仕様タイプなども数多く存在するなど、製品構成に多様性をみることができる。それは、同じ機種であっても、付加された機能、加工精度、加工規模、取扱の特徴など、工作機械を装備する製造現場の数だけとはいわないまでも、様々なニーズが存在していることと重なっている。さらに、それは工作機械の生産が、何らかの仕様変更を含めた特注的な要素を備えているという点にも繋がっている。

　三つは、表2－20によると次の特徴が認められる。すなわち、マシニングセ

32）本章の第1節3．(1)で工作機械メーカー数を推計した結果の750社前後に基づく。

ンタ（MC）の生産企業においては、それぞれの企業分類に基づく集計企業に対して、「大企業」と「従業員100人以上の中小企業」がそれぞれ5割を超えていることである。これは、工作機械の生産量が多いMCに、規模の大きい企業が数多く関わり、さらに全体でも83社のうち、41社（49.4％）が生産に従事しているということを反映した結果でもある。

ただし、「工業統計調査」によると、このMCの算出事業所数（企業ではなく、工場単位と理解できる）は68事業所であり、大企業の他の工作機械生産を含め

表2-20　企業分類と中分類ベースの生産機種の構成

		中小企業		大企業		合計	参考
		99人以下	100人以上	999人以下	1000人以上		産出事業所数
マシニングセンタ	企業数	4	16	10	11	41	68
	構成比	22.2	53.3	55.6	64.7	49.4	
NC旋盤	企業数	3	6	7	5	21	43
	構成比	16.7	20.0	38.9	29.4	25.3	
その他の旋盤	企業数	5	3	5	3	16	56
	構成比	27.8	10.0	27.8	17.6	19.3	
研削盤	企業数	7	10	9	9	35	75
	構成比	38.9	33.3	50.0	52.9	42.2	
放電加工機	企業数	1	0	3	6	10	-
	構成比	5.6	0.0	16.7	35.3	12.0	
専用機	企業数	6	13	10	5	34	230
	構成比	33.3	43.3	55.6	29.4	41.0	
歯車機械	企業数	1	5	1	2	9	17
	構成比	5.6	16.7	5.6	11.8	10.8	
中ぐり盤	企業数	1	5	3	3	12	7
	構成比	5.6	16.7	16.7	17.6	14.5	
フライス盤	企業数	1	9	2	1	13	23
	構成比	5.6	30.0	11.1	5.9	15.7	
ボール盤	企業数	2	6	4	1	13	18
	構成比	11.1	20.0	22.2	5.9	15.7	
その他	企業数	3	6	11	11	31	421
	構成比	16.7	20.0	61.1	64.7	37.3	
集計企業数	企業数	18	30	18	17	83	
	構成比	100.0	100.0	100.0	100.0	100.0	
参考：工場数	合計	19	42	28	46	135	-
	平均	1.1	1.4	1.6	2.7	1.6	-

注：参考の工場数は、会員企業の有価証券報告書、あるいはホームページの記載内容から、工作機械事業にウエイトの大小ではなく、関わっているであろう工場を抽出し、企業分類ごとに合計したものである。なお、参考の平均は、工場数の合計を集計企業数で単純に割って求めている。

資料：企業別の取扱機種については一般社団法人日本工作機械工業会の「ホームページの会員情報」、各企業の工作機械生産の工場については有価証券報告書あるいはホームページ、産出事業所数については経済産業省『工業統計調査・品目編』2012年版、より作成。

ての1社当たりの工作機械生産工場数[33]を眺めると、999人以下が1.6工場、1,000人以上が2.7工場であることを考慮したとき、わが国の工作機械産業においてはMCを生産する大半が工業会・会員企業に重なっていると理解することもできる。

(2) 主要製品分野における中小メーカーの製品展開

以上のような点を含めて、ここでは改めて多様な製品分野に存立する中小工作機械メーカーの製品展開の特徴を整理しておくことしよう。

一つは、中小工作機械メーカーが多様な工作機械づくりに関わっているという点である。この点、小分類機種については、特殊機能の工作機械の存在も予想され、中小企業が関わっていないケースもみられるが、それ以外の小分類機種に多くの中小メーカーが関わっているといえよう。特に、半導体製造装置産業と異なり、多様なユーザー産業を構成していることから、さらに膨大な数にのぼるユーザー企業の様々なニーズを中小メーカーの存在なくして対応し切れるとは考えられない。その意味では、大手メーカーと中小メーカーが、競争関係にありながら、他方では役割分担しているようにもみえる。

二つは、そうした役割分担ではなく、大手メーカーと中小メーカーが同一機種をめぐり、直接的な競争関係にあるような製品分野も存在していることがあげられる。もちろん、同じ機能で同一の加工能力を備える機種というようなケースを想定すると、量的な対応力、最先端の加工機能の装備などにおいては大手メーカーの方が優位であるとも思えるが、現実はそれほど単純ではなく、高度加工領域において中小メーカーが、先頭に立つケースも少なくない。その一つの例が、同業でありライバルでもある大手工作機械メーカーの製造現場に導入されているマシニングセンタを製造する安田工業にみることができる。安田工業のマシニングセンタは、コストではなく、品質優先のもとに開発製造された、まさにマザーマシンの中のマザーマシンとしての評価を得ている。

三つは、表2−20から理解できるように「専用機」生産が、工業会・会員企

---

[33] 工業統計調査の産出事業所数を構成する企業を、すべて工業会・会員企業として試算。

業では34社であるのに対し、工業統計調査による品目別産出事業所数では230事業所を数えていることに関連する点である。工作機械産業における専用機は、ユーザー企業の生産品に基づく製造現場ごとに、多様な製品開発を前提とすることが少なくない。ある意味、一品料理的な対応が求められる工作機械といえよう。そうした製造現場では、標準タイプの仕様変更等では収まらない工作機械需要が少なくなく、それこそ中小メーカーの出番であり、多くの中小メーカーの存立場面でもあるといえよう。また、「その他」の工作機械として分類される算出事業所数が421事業所を数えていることは、様々な特殊加工を備えるがゆえに一つの概念で括ることの難しい数多くの工作機械を、中小メーカーが個々に対応している状況の表れではないだろうか。

それゆえ、中小メーカーの存立場面における製品展開は、日本の工作機械産業の多様性を示すと同時に、中小メーカーの存立場面の広がりを示唆するものといえよう。

3．製品展開とユーザー産業の技術構造の特質

次に、工作機械産業における技術革新の焦点を、特にユーザー企業との技術的関連性からみていくことにしよう。

工作機械産業を技術構造という点でみると、工作機械メーカーの大半の製造現場と、製品（工作機械）が備える加工機能がほぼ同一の技術体系の上に成立しているという特徴が指摘できる。これは、先の半導体製造装置産業における製造現場と、製品（製造装置）が備える加工機能がほぼ完全に異なる技術体系の下に位置づけられているのとは対照的である。

この点、工作機械産業では、製品としての工作機械を開発する一方で、それを製品製造工場内の機械設備として活用することもできるのに対し、半導体製造装置産業では、自らの製造現場と製品との間にそうした関係性がないことを示している。このことはまた、両産業の技術革新の所在の違いであると同時に、ユーザー企業との技術的関連性の違いでもある。

事実、工作機械のユーザー企業の場合、工作機械を使いこなすという意味では工作機械の仕様等に対するプロとしての立場を有するが、他方、工作機械メ

ーカー自身も製品開発製造者でありながらユーザーという顔を持つなど、両者は工作機械の使用者という点で共通する。その意味で、両者の工作機械の高精度化、高速化などの技術の高度化は、補完関係にあるともいえる。たとえ、ユーザーが製品の購入者ということで優越的であるにしても、特殊仕様の製品開発などにおいて技術的に優位に立っているわけではない。

ところで、工作機械の製品の大半は、システム制御（NC装置）が製品の生産機能に大きく関わっている。この点、工作機械のシステム制御の大半は、国内ではファナックと三菱電機、そしてドイツのシーメンスなどの制御機器メーカーに依存しているケースが大半である。

もちろん、大手工作機械メーカーでは、独自開発まではいかなくとも、自社企画、あるいは自社開発の数値制御機器を装備することで、独自の機械装置の動作制御に取り組む企業も少なくない[34]。しかし、大半の工作機械メーカーについては、制御装置メーカーの標準品を装備するというのが一般的であるといえよう。その意味では、一部の大手企業を除く大半の工作機械メーカーは、数値制御装置を、単なるユーザーとして利用するという立場にとどまっているともいえる。

したがって、大半の工作機械メーカーの技術革新の焦点は、メカ部分の機械装置開発と、標準化された制御機器に付加された標準仕様をどうシステムとして組み込み機能させるかに求めることができる。とりわけ、マシニングセンタ、旋盤等の主力の工作機械に関しては、まさにシステム制御に関わる技術革新をベースとした製品開発、技術開発こそが、それぞれの企業の個性化、製品の差別化に繋がっているのである。

こうした工作機械産業と半導体製造装置産業における技術革新を背景とした製品開発、技術開発の焦点の違い、さらにはユーザー企業との関わり方の違いが、それぞれの外需依存における国内外事業展開にどのように影響するかについては詳細な検証が待たれるところである。

---

34) 第4章で取りあげるオークマ、ヤマザキマザックなどがあげられる。

第4節　海外生産と海外サービス体制の役割と変化

　2000年前後から中国に生産拠点を構える日本の工作機械メーカーが増え続けている。その最大の理由は、中国市場の拡大にあることはいうまでもないが、工作機械メーカーの生産体制の整備の仕方が、企業によって大きく異なってきているように思える。

　そうした中国における海外展開の実態を明らかにすることは、今後の日本工作機械産業の発展を構想する上で有益であると考えるが、ここではそれに限定することなく、70年前後に始まる海外生産の歩みを含めて工作機械産業の海外生産の歩みをデータに基づきみていくと共に、現在どのような海外サービス体制を整えているかについて整理しておくことにする。

1．海外生産の歩みと特徴

　表2-21は、日本工作機械工業会の02年と14年の異なった資料に基づき海外工場の生産開始時期と生産品目を表すと共に、02年時点に操業していた海外工場が14年時点で操業を継続しているか否かを表したものである。したがって、この表には、02年以前に進出、撤退したケース[35]や02年以降に進出したが14年以前に撤退したケースは含まれていないことに留意する必要がある。

　さて、この表からは、次の点が注目できる。一つは、工作機械メーカーの欧米進出が、米国ではヤマザキマザックが74年に、欧州ではドイツに牧野フライス製作所[36]が80年にというように、日本自動車産業と電機産業の欧米進出が活

---

[35] 岡本工作機械製作所が、1985年に米国で生産を開始したが1年半で生産中止したというケースである。

[36] 牧野フライスのドイツ進出に関わるというよりも、その後の撤退に関わるかも知れないが、今なお社長として経営の最前線に立つ牧野二郎氏と、労働省の研究会でお会いしドイツに対する評価を聞いた記憶がある。最初は、バブル崩壊後の工作機械需要が低迷する90年代前半においては、ドイツの技術力を高く評価していたのに対し、需要拡大に入る90年代後半には、日本の工作機械業界の技術力を評価するように変化していたことを思い出す。このことが、進出と撤退に直接関わるかどうかは定かではないが、何かしら関係しているように思える。

表2-21　工業会・会員企業の海外工場の設立年月と生産品目及び撤退状況

国	企業名	設立	生産品目	国	企業名	設立	生産品目
米国	ヤマザキマザック	74	NC旋盤、MC	タイ	シチズンマシナリーミヤノ	01	NC旋盤
	日立精機	79	NC旋盤		エンシュウ	03	MC
	牧野フライス	82	工作機械		ホーコス	11	MC、工作機械部品
	三菱電機	83	CNC		スター精密	12	NC自動旋盤
	ファナック	87	CNC、PLC	フ	シチズンマシナリーミヤノ	08	NC旋盤、鋳物
	ミヤノ	87	NC旋盤		スター精密	89	NC自動旋盤
	オークマ	87	NC旋盤、MC		光洋機械工業	94	NC研削盤
	豊田工機	87	研削盤		三菱電機	94	放電加工機、レーザー加工機
	不二越	91	ブローチ盤、歯車研削盤		ソディック	94	放電加工機
	アマダ	07	レーザー加工機		ソディック	95	鋳物
	DMG森精機	11	MC、部品		アマダ	96	レーザー加工機
ブ	ジェイテクト	73	円筒研削盤、専用機		コマツNTC	96	MC、専用機
英	ヤマザキマザック	87	旋盤、MC		ヤマザキマザック	00	NC旋盤、MC
ドイツ	牧野フライス	80	MC		牧野フライス	02	放電加工機
	シチズン時計	92	NC旋盤		滝澤鉄工所	02	NC旋盤
	スター精密	92	NC旋盤		白山機工	03	チップコンベア、クーラントユニット
	日立精機	93	NC旋盤				
仏	アマダ	86	レーザー加工機		ジェイテクト	03	専用機
	DMG森精機	08	特殊チャック、治具		オークマ	03	NC旋盤、MC
ス	DMG森精機	06	MC		ブラザー工業	04	MC
ル	ファナック	00	CNC		ツガミ	04	NC自動旋盤
韓国	大日金属	69	NC旋盤	中国	高松機械工業	04	NC旋盤
	ファナック	78	NC放電加工機、CNC		紀和マシナリー	05	MC
	西田機械工作所	97	MC用部品		池貝	05	NC自動旋盤
	ジェイテクト	01	NC円筒研削盤		シチズンマシナリーミヤノ	05	鋳物
	シギヤ精機製作所	10	汎用機部品、ユニット		シチズンマシナリーミヤノ	05	NC旋盤
	中村留精密工業	12	NC旋盤		ソディック	06	放電加工機
台湾	滝澤鉄工所	71	NC旋盤、普通旋盤、MC		コマツNTC	07	専用ローラ
	ファナック	93	CNC		清和鉄工	07	NCホブ盤、NC研削盤
	オークマ	97	NC旋盤、MC		アマダ	10	バンドソーマシン
	ジェイテクト	07	MC		エンシュウ	10	MC
	オーエム製作所	10	NC旋盤		ツガミ	10	鋳物
	倉敷機械	11	NC横中ぐりフライス盤		三菱重工業	11	ドライカットホブ盤
	野村DS	14	横中ぐり盤		豊和工業	11	専用機
	松浦機械製作所	-	主軸カートリッジ		三菱電機	11	NC装置、サーボモータ
シンガ	岡本工作機械	73	研削盤		ヤマザキマザック	11	NC旋盤、MC
	牧野フライス	81	MC、NCフライス盤、放電加工機		キリウテクノ	12	NC旋盤
					ミロク機械	12	ガンドリル
	ヤマザキマザック	92	NC旋盤、MC		富士機械製造	12	NC旋盤
タイ	岡本工作機械	87	平面研削盤、成形研削盤		DMG森精機	-	MC、MC部品
	ソディック	88	放電加工機		ファナック	-	CNC
	大阪機工	89	MC	印度	牧野フライス	01	MC
	テラル	91	クーラントろ過装置		ツガミ	11	NC自動旋盤

注：網掛は、撤退した海外工場を示している。撤退した企業は当時の企業名（ミヤノとシチズン時計は現シチズンマシナリーミヤノ、豊田工機は現ジェイテクト）、現在操業している企業は現在の企業名を表示している。日立精機は、2002年民事再生法申請、工作機械の大半をDMG森精機が引き継ぐ。設立年月については、下記資料の工業会（2002年）では生産開始時期として表示、工業会（2014年）では設立年月と表示されている。両資料で、年月等が異なる場合は、工業会（2014年）を掲載している。国名のブはブラジル、スはスイス、ルはルクセンブルク、シンガはシンガポール、フはフィリピンである。

資料：社団法人日本工作機械工業会『世界の途、半世紀：日工会創立50周年記念』2002年、195頁、一般社団法人日本工作機械工業会『日本の工作機械産業2014－機械工業の発展を支える産業』2014年、38－39頁、より作成。

発化する80年代後半より前であったことがあげられる。多くの自動車産業と電機産業の部品生産を支える部品メーカーは、製品メーカーの要請にしたがって海外進出に踏み出してきたが、工作機械産業の欧米進出の開始という点では、日本産業の海外展開とは異なる局面にあったことが想像される。とりわけ、ヤマザキマザックの米国進出は、米国市場の獲得を目指すものであったことが注目される。

二つは、ヤマザキマザックに続いて79年から91年にかけて米国に進出した工作機械メーカーの大半が、現時点では操業を継続していないことがあげられる。これら企業の米国進出のうち、85年のプラザ合意以後の進出は、円高による為替問題の回避が目的の一つではないかと想像できるが、それ以前の進出である日立精機、牧野フライス、三菱電機は、ヤマザキマザックと同様に米国市場の開拓を目的とするものではなかったろうか。

三つは、80年の牧野フライスに続き、80年代の後半と90年代前半、さらには2000年代前半に8工場が設立され、合わせて9工場となる欧州工場のうち、4工場のドイツはすべて撤退、加えてルクセンブルクのファナックの撤退というように、現在では4工場の操業継続にとどまっていることがあげられる。少なくとも、工作機械の先進国であるドイツからの撤退については、今後研究テーマとして取りあげていく価値はありそうである。

四つは、中国を除く東アジア地域に進出した25工場のうち、現在までに操業を中止したのは2工場にすぎないことがあげられる。その2工場は、いずれも韓国に進出した工場である。その他の進出地域である台湾、シンガポール、タイ、フィリピンの20工場は、今なお操業を継続している。

五つは、中国に生産拠点を構える企業が、89年のスター精密に始まり現在では27企業、35工場に達していることと、ここでの二つの資料の比較という条件の下では、1工場の撤退もみられないことがあげられる[37]。35工場のうち設立

---

37) 日本企業の撤退等の研究では、中国への進出企業自体が多いこともあるが、中国では数多くの日本企業が撤退していることが明らかにされている。しかし、工作機械業界では、限定したデータの範囲ではあるが、1社も撤退していないというのは希有な例といえよう。この点についての分析研究が深まることを期待したい。なお、加藤秀雄（2011）、も撤退について触れ

第2章　日本工作機械産業の構造的特質と問題の焦点　137

年が記載されている33工場の設立年を並べると、80年代1工場、90年代6工場、00年代16工場、10年代7工場というように、2000年代以降の進出が凄まじいことを示している。

工作機械メーカーの中国進出については、中国市場の急激な拡大を背景としていることはいうまでもないが、一方で中国市場が日本からの輸出のみで対応できる市場ではなく、現地生産によるコスト対応が厳しく求められている市場であることを示唆している。先に中国市場における三つのユーザー企業群として日系企業、台湾等の外国企業、そして現地の中国企業が構成されていることを指摘したが、それら企業に向けて、日本企業のみならず、価格の安い韓国、台湾、中国の工作機械メーカーや、高度領域から低価格を意識した欧州メーカーなどとの鎬ぎ合いを乗り越える一つの対策として、中国生産が位置づけられているといえよう。

こうした海外展開の地域的広がりと歩みを眺めてくると、日本工作機械産業の海外展開が、欧米と中国を除く東アジアを焦点としていた時代から、現在では中国を含む東アジアへと大きく変化していることが認められよう。特に、多様なニーズを生み出し続けている中国市場に向けての日本工作機械メーカー個々の製品戦略も一段と多様になるだけでなく、その実現を含めて海外生産が重要な位置を占めつつあることが指摘できる。

しかし、今なお日本工作機械産業の輸出先であり受注国である米国については、着実に現地企業との取引を積み重ねているヤマザキマザックと、2011年から米国に生産拠点を本格的に設立したDGM森精機という例もあるが、製品戦略と生産戦略面からすると、東アジア市場での展開とは異なっているようにみえる。それは、東アジアと欧米市場における日本企業製工作機械に対するニーズの違いが反映していると考えられる。

2．工業会・会員企業の中国生産

日本工作機械産業の海外生産がどの程度取り組まれているかを、政府統計で

ているので参照されたい。

把握することはできない。それは、日本産業の海外生産比率を公表している経済産業省の「海外事業活動基本調査」では、工作機械産業については日本産業標準分類・中分類の「生産用機械」に含まれて公表されているからにほかならない。ちなみに、2012年度の「生産用機械」の海外生産比率は11.8%を数えているが、それをもって工作機械産業の海外生産比率を推測することもできない。ただし、2012年3月の工業会・会員企業に対するアンケート調査「工作機械産業の海外生産実態調査[38]」によると、回答企業の54社の海外生産比率は、先の

表2-22 工業会・会員企業の従業員数からみた海外生産規模

企業名	連結従業員数	工作機械、生産設備を含む事業所の従業員数				海外工場	注
		国内従業員	海外従業員	海外構成比	従業員計		
ソディック	2,999	128	1,572	92.5	1,700	タイ2、中国2	②
ツガミ	1,832	374	1,334	78.1	1,708	中国2	
スター精密	1,881	262	639	70.9	901	中国、タイ	②
滝澤鉄工所	667	165	313	65.5	478	台湾、中国	
岡本工作機械製作所	1,726	586	1,101	65.3	1,687	シンガポール、タイ、中国	④
牧野フライス製作所	4,178	1,197	1,992	62.5	3,189	シンガポール、米国、ドイツ	
アマダ	7,956	2,310	988	30.0	3,298	ドイツ、オーストリア、香港	④
シチズンマシナリーミヤノ	1,630	569	183	24.3	752	タイ	
オークマ	3,207	1,776	397	18.3	2,173	中国2	
東芝機械	3,454	556	87	13.5	643	米国	④
DGM森精機	4,159	2,578	260	9.2	2,838	米国、スイス、中国	
高松機械工業	478	400	16	3.8	416	タイ	
エンシュウ	944	690	-	-	690		③
オーエム製作所	366	159	-	-	159		①
合計	-	11,750	8,882	43.0	20,632		
参考：ヤマザキマザック	7,300	-	-	約50%	-	米国、イギリス、シンガポール、中国2	⑤

注：①海外の事業所は、工作機械セグメントでは記載なし。
　　②海外の事業所は、他のセグメントを含む。
　　③海外の事業所は、工作機械セグメントでは記載なし、国内の事業所は、他のセグメントを含む。
　　④国内外の事業所は、他のセグメントを含む。
　　⑤参考のヤマザキマザックの海外従業員数50％には、サービス人員を含んでいる。
資料：各企業の2014年3月期決算の有価証券報告書。スター精密は、2014年2月期決算。また、シチズンマシナリーミヤノは、シチズンホールディングス、オーエム製作所は、ダイワボウホールディングスの連結子会社であり、それらの有価証券報告書、より作成。

---

38) 会員企業82社対象、回答企業54社、一般社団法人日本工作機械工業会（2012）、133-134頁。

経済産業省の調査結果にあった「生産用機械」の11.8％と偶然とはいえ、同じ11.8％であった。この結果を基にして今後の工作機械の海外生産比率の推移を「生産用機械」の海外生産比率に重ねることには無理があるが、一定のイメージを得ることはできるであろう。その工業会の実態調査では、2020年頃の海外生産比率を21.7％と予測している。

ところで、表2-22は、工業会・会員企業で海外現地法人を設立している企業のうち、工作機械事業を主とし上場している企業の有価証券報告書に「工作機械、生産設備」と記載されている事業所の国内外の従業員数を集計したものである。

表によると、「工作機械」、あるいは「生産設備」等の記載がある事業所の国内と海外の生産事業所の従業員数の構成比は、ソディックの海外構成比が92.5％と最も高く、順にツガミ78.1％、スター精密70.9％、滝澤鉄工所65.5％、岡本工作機械製作所65.3％、牧野フライス製作所62.5％と続いている。こうした生産事業所の従業員数の構成比をもって、海外生産比率とすることはできないが、それぞれの企業における海外生産がかなり高い水準にあることを理解する手がかりにはなろう。

この点、表2-23のツガミの有価証券報告書に記載されている日本と中国における「生産事業所」の従業員数と生産金額の推移は示唆的である。

表2-23 ツガミの海外生産状況と国内外従業員

単位：百万円、％

		11年3月期	12年3月期	13年3月期	14年3月期	4期平均
生産金額	日本	39,747	37,847	31,482	24,112	33,297
	中国	7,494	9,577	27,833	14,447	14,838
	合計	47,241	47,425	59,316	38,560	48,136
海外生産比率		15.9	20.2	46.9	37.5	30.8
期末従業員数	日本	440	402	387	374	401
	中国	343	1,209	907	1,334	948
	合計	783	1,611	1,294	1,708	1,349
海外従業員比率		43.8	75.0	70.1	78.1	70.3
1人当たり生産額	日本	90	94	81	65	83
	中国	22	8	31	11	18

資料：株式会社ツガミ「有価証券報告書」各決算期、より作成。

これによると、ツガミの金額ベースの海外生産比率は、11年3月期15.9％、12年3月期20.2％、13年3月期46.9％、14年3月期37.5％、この4期平均で30.8％であるのに対し、海外従業員比率は、11年3月期43.8％、12年3月期75.0％、13年3月期70.1％、14年3月期78.1％、この4期平均で70.3％となっている。これを4期平均の比でみると、1対2.3ほどになる。また、1人当たりの生産額を比較すると、日本は中国に対して4.6倍ほどになっている。これを単純に生産性の違いとはいえないが、両者を比較する上では、注目すべき指標の一つとして考えられる。いずれにしてもツガミの海外生産比率と国内外の生産事業所の従業員数の比率と生産額については、先の表2-22に掲載した企業の海外生産の実態を数値的にイメージするのに有益であると考えている。

　また、わが国の工作機械産業のトップメーカーであるヤマザキマザックの海外生産比率については、数量ベースで50～60％、金額ベースでは30～40％とのことである。少なくとも、こうした企業の海外生産高と、ここでの国内外生産事業所の従業員数の構成を眺めるならば、わが国の工作機械産業の海外生産比率は、先の調査及びデータに示されている1割強、あるいはもう少し高い水準に達しているのではないかとイメージすることができよう。

3．海外におけるサービス体制の実態

　さて、第1章では、半導体製造装置産業が生産設備産業であり、需要の大半が海外であることから、海外ユーザー企業に対して設備メンテナンスなどのサービス体制が不可欠となり、それゆえにサービス体制を十分に整えにくいとされる中小装置メーカーの競争力に影響を及ぼしていることを指摘したが、ここでの工作機械産業も同様の問題に直面していると考えられる。とはいえ、すべての中小工作機械メーカーが、海外市場に向けての販売を、自前のサービス体制の不備を理由に断念しているわけではない。たとえ、海外サービス体制が十分でなくとも、それを回避すべく様々な対応に取り組んでいる[39]。

　たとえば、設備メンテナンスができる業者と販売代理店契約をすることで解

---

39) 中小製造業のサービス事業の実態と分析等に関しては、奥山雅之（2015）が有益である。

決を図るというやり方もある。あるいは、工作機械の機種によっては故障等の修理がそれほど発生しないものもあるので、その場合には、国内外からの修理要請に即対応するというような出張体制を整えるとか、日々のメンテナンスをマニュアル化しユーザー自身に取り組んでもらうような関係づくりを構築しておくとか、その対策は様々ある。しかし、そうした対応を事前に準備しようとも、ユーザー企業の立地する地域・国でサービス体制を整えている大手工作機械メーカーと比べると、やはり見劣りすることは否めない。

　この点、表2－24は、設備メンテナンス等のサービス体制を整えていると思われるわが国の主要工作機械メーカーの海外サービス拠点を、各企業のホームページから分類し数えあげたものである。こうした海外拠点の抽出を、有価証券報告書でなく、ホームページで実施した理由は、ホームページの方がこれらの情報の面で詳細かつ充実していることと、工作機械メーカーの多くが非上場であるからにほかならない。ただし、各企業のホームページ上にみられる海外拠点の名称は多様であり、それらの機能を正確に把握することは難しい。したがって、ここでは正確性に重きを置くのではなく、販売、サービス機能を持つであろう海外拠点がどの程度展開されているか、そのイメージをつかむためのデータとして提示しておくことにする。

　さて、海外生産に踏み込んでいる企業のうち、海外拠点が最も多いのは、DMG森精機であり、その拠点数は88ヵ所（テクニカルセンタ）に及んでいることが認められる。順に、ヤマザキマザックの46ヵ所（テクノロジーセンタ、テクニカルセンタ）、オークマ32ヵ所（サポート・海外拠点）、ツガミ26ヵ所（販売網）、シチズンマシナリーミヤノ20ヵ所（海外拠点）、牧野フライス製作所18ヵ所（海外営業拠点）、スター精密16ヵ所（ネットワーク）、ソディック13ヵ所（関係会社）などが続く。

　また、連結従業員数が1,000人未満では、エンシュウ10ヵ所（海外拠点）、滝澤鉄工所10ヵ所（海外営業）の2社が最も海外拠点を多く構え、順に大阪機工6ヵ所（グループ会社）、高松機械工業6ヵ所（サービス）、シギヤ精機製作所4ヵ所（関連会社）などが続く。

　他方、海外生産がなく、連結従業員が1,000名を超える企業では、不二越が

表2-24 工作機械メーカーの海外サービス拠点の展開状況

	企業名	主要製品	連結従業員数	北米	欧州	中国	アジア	その他	合計	記載名
海外生産あり	ヤマザキマザック	MC	7,480	12	15	6	13		46	テクノロジーセンタ等
	牧野フライス製作所	MC	4,178	3	7	1		1	18	営業拠点
	DGM 森精機	MC	4,159	19	36	12	14	7	88	テクニカルセンタ
	オークマ	MC	3,207	5	5	10	6	6	32	サポート・海外拠点
	ソディック	放電加工	2,999	1	2	4	6		13	関係会社
	光洋機械工業	研削盤	2,407			2	2		4	販売サービス
	富士機械製造	旋盤	2,027	1	1	2			4	連結子会社
	スター精密	自動旋盤	1,881	3	5	4	4		16	ネットワーク
	ツガミ	自動旋盤	1,832	1	15	1	8	1	26	販売網
	岡本工作機械製作所	研削盤	1,726	1	1	1	2		5	グループ会社
	シチズンマシナリーミヤノ	自動旋盤	1,630	4	4	5	7		20	海外拠点
	コマツ NTC	FMS	1,324	1	1	4	2		8	アフターサービス
	エンシュウ	FMS	944	1	1	3	5		10	海外拠点
	豊和工業	MC	924						0	
	ホーコス	FMS	704	1			2		3	関連会社
	滝澤鉄工所	MC	667	2	1	4	3		10	海外営業
	大阪機工	MC	625	1	1	2	2		6	グループ会社
	ミクロ機械	ガンドリル	600	1					1	営業事務所
	高松機械工業	タレット	478	1	1	2	2		6	サービス
	中村留精密工業	複合機	430	1	4				5	海外駐在拠点
	オーエム製作所	立旋盤	366	1		1	1		3	サービスネットワーク
	シギヤ精機製作所	研削盤	277	1		1	2		4	関連会社
	倉敷機械	中ぐり盤	260	1		1	1		3	事業所
	池貝	旋盤	245			1			1	関係会社
	西田機械工作所	FMS	97	1		1	1		3	事務所、提携先
	清和鉄工	ホブ盤	75			1			1	関連会社
	紀和マシナリー	MC	75	1		1			2	海外拠点
	キリウテクノ	旋盤	54						0	
海外生産なし	不二越	ブローチ盤	6,072	11	6		7	1	29	販売拠点
	新日本工機	MC	1,014	2	3		7		14	ネットワーク
	三井精機	MC	733	1	1		1	1	5	海外法人
	松浦機械	MC	292	2	3		1		9	海外拠点
	安田工業	MC	260	1	1				5	営業所・現地法人
	東京精機工作所	研削盤	70						0	
	市川製作所	研削盤	50						0	
	大宮マシナリー	研削盤	50						1	営業所
参考	中村留精密工業	複合機	430	2	18	1	4	4	29	販売代理店
	野村 DS	自動旋盤	50	1	3				7	販売店契約

注:上記は、各企業の海外拠点の中から、生産のみを手がける拠点を除いた上で、何かしらサービス機能を備えているであろうところを任意に取捨選択した結果である。また、従業員数については、海外法人の展開を含むために、連結決算対象の従業員数を表示している。
資料:連結決算従業員は、上場企業が有価証券報告書、非上場企業が各企業のホームページ。また、海外サービス拠点については、すべて各社のホームページ、より作成。

29ヵ所（販売拠点）、新日本工機が14ヵ所（ネットワーク）を数えている。また、1,000人以下では、松浦機械9ヵ所（海外拠点）、三井精機5ヵ所（海外法人）、安田工業5ヵ所（営業所・現地法人）となっている。

　以上のような結果を眺めたとき、次のような特徴を指摘することができる。一つは、海外拠点が20ヵ所以上の企業は、DGM森精機、ヤマザキマザック、オークマ、不二越、ツガミ、シチズンマシナリーミヤノの7社であることがあげられる。これら企業の連結従業員数はいずれも1,000人を超えている。

　二つは、海外サービス拠点を数多く整備することが、規模が小さくなるほど容易ではないことがあげられる。もちろん、規模が大きくとも海外拠点が少ない企業もみられるように、海外展開が企業規模に相関するわけではない。しかし、外需依存が強まり、海外に販売及びサービス拠点を構えることの必要性が高まろうとも、それを全世界で展開することは規模が小さくなればなるほど条件が厳しくなることはいうまでもない。

　この点、参考に示した中村留精密工業の販売代理店の展開は示唆的である。中村留の自前の海外拠点は、表に示したとおり北米1ヵ所、欧州4ヵ所の合計5ヵ所を数えるが、販売代理店は、欧州を中心に世界で29ヵ所に及んでいる。同様に、自前の海外拠点を展開していない野村DS[40]は、7ヵ所の販売店契約で海外需要に対応している。その内の1ヵ所である台湾の販売代理店については、販売力に優れているだけでなく、野村製品のメンテナンスを問題なくこなすことができる企業であると評価している。また、中国に営業所を1ヵ所構える大宮マシナリー[41]によると、芯なし研削盤はほとんど故障がないことから、海外での修理等に関しては、国内から派遣するという体制を整えることで問題はないという。他方、市川製作所[42]では、迅速なる海外メンテナンス体制が整えられないということが大手自動車メーカーの海外工場からの受注の減少の理

---

40) 野村DS（ヒアリング調査を行った2013年9月18日現在は、野村VTC）の台湾における代理店の販売、サービス体制は充実しており、そのことが野村製品の台湾市場における野村製品の評価を高めている一因でもあるという。
41) 2013年9月19日のヒアリング調査による。
42) 2013年9月25日のヒアリング調査による。

由の一つではないかと否定的に捉えている。

　いずれにしても、日本工作機械産業にとって、国内市場の拡大を期待したとしても、それを大きく上回る海外市場に向けてのサービス体制の整備が急がれている。現状では、大手工作機械メーカーを中心に海外サービス拠点が整備されているのに対し、必ずしも企業規模のみに相関するというわけではないが、小規模工作機械メーカーほどその拠点数が多くない。また、自社の不足をサービス対応のできる販売代理店によりカバーしようとしているが、こうした対応もさらなる海外の市場獲得という観点からすると十分ではない。ここに、今後の日本工作機械産業の外需対応におけるサービス体制の一つの課題をみていかなくてはならない。

第3章　半導体製造装置産業における競争関係と寡占化の構造

　ここまでみてきたように外需依存を強めている半導体製造装置産業と工作機械産業ではあるが、それぞれにおけるユーザー産業、ユーザー企業の構成は大きく異なっていた。工作機械産業においては、海外の膨大な数にのぼる海外産業・企業、さらには日本産業・企業をユーザーとして構成しているのに対し、半導体製造装置産業においてはインテル、サムスン、TSMCなどの上位3社の海外企業に大きく依存すると共に、ユーザーの寡占化を指摘することができた。

　こうしたユーザー構成の違いが、それぞれの産業内の競争関係にどのように影響していくのだろうか。こうした点を明らかにするには、両産業における企業間競争の構造がどのように形成されているかを、産業的な視点と個別企業レベルの視点から分析していく必要がある。

　この点、著者が入手した資料の範囲では、工作機械産業の企業間競争については、第2章で取りあげた製品構成、製品領域における企業構成などの統計、業界調査データ、及び単発的な事例研究に限定されていた。他方、半導体製造装置産業については、電子ジャーナル編『半導体製造装置データブック』が、装置ごとに上位企業の売上シェアを推計しており企業間競争の変化を概観することが可能になっている。ただし、このデータは、企業が公表していない装置別の販売高などを各種データから推計しているものであり、正確性という点では問題はあるが、ここでの分析が当面する日々の競争関係ではなく、年単位でしかも過去の推移等に基づき世界の製造装置メーカーの競争関係の変化を対象とするものであるから、特に支障はないと考えている。

　こうしたデータ上の制約を念頭に置きながら、本章では、半導体製造装置産業の産業内の競争関係の変化を、次の二つの視角からみていくことにする。一つは、主要装置ごとに推計されている売上高上位の装置メーカーの構成と、そのメーカーのシェアの推移に基づく競争関係の変化に着目するというものであ

る。もう一つは、装置産業の競争関係を日本企業と欧米企業という集団として捉え分析するという視角である。さらに、こうした競争関係を理解する手がかりとして、欧米企業と日本企業における「買収・合併・提携等」の取り組み状況に注目すると共に、次代の業界再編の行方を展望していくことにする。

第1節　半導体製造装置産業の競争関係と寡占化

1．産業内における競争関係と寡占化の進展状況

ここでは、半導体製造装置産業の競争関係を、産業全体と装置別、さらには中小メーカーの存立という視点から整理していくことにする。

（1）　上位20社の売上高構成比と企業構成の変化

表3－1は、世界の半導体製造装置の売上高上位20位までの企業名を表したものである。

ここで最も注目したいのは、売上高上位を構成する企業の構成比合計の変化である。上位50社[1]に占める上位20社の構成比合計を眺めると、93年72.1％、00年83.0％、12年89.4％と増加し、上位10社の構成比合計でも、93年52.6％、00年66.7％、12年74.9％と増加し、そして上位5社の構成比合計も、93年35.8％、00年49.4％、12年56.6％と増加していることが認められる。この結果は、世界の半導体製造装置産業の売上が、上位企業に集中し続けていることを示している。

こうした上位企業への構成比集中は、装置メーカーサイドのみからみると、特定の有力装置メーカーの競争力が高まっていること、半導体製造装置に関わる研究開発費の高額化に対応できる企業が限られていること、などを背景としていることはいうまでもない。

また、上位5社の企業と構成比合計を眺めると、日本企業が93年4社24.5％、00年2社15.7％、12年1社12.7％と企業数と構成比を減らしているのに対し、

---

1) ここでは、表3－1に注記しているように、上位50社の合計に対する構成比である。

表3－1　上位20社の装置メーカー売上高構成（上位50社合計比）

順位	1993				2000				2012			
	国	メーカー名	構成比	累計	国	メーカー名	構成比	累計	国	メーカー名	構成比	累計
1	米	AMAT	11.3	11.3	米	AMAT	22.6	22.6	米	AMAT	15.6	15.6
2	日	東京エレクトロン	9.7	21.0	日	東京エレクトロン	11.1	33.6	欧	ASML	12.8	28.3
3	日	ニコン	7.1	28.2	欧	ASML(SVGを含む)	6.6	40.2	日	東京エレクトロン	12.7	41.0
4	日	アドバンテスト	3.9	32.0	日	アドバンテスト	4.6	44.8	米	Lam Research	8.3	49.3
5	日	キヤノン	3.8	35.8	米	Teradyne	4.5	49.4	米	KLA-Tencor	7.3	56.6
6	米	Lam Research	3.6	39.5	米	KLA-Tencor	4.3	53.7	日	大日本スクリーン	4.6	61.1
7	日	日立製作所	3.5	43.0	日	ニコン	4.1	57.8	欧	ASMI	3.8	64.9
8	日	大日本スクリーン	3.4	46.4	米	Lam Research	3.5	61.3	日	アドバンテスト	3.7	69.0
9	米	Schlumberger	3.2	49.5	米	Novellus Systems	2.9	64.2	日	日立ハイテク	3.2	72.2
10	米	Teradyne	3.1	52.6	日	大日本スクリーン	2.5	66.7	日	ニコン	2.7	74.9
11	欧	ASMI	2.6	55.3	日	キヤノン	2.3	68.9	米	Teradyne	2.7	77.6
12	米	SVG	2.5	57.7	日	日立製作所	2.0	71.0	日	ディスコ	1.9	79.5
13	日	Varian	2.4	60.1	欧	ASMI	1.9	72.9	日	日立国際電気	1.7	81.2
14	米	Eaton	2.3	62.4	米	Axcelis	1.8	74.7	米	Kulicke & Soffa	1.7	82.8
15	日	国際電気	2.0	64.4	米	Varian Associates	1.7	76.4	米	Veco Instruments	1.2	84.1
16	米	KLA Instruments	1.8	66.2	米	Credence Systems	1.6	78.0	日	ニューフレア	1.2	85.2
17	欧	ASML	1.7	67.9	米	Kulicke & Soffa	1.4	79.5	日	荏原製作所	1.1	86.3
18	米	LTX	1.6	69.5	日	日立国際電気	1.3	80.7	日	キヤノン	1.0	87.4
19	米	Kulicke & Soffa	1.5	71.0	米	Agilent	1.2	81.9	韓	SEMES	1.0	88.4
20	米	Novellus Systems	1.1	72.1	日	ディスコ	1.1	83.0	日	東京精密	1.0	89.4
	上位50位売上高合計		102億ドル		上位50位売上高合計		450億ドル		上位50位売上高合計		422億ドル	
企業計	5位	日本企業構成比	4社	24.5	5位	日本企業構成比	2社	15.7	5位	日本企業構成比	1社	12.7
		欧米企業構成比	1社	11.3		欧米企業構成比	3社	33.7		欧米企業構成比	4社	43.9
	20位	日本企業構成比	7社	33.4	20位	日本企業構成比	8社	27.8	20位	日本企業構成比	11社	34.7
		欧米企業構成比	13社	38.7		欧米企業構成比	12社	54.1		欧米企業構成比	8社	53.6
参	製造装置市場規模		102億ドル		製造装置市場規模		476億ドル		製造装置市場規模		369億ドル	

注：本来、各装置メーカーのシェアについては、世界の装置市場規模に対する構成比をもって算出するが、ここでは上位50社の売上高合計に対する構成比を掲載している。それは、決算期の異なる上記企業の売上高を、暦年に換算し計上しているため、上位20社の合計が全体の100％を超えることもあり（2012年のケース）、それに伴うデータに対する信頼性が落ちるという混乱を避けるためである。全体の市場規模については、参考（参と表示）に記載しているとおりである。また、企業名のAMATとは、Applied Materialsである。

資料：電子ジャーナル編『半導体製造装置データブック』各年版、より作成する。ただし、1993年は1994年版、2000年は2001年版、2012年は2014年版と、掲載年と年版が異なる。

欧米企業は93年1社11.3％、00年3社33.7％、12年4社43.9％と増やしていることが認められる。こうした変化をもたらした一つの要因は、4位、5位に入ってくる米ラムリサーチと米KLAテンコールが、それぞれ大型合併により規模を拡大してきたことに求めることができる。

（2）　主要装置別のシェア上位3社の構成とシェア合計等の変化

次に、製造装置ごとの競争関係を、上位3社のシェア及びシェア合計を表し

表3－2　主要製造装置の売上高上位3社のシェアの変化

単位：％

	装置名	93-95年平均					01-03年平均					10-12年平均				
		1位	2位	3位	1-2計	1-3計	1位	2位	3位	1-2計	1-3計	1位	2位	3位	1-2計	1-3計
前工程装置	露光装置	54	22	16	76	93	45	27	24	72	96	76	18	4	94	98
	コータ＆デベロッパ	46	23	12	70	81	71	13	5	84	89	85	9	4	94	98
	Poly-si用エッチング	36	27	12	63	75	37	33	17	70	87	47	23	18	70	88
	酸化膜用エッチング	37	28	18	65	83	60	17	15	77	92	53	31	10	85	95
	メタル用エッチング	31	27	20	58	77	41	34	15	76	91	56	31	5	87	92
	アッシング装置	25	17	12	42	54	30	18	15	48	63	24	22	19	46	65
	洗浄・乾燥装置	22	13	11	36	47	34	12	11	45	56	54	16	12	70	81
	酸化・拡散炉	41	29	12	69	81	48	24	10	72	82	55	28	8	83	91
	ランプアニール装置	55	21	12	76	88	79	16	2	94	97	81	9	8	90	98
	中電流イオン注入装置	51	24	17	75	92	61	20	11	81	92	65	22	6	87	93
	高電流イオン注入装置	55	25	19	80	99	49	22	18	71	89	76	14	8	91	99
	高エネルギーイオン注入	48	26	19	73	92	39	29	18	68	86	53	24	14	77	92
	減圧CVD装置	32	23	18	55	73	42	25	10	67	77	48	35	9	82	91
	プラズマCVD装置	59	24	8	84	92	62	28	7	91	98	57	30	10	86	96
	メタルCVD装置	58	19	9	78	87	47	29	17	76	93	36	29	26	65	92
	スパッタリング装置	50	17	14	67	81	75	10	7	85	91	66	16	9	81	90
	エピタキシャル	43	28	12	71	82	66	20	5	86	92	45	27	18	72	90
	CMP装置	60	15	10	75	85	56	20	12	76	88	55	37	3	92	95
	ウェーハ検査装置	53	34	5	86	92	54	25	5	79	84	55	17	7	72	79
組立装置	ダイサ	60	16	11	75	87	67	22	4	89	93	82	10	4	92	96
	ダイボンダ	28	22	13	49	63	29	17	13	46	59	25	25	20	50	70
	ワイヤボンダ	36	25	16	60	76	42	19	17	61	78	51	31	8	83	90
	TABボンダ	37	19	13	56	69	49	23	12	72	84	73	8	6	81	87
	モールディング装置	28	21	15	49	64	29	20	16	49	65	44	22	14	65	79
	マーキング装置	36	17	16	53	69	36	31	17	67	84	81	4	4	85	89
検査装置	ロジックテスタ	27	18		45	45	28	22	16	50	66	49	32	6	81	87
	メモリテスタ	34	16	12	50	63	67	13	9	80	89	74	16	7	90	97
	ミクストシグナルテスタ	32	20	14	52	66	32	21	16	53	69	50	33	9	83	93
	プローバ	43	34	18	77	95	40	38	13	78	91	50	41	3	91	94
	ハンドラ	29	15	11	44	55	37	21	10	58	68	36	34	12	70	82
	バーンイン装置	30	15	12	45	56	24	22	20	46	66	32	22	17	54	72
他	電子ビーム描画装置	27	23	21	50	71	36	29	19	65	84	89	5	0	93	93
	マスク・レチクル検査	67	13	10	80	90	69	10	8	79	87	43	21	17	64	82
	単純平均	42	22	14	63	77	48	22	13	70	83	57	22	9.9	79	89
参考	1位企業のシェア70％以上の装置数	0					3					8				
	1-2位のシェア合計80％以上の装置数				3					7					21	
	1-3位のシェア合計90％以上の装置数					8					11					21

注：常圧CVD装置は、市場が小さいこと、Cuめっき装置は93-95年が計算されていないことから分析対象から除外している。上記はあくまでも、各時点のシェアの順位を取りあげたものであって、企業の順位変動を示してはいない。たとえば、「露光装置」については、周知の通りシェア1位企業が、ニコンからASMLに代わっているが、それを上記では表示していない。なお、資料では、露光装置は、「ステッパ＆スキャナ」と表示されている。

資料：電子ジャーナル編『半導体製造装置データブック』各年版、より作成。

た表3－2にしたがってみていくことにしよう。

　この表全体を眺めたとき、装置個々に程度の差はあるが、売上高上位3社のシェアが時を経るにしたがって、拡大し続けていることが指摘できる。事実、「10－12年平均」の「1－3位計」の単純平均では、89％とほぼ9割近くに達しているように、製造装置全体では寡占化が大きく進展していることが認められる。

　さらに、寡占化の進展状況を眺めてみると、次のような特徴を指摘することができる。一つは、各装置における売上高トップ企業のシェアが、単純平均ベースであるが、「93－95年平均」時点で42％を数え、「10－12年平均」では57％に達するというように、トップ企業のシェアが拡大しているだけでなく、圧倒的な影響力を持つレベルに達していることが注目できる。

　この点、「10－12年平均」では、33装置のうち8装置が、シェア70％を超えている。いったい、トップ企業においてシェアが7割、8割を超えるというのは、半導体メーカーとの取引上の力関係や製品調達の安全性等を重視した2社購買にどう影響することになるのであろうか。

　他方、トップ企業のシェアが、必ずしも5割を超えるほど高くない装置、あるいはシェアが逆に低下している装置もみられるなど、寡占化といいながらもすべてがトップ企業のシェア拡大の方向にあるわけではないことにも留意する必要がある。しかし、主要装置に関しては、「10－12年平均」の「1－3位計」にみられるように、アッシング装置が65％で最も低く、他はすべて70％以上であることから明らかなように、主要装置のすべてが寡占状態といえるのである。

　ところで、個々の装置を、機能別に細分化したときには、トップ企業のシェアの高さに関わりなく、また寡占化の程度に関わりなく、トップ以外の企業による独占状態の装置が存在していることを、ここでの主要装置ごとの分析において念頭に置いておきたい。

　それは、たとえば「マスク・レクチル検査装置」においてみられる。日本企業のレーザーテック[2]は、13年（予測）で世界シェア29％であるが、装置を細分類した「マスク・レクチルの位相シフト量測定装置」ではシェア100％を獲

2）資本金931百万円、従業員数（連結）251人、有価証券報告書2015年3月期より。

得し、またライバルのKLAテンコールは他の装置において高いシェアを構成しているのである。こうした競争関係については、ここでは分析対象としていないことを断っておきたい。

（3） 寡占化がもたらす装置産業内の競争関係と中小メーカーの存立

　そうした多様な競争関係を備えながらも、装置産業全体を通じてみると寡占化の進展は顕著であり、そのことが多くの装置メーカーの事業縮小と多角化、あるいは撤退をもたらしてきたことは否定できない。

　ところで、表3-3は、表3-2に示した主要な製造装置にとどまることなく、ネット上の「SEMILINKS[3]」にみられる企業情報から、装置ごとに掲載されている装置メーカーを、それぞれのホームページ、有価証券報告書等で取捨選択すると共に、大企業と中小企業に分類した結果である。ただし、このデータが、先に指摘してきたような事業撤退による装置メーカー数の減少をどこまで正しく把握できているかは定かではなく、ましてや事業縮小というケースを把握するデータとしての内容を備えていないことはいうまでもない。また、先の装置ごとの売上高上位3社のシェアは、世界全体の企業を対象としているのに対し、このデータに基づく集計結果は、日本国内メーカーに限定していることに留意する必要がある。

　さて、この表からは、次のような特徴が指摘できる。一つは、155装置のうち11装置が装置メーカー数を10社以上としているが、残りの144装置（1装置は日本企業はゼロ）の装置メーカー数は一桁にとどまっていることがあげられる。

　二つは、「大企業」と「中小企業」が、それぞれ105社、219社を数えているように、多くの大企業が関わっていることがあげられる。これらの大企業をホームページなどで事業領域を確認すると、製造装置を主力事業としている企業だけでなく、他に主力事業を展開している企業を数多くみることができる。また、これは工作機械産業に比べ大企業の構成が高いことを示している。ちなみ

---

[3]「SEMILINKS」については、表3-3の注記のとおりであるが、このネット上の運営主体がSEMILINKSという以外は、確認できていない。

表3－3 「SEMILINKS」に基づく日本装置メーカーの構成（155装置）

			大	中小	計				大	中小	計
Bマスクレクチル製造用	1	マスク露光装置	2	1	3		6	高エネルギーイオン	3	0	3
	1	マスクレジスト除去	0	1	1		6	低エネルギーイオン	1	0	1
	2	マスク洗浄・乾燥	2	17	19		7	常圧CVD装置	1	1	2
	2	コータデベロッパ	1	2	3		7	プラズマCVD	3	3	6
	2	エッチング装置	0	2	2		7	高密度プラズマCVD	4	0	4
	3	ストッカー	1	4	7		7	絶縁膜蒸着装置	0	2	2
	3	異物検査装置	3	1	4		7	絶縁膜用コータ	2	0	2
	3	欠陥検査装置	2	4	6		7	スパッタリング	1	3	4
	3	リペア測定装置	2	1	3		7	メタルCVD装置	1	1	2
	3	寸法ピッチ測定	1	1	2		7	真空蒸着装置	1	0	1
	3	各種マスク検査	0	1	1		7	めっき装置	2	2	4
		延べ企業数	16	35	51		7	エピタキシャル	2	1	3
		集計企業数	12	28	40		7	MBE装置	1	2	3
Cウエハ製造用	1	単結晶引上装置	3	1	4		7	MOCVD装置	2	2	4
	2	スライシング	4	3	7		8	自動異物検査装置	2	1	3
	2	ウエハエッジ研磨	4	0	4		8	自動パターン欠陥	1	3	4
	3	両面研磨装置	6	0	6		8	自動結晶欠陥検査	1	3	4
	3	グラインダー	4	1	5		8	自動マクロ検査	3	1	4
	3	ラッピング	2	4	6		8	外観検査用SEM	3	0	3
	3	剥離・洗浄装置	3	0	3		8	外観光学顕微鏡	1	0	1
	3	ウエハ製造検査	2	1	3		8	異物分析装置	4	2	6
	3	形状・欠陥検査	2	3	5		8	有機汚染測定装置	1	1	2
		延べ企業数	30	13	43	D〃	8	測長SEM装置	1	0	1
		集計企業数	14	13	27		8	光学式寸法測定	0	1	1
Dウエハプロセス用処理装置	1	露光装置	2	0	2		8	重ね合わせ検査	0	1	1
	1	マスクアライナー	2	7	9		8	膜厚保測定装置	1	2	3
	1	電子ビーム露光	2	3	5		8	エリプソメータ	1	3	4
	1	レーザー露光	0	1	1		8	平坦度測定装置	3	2	5
	2	アッシング装置	6	7	13		8	ウエハ厚測定装置	0	4	4
	2	レジスト除去	2	4	6		8	段差表面粗さ測定	0	3	3
	2	コータデベロッパ	3	4	7		8	イオン注入量測定	0	0	0
	2	UVキュアー	2	0	2		8	蛍光X線分析装置	0	1	1
	2	周辺露光装置	1	0	1		8	抵抗測定装置	1	2	3
	2	シリコンエッチャー	4	3	7		8	PN判定装置	0	3	3
	2	ポリシリコンエッチャー	3	1	4		8	ライフタイム測定	1	2	3
	2	酸化膜エッチャー	4	1	5		8	ダメージ測定装置	1	1	2
	2	メタルエッチャー	1	1	2		8	ストレス測定装置	0	1	1
	2	各種材料エッチャー	5	5	10		9	CMP装置	3	2	5
	2	ウェットエッチング	3	5	8		9	CMP後洗浄装置	1	0	1
	4	ウエハ洗浄装置	9	15	24		9	スラリー供給装置	4	3	7
	4	ドライ洗浄装置	1	4	5		9	スラリー回収装置	1	3	4
	4	乾燥装置	5	6	11		10	ナノインプリント	4	14	18
	4	ウエハスクラバ	2	4	6		10	バックグラインダ	3	1	4
	4	酸化・拡散装置	4	3	7		10	テープ貼付剥離			
	5	LPCVD装置	4	3	7			延べ企業数	147	159	306
	5	アニーリング	4	2	6			集計企業数	55	103	158
	5	RTP装置(ランプアニール)	4	2	6	E	1	ウエハマウンタ	1	3	4
	6	中電流イオン注入	3	0	3		1	ダイシングソー	2	1	3
	6	高電流イオン注入	2	0	2		1	チップ分離フレーム洗浄	0	1	1

			大	中小	計				大	中小	計
E 組立用装置	1	チップ移載装置	4	2	6	F 検査用装置	1	LCDドライバ	1	3	4
	2	ダイボンダ	5	0	5		1	測定器	0	1	1
	2	COGボンダ	2	1	3		2	プローバ	3	5	8
	2	ダイボンダ関連	3	0	3		3	ICテストハンドラ	5	16	21
	2	リワーク装置	0	2	2		4	レーザーリペア	0	0	0
	2	ワイヤボンダ	3	1	4		4	バーンインシステム	2	3	5
	2	テープボンダ（TAB）	0	3	3		5	温湿度試験装置	3	0	3
	2	フリップチップボンダ	6	3	9		5	熱衝撃試験装置	3	0	3
	2	バンプボンダ	1	0	1		5	加速寿命試験装置	2	1	3
	3	モールディング	6	1	7		5	専用評価装置	2	0	2
	3	ポッティング装置	0	1	1		5	IC開封・切断加工	1	1	2
	3	気密封止装置	1	0	1		5	形態観察装置	5	1	6
	3	はんだボール搭載	1	5	6		5	表面分析装置	3	0	3
	3	リフロー装置	3	0	3		5	無機物等分析装置	4	1	5
	3	ドライ洗浄・乾燥	3	6	9		5	有機物等分析装置	3	2	5
	3	CSPボンダマウンタ	4	0	4		5	熱分析装置	2	1	3
	3	CSP関連装置	2	3	5		5	故障解析装置	2	0	2
	3	インクマーキング	0	1	1			延べ企業数	45	54	99
	3	レーザマーキング	3	1	4			集計企業数	17	35	52
	3	テーピング装置	3	10	13	G 半導体製造装置用関連装置	1	ウエハ移載機	0	8	8
	3	UV照射装置	2	6	8		1	オリフラノッチ合わせ機	0	1	1
	3	アセンブリ関連	1	4	5		1	ウエハストッカー	1	1	2
	3	めっき装置	2	5	7		1	石英管・治具保管	2	1	3
	3	リード加工装置	2	3	5		1	クリーンドラフト	0	1	1
	3	ウエハ梱包装置	2	0	2		1	ウエハマーキング	1	0	1
	4	IC外観検査装置	7	8	15		1	ウエハ読み取り	1	1	2
	4	X線検査装置	3	3	6		1	ウエハソータ	4	1	5
	4	ボンディングテスト	0	2	2		1	キャリア外観検査	0	1	1
	4	バンプ検査映像	5	2	7		1	キャリア洗浄装置	1	9	10
	4	超音波探査映像	1	2	3		1	石英管・治具洗浄	2	8	10
		延べ企業数	76	84	160		1	ブラスター	1	2	3
		集計企業数	40	56	96			延べ企業数	15	36	51
F	1	混在型テスト	1	5	6			集計企業数	11	29	40
	1	ロジックテスト	1	5	6			延べ企業数・単純合計	329	381	720
	1	メモリテスト	1	3	4			集計企業数・装置全体	105	219	324
	1	リニア（ミクストシグナル）	1	5	6						
	1	イメージセンサ	0	1	1			1企業当たり装置数	3.1	1.7	2.2

注：下記の「SEMILINKS」のホームページには、上記の装置ごとに、国内企業、海外企業、販売商社等の企業名が記載されている。そのうち、国内の装置メーカーを抽出し、現在も企業として存続しているかを、企業個々のホームページで確認し、企業数を算出している。大企業と中小企業の区分については、資本金（3億円以下）と従業員数（300人以下）を基準にしているが、上場していない企業で、ホームページ上に資本金と従業員数のいずれかのみの記載の場合には、記載されている一つのみで振り分けている。大企業の子会社等については、大企業に分類している。延べ企業数とは、各装置の製造企業数の単純合計である。集計企業数とは、各装置群に区分したとき、その区分内の装置を、単数、複数に関わりなく1社として再集計した企業数である。また、集計企業数・装置全体とは、複数の装置に関わる企業を1社として再集計した企業数である。
　網掛けについては、表3－2に示した電子ジャーナル編『半導体製造装置データブック』で取りあげられた主要装置を表している。またウエハプロセス用処理装置のうち、「8の検査評価装置」については、主要装置を特定することができず、すべて網掛けしているが、「濃い網掛け」が該当するのではないかと考えている。なお、下資料では、「ウエハ」と表示している。
資料：「SEMILINKS」（http://www.semilinks.com/index.htm），より作成する。

表3－4　各種分類と「SEMILINKS」データ企業との捕捉関係

日本半導体製造装置協会基準				生産動態統計調査基準				工業統計調査基準				算出事業所数
分類	大	中小	計	分類	大	中小	計	分類	大	中小	計	
マスク・レクチル	12	28	40	－	－	－	－	－	－	－	－	－
ウェーハ製造用装置	14	13	27	ウエハ製造用装置	14	13	27	－	－	－	－	－
ウェーハプロセス用	55	103	158	ウエハプロセス用	55	103	158	ウェーハプロセス用	54	88	142	129
組立用装置	40	56	96	組立用装置	40	56	96	組立用装置	29	47	76	109
検査用装置	17	35	52	半導体・IC測定器	17	35	52	半導体・IC測定器	20	40	60	130
製造装置用関連	11	29	40	製造装置用関連	19	50	69	製造装置その他	19	50	69	161
－	－	－	－	－	－	－	－	電気計器	16	25	41	72
－	－	－	－	－	－	－	－	電気測定器	14	14	28	194
単純合計	149	264	413	単純合計	145	257	402	単純合計	152	264	416	795
集計企業数	105	219	324	集計企業数	105	219	324	集計企業数	105	219	324	

注：表3－3に登場する企業を、各基準にしたがって分類した結果を表示している。分類基準が異なろうとも、最終の集計企業数は一致する。また、いくつかの装置については、著者の持つデータにより、企業を追加している。なお、「ウエーハ」の表記は、各データに基づく。以下同じ。
資料：「SEMILINKS」、経済産業省『工業統計調査・品目編』2012年版、より作成。

に、第2章で推計した工作機械メーカーの企業数は750社程度であり、工業会・会員企業に限定すると大企業は48社であった（表2－19参照）。

　こうした特徴がどこまで妥当性を持つかについては、このデータの正確性に関わってくる。それをここでは、第1章で取りあげた各種分類ごとに、表3－3に示した製品分類に企業数を再集計した結果と「工業統計調査・品目編」の算出事業所数を表示した表3－4で確認してみよう。

　表には、三つの基準に基づく装置群ごとに振り分けた企業数を表示しているが、このうち「ウエーハプロセス用」の企業数は、いずれも「産出事業所数」を大きく上回る結果になっている。これは、かつてはプロセス用装置を製造していたが現在は製造から撤退したというケースが含まれていると考えられる。たとえば、プロセス工程の洗浄・乾燥機を手がけていたカイジョー[4]が、開発費を含む多額の資金を要することを理由に事業撤退したことにより、「工業統計調査」の産出事業所では対象外になっているが、先のリストからは未だ外れていないというケースが含まれていると考えられる。

　また、「組立用装置」の企業数は、いずれもが算出事業所数を下回っているが、

---
[4] 資本金90百万円、従業員数160人、親会社澁谷工業、ホームページ（以下では、HPと表示する）より。なお、カイジョーの事業展開については、第4章の事例研究を参照されたい。

複数の事業所を展開している企業が大手企業などに少なくないことを考慮したならば、捕捉率が高いと考えてもよさそうである。

この点、「検査装置」については、協会の分類と異なり「工業統計調査」では、他産業の検査装置を含んだ分類になっているという別の問題があり、両者を単純に比較することはできないが、それでも主な装置メーカーはほぼ捕捉できていると考えている。他方、「製造装置用関連装置」については、「SEMILINKS」では限られた装置のみが取りあげられていることに留意しておきたい。

2．寡占化と買収・合併・提携等の概要

次に、半導体製造産業をめぐる競争関係を、企業の「買収・合併・提携等」という視点から検証していくことにする。本来、こうした分析については、上場企業であるならば企業個々の有価証券報告書、および Annual Report、非上場企業であるならばホームページ等で、詳細に検証する必要があるが、「買収・合併・提携等」に積極的に取り組んでいる欧米企業が主な分析対象であることと、日本企業との比較という点で同じ資料に基づく分析が適切であることから、電子ジャーナル編『半導体製造装置データブック』2013年版と2014年版のデータ（企業概況）に基づき、検証していくことにする[5]。

表3-5　欧米企業と日本企業の「買収・合併・提携等」の取り組み状況

	M＆A等	買収	合併	合弁	統合	子会社化	資本提携	売却	子会社に	独立	延べ件数	集計企業数
欧米企業	プロセス装置	26	4					2		3	35	14
	組立装置	6			1			1			8	3
	検査装置	18	2					2	1		23	7
	計	50	6		1			5	1	3	66	24
日本企業	プロセス装置	5	3	4		2	1		4	1	23	17
	組立装置	2				5			2		9	6
	検査装置	2				1					3	2
	計	9	5	4	1	8	1		6	1	35	25

注：上記の買収等の件数は、下記資料の企業概要に記載されている内容から上記の分類を抽出し、合計したものである。
資料：電子ジャーナル編『半導体製造装置データブック』2013年版、2014年版、より作成。

---

[5] なお、本章の第3節で検討する主要装置の企業ごとのシェアの推移等を表した1994年版から2012年版のデータを眺めたときに、買収・合併等が行われたのではないかというケースも散見されるが、それらは同じデータに基づく比較が適切であるとして取りあげていない。

表3-5は、『半導体製造装置データブック』に取りあげられている装置メーカーの「買収・合併・提携等」の集計結果である。これによると、次のような特徴をみることができる。

一つは、欧米企業の「買収・合併・提携等」の取り組み数が、日本企業の取り組み数に比べ、1社当たり2倍程度に達していることがあげられる。これは、先に指摘した世界の半導体製造装置売上高上位企業において、合併による規模拡大が欧米企業によって図られていることに重なる結果といえる。

二つは、欧米企業の取り組みの内訳をみると、「買収・合併・提携等」の総数66件のうち、「買収」が50件に達していることがあげられる。この大半は「企業買収」が占めているが、「事業買収」が4件含まれていることに留意する必要がある[6]。こうした企業の買収、そして事業の買収とか売却といった経営判断は、企業価値の向上を目指す欧米企業[7]の一つの特徴を反映しているといえよう。

三つは、日本企業の「買収・合併・提携等」の取り組みには、「買収」に片寄ることなく、企業を「子会社化（する）」、「合併（する）」といった取り組みや、どこかの傘下に入り「子会社に（なる）」ことで企業存続・発展に繋げるといった取り組みも少なくないという特徴があげられる。このうち「子会社化」は、関係企業の子会社化とそれ以外がそれぞれ半数を数え、また「子会社に」では、6件のうち5件が関連企業の子会社になるというように、グループ内の事業再編や企業再編を特徴としていることが指摘できる。

このように、限られたデータにみる特徴ではあるが、両者を対比すると、欧米企業は自社の事業領域の充実と拡大を目的とする「買収」に重心を置いているのに対して、日本企業はそうした「買収」のみならず、「子会社化や子会社へ」というグループ事業及び企業の再編というケースも少なくないという違いをみることができる。

---

6) 記載されている欧米企業の買収内容をみると、50件のうち、企業が38件、事業が4件、いずれが不明が8件となっている。
7) KLAテンコール（日本法人）でのヒアリング調査（2013年12月19日）において、欧米企業のこの種の意思決定は、いかに企業価値を高めるかが判断基準になっているとの回答を得た。

また、こうした違いの背景には、日本企業が、系列という閉ざされた関係のみとはいわないまでも、特定の半導体メーカーと共に発展してきたという取引上の特殊性を備えていたことが影響していると考えられる。たとえば、半導体メーカーであった日立製作所の製造装置は、日立製作所の事業所、あるいは関連会社、さらには日立からの独立者による装置メーカーなどが少なからず生産していたことと、成長産業として位置づけられていた半導体製造装置産業に、多くの電機、素材産業に属する大企業が新たに事業部や子会社を設立し参入してきたという経緯も少なからずあることが、その後の縮小過程の中での事業再編と企業再編をもたらした要因の一つに数えられているのである。

　これに対し、欧米企業については、大手電機メーカーから事業分離に基づき設立された装置メーカー[8]もみられるが、半導体産業の拡大発展期には、いわゆるベンチャー企業として設立され、特定の半導体メーカーとの取引に規定されることなく特定領域の技術基盤を築き上げた装置メーカーが少なくない。この点、シリコンバレーで設立されたベンチャー企業を数多く構成する米国企業については、まさにここで焦点となっている「買収」の実施者または対象者であるというように関係づけられる。

第2節　主要製造装置市場における日本企業と欧米企業の競争関係

　次に、主要な製造装置市場における日本企業と欧米企業の競争関係をみていくことにしよう。ここでは、日本市場に限定するのではなく、国内外を含めた「世界市場」における企業間競争に焦点を当てていくことにする。

1．日本企業と欧米企業の競争関係のパターン

　まず、ここでは各装置において、日本企業と欧米企業のいずれが優位であるか否かということと、それがどのように変化しているかということを、「90年

---

[8] 露光装置の蘭ASMLは、元々は蘭フィリップスの技術者により設立された企業であり、資本的には影響力はないものの今なお両社の関係は深い。両社の本社所在地は近く、今なお行き来が盛んなようである。ASMLジャパンのヒアリング調査（2013年12月3日）による。

表3-6 主要な製造装置における日本企業と欧米企業の競争関係

90年代中頃	→ 2010年代	主にプロセス装置（検査除く）		検査装置（前・後工程）	組立装置	装置数
日本企業	→ 欧米企業	露光装置			TABボンダ	2
	→ 拮抗状態			ハンドラ バーンイン	モールディング	3
	→ 日本企業	コータ＆デベロッパ 酸化・拡散炉	洗浄・乾燥装置 減圧CVD	メモリテスタ	ダイサ	6
欧米企業	→ 日本企業					0
	→ 拮抗状態	CMP装置		ミクストシグナルテスト ロジックテスタ マスクレクチル検査		4
	→ 欧米企業	Poly-Si用エッチング ランプアニール 高電流イオン注入 プラズマCVD スパッタリング アッシング装置	メタル用エッチング 中電流イオン注入 高エネルギーイオン注入 メタルCVD エピタキシャル	ウェハー検査装置		12
拮抗状態	→ 日本企業	電子ビーム		プローバ		2
	→ 欧米企業				ワイヤボンダ マーキング	2
	→ 拮抗状態	酸化皮膜用エッチング			ダイボンダ	2

注：上記は、それぞれの製造装置における90年代中頃（1994、95、96年）と2010年代（2010、11、12年）の日本企業と欧米企業のどちらがシェアという点で優位に立っているかを基準に、3つに区分したものである。それぞれの3年ほどの期間において、両者のシェア合計が30％前後以上差がある場合にどちらかを優位として分類している。さらに判断の難しいケースでは、あえていえばどちらに近いかという曖昧な基準で分けている。

資料：電子ジャーナル編『半導体製造装置データブック』1994年～2014年版（03年版と06年版は、発行月の変更と年版の記載の変更により欠番）、より作成。

代中頃（1994、95、96年）」と「2010年代（2010、11、12年)」の両者のシェアを対比させながらみていくことにする。なお、ここでは表3-6の注記に示したように、それぞれのシェア合計が30％前後の差がある場合を基準に優位か否かを分けている。

表3-6によると、「90年代中頃」において、主要装置33装置のうち、日本企業が優位であったのは11装置、欧米企業が優位であったのは16装置、拮抗していたのは6装置であった[9]。

一方、「2010年代」では、日本企業が優位であるのは8装置、欧米企業が優位であるのは16装置、拮抗しているのは9装置となっている。装置数の変化と

---

[9] 社団法人電子情報技術産業協会（2003)、230頁、の折れ線グラフから推測できる日本企業のシェアは、85年約34％、90年約49％である。また、ここでの「90年代中頃」については、94年約43％、95年約45％、96年約43％であった。

しては、日本企業の2装置減少、欧米企業は変わらないが、装置個々では、13装置が異なった競争関係に変化していることが認められる。

こうした欧米企業と日本企業の「90年代中頃」と「2010年代」の競争関係がどのように変化し、現在どのようになっているかを、それぞれの装置における装置メーカーのシェアの推移にも注目しながらみていくことにする。

2．「90年代中頃」に日本企業が優位であった装置の現在

まず、「90年代中頃」に日本企業が優位であった11装置が、「2010年代」においてどのような競争関係にあるかをみていくことにする。

（1）日本企業優位から欧米企業優位に変わった製造装置

日本企業優位から欧米企業優位に変わったのは、先の表3－6に示したとおりプロセス装置の「露光装置」と組立装置の「TABボンダ」の2装置である。ここでは、市場規模が60から80億ドルと最も大きい「露光装置」の競争関係の変化をとりあげていくことにする。

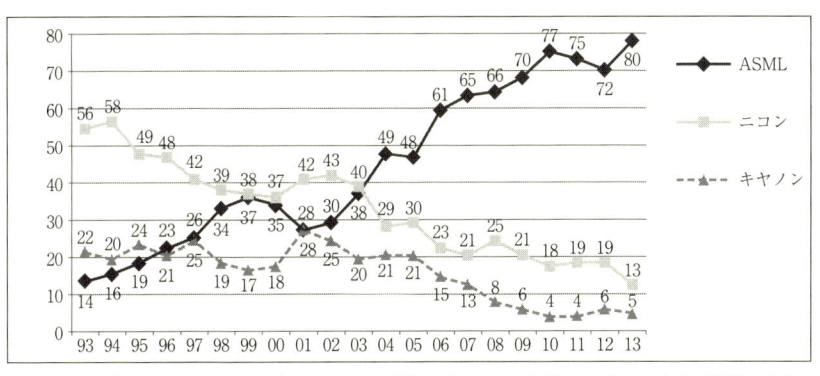

図3－1　露光装置における日本企業と欧州企業とのシェアの推移

注：下記の資料の欠番により、03年と05年は予測値。また2014年版に基づく13年も予測値。なお、以下の各装置のシェア推移（以下では表）についても、同様なので注記は省略。
資料：電子ジャーナル編『半導体製造装置データブック』1994年～2014年版（03年版と06年版は、発行月の変更と年版の記載の変更により欠番）、より作成。

露光装置における欧州企業の圧倒的シェア獲得の歩み

　図３−１を眺めると、90年代後半にニコンとキヤノンの２社で６割から８割近くを占めていた日本企業[10]が、06年に蘭ASML[11]の１社に逆転され、その後もシェアの低下を余儀なくされ続けていることが認められる。個別企業レベルでは、90年代トップを走っていたニコンが、03年にASMLに逆転され、その後のシェアの推移は目を覆うばかりである。

　現在、露光装置メーカーは、EUV露光装置[12]の開発をめぐり対照的な発展方向を目指している。世界トップのASMLは、周辺技術のレーザー光源技術の安定化に取り組むためレーザーメーカーである米サイマー[13]を吸収するだけでなく、ユーザーであるインテル、TSMCから巨額の開発資金を資本参加[14]という形で調達するなど、積極的に取り組んでいる。これに対して、ニコンは、この開発に1000億円を投資するものの中断することを発表するなど、量産機としてのEUV露光装置の将来に懐疑的で、既存のArF液浸露光装置[15]のレベルアップや他の技術革新を目指しているようにみえる。この点、３番手に位置するキヤノンについては、現在主流になっている液浸方式ではなく、従来のドライ方式に技術的にはとどまっているなど、次代の競争関係から離脱しているように思える[16]。

---

10) 同じデータによると、93年に日立製作所がシェア２％を数えていた。日立製作所は、その後露光装置の生産から撤退し、グループ企業の日製産業（現、日立ハイテクノロジーズ）が蘭ASMLの販売代理店として関わっていくが、現在は関わっていない。
11) 1984設立、従業員数7,100人、2013年12月期売上高5,245Mユーロ、HP等より。
12) EUV露光装置は、波長13.5nmの極端紫外線（EUV）波長を用いたリソグラフィ技術による。
13) 米国のレーザー光源メーカー。現在、露光装置用のレーザー光源メーカーは、開発競争の結果同社と日本のギガフォント社（小松製作所とウシオ電機の合弁会社）の２社になっている。
14) インテルが15％、TSMCが５％と開発資金を出し巨額の開発資金をまかなうが、これは純粋な開発資金の調達であるという。ASMLジャパンのヒアリング調査（2013年12月３日）。
15) 希ガスとしてのアルゴン（Ar）、ハロゲンとしてのフッ素（F）によるエキシマレーザーを使った水の中を通しての露光装置。
16) しかし、キヤノンは、2014年４月に、米モレキュラーインプリントを完全子会社化する。これは、フラッシュメモリー用の露光工程をナノインプリントにより処理するという技術である。「日経産業新聞」2014年４月24日付。このことは、キヤノンが露光装置から撤退しないことの表明でもある。

（2） 日本企業優位から拮抗状態に変わった製造装置

次に、日本企業優位であったが現在では拮抗状態にある装置の企業間競争の変化をみてみよう。ここに該当する装置は、「ハンドラ」「バーンイン」「モールディング装置」の3装置である。このうち、ここでは「バーンイン」と「モールディング装置」を取りあげていくことにする。

日米韓の3ヵ国の装置メーカーの競争にあるバーンイン

バーンインとは、完成した半導体に電流・電圧などの負荷をかけ、それに耐えられた製品のみを良品とする最終工程の検査装置である。技術的には、電気系技術を特徴としており、外観的には電気系の検査装置とさほど変わらないようにみえる。

ここでは、バーンインを90年代中頃において日本企業優位として分類したが、表3－7にみるように、93年、94年のシェアでは拮抗していたことが認められる。また、90年代後半からは韓国企業の凄まじい追い上げが加わり、現在（2010年代）では、3ヵ国の装置メーカーによる企業間競争が激化している。

また、シェア上位に位置する企業のうち日本企業としては、連結子会社であった日本エンジニアリングを吸収合併した大手のアドバンテスト[17]とエスペッ

表3－7　バーンインの企業間競争とシェアの推移

単位：シェア％

	93	94	95	96	97	98	99	00	01	02	03	04	05	06	07	08	09	10	11	12	13
Aehr Test Systems	34	37	12	13	8	9	9	17	17	16	15	13	12	21	17	23	9	11	16	21	23
Reliability								10													
Delta Design															17	23	37	16	8		
欧米企業・小計	34	37	12	13	8	9	9	27	16	15	13	12	21	34	46	46	27	24	21	23
日本エンジニアリング	9	12	18	25	35	14	12	11	18	27	23	23	22	31	19	29	18	24	35		
アドバンテスト																				28	23
藤田製作所	7		19	15		6			6	7	4	5	3							6	4
エスペック	6	12	16	14	15	14	15	21	21	20	24	28	25	21	7	12	20	19	15	16	14
明生電子工業	5																				
安藤電気			17	6	20	14	21	14	15												
日本企業・小計	27	41	59	74	64	55	41	47	39	53	54	55	52	55	26	41	38	43	50	50	41
韓国D.I					11		8	18	21	22	23	24	29	14	31	9	13	27	22	25	33
企業名未記載計	39	22	29	13	17	36	42	18	13	8	8	8	9	10	9	3	3	3	4	4

資料：電子ジャーナル編『半導体製造装置データブック』1994年～2014年版（03年版と06年版は、発行月の変更と年版の記載の変更により欠番）、より作成。

ク[18]、中小の藤田製作所[19]、米国企業ではAehr テストシステム[20]、そして韓国企業では、D．I[21]などがあげられる。そのほか、「企業名未記載（企業）のシェア合計」を構成する日本企業としては、エスティケイテクノロジー[22]、山田電音[23]の２社の存在が、先の表３－３に示した５社のリスト[24]からも確認できる。

表３－８　モールディング装置の企業間競争とシェアの推移

単位：シェア％

	93	94	95	96	97	98	99	00	01	02	03	04	05	06	07	08	09	10	11	12	13
ASM Pacific	7					9	7	9	10	13	13	14	18	11	13	17	21	22	24	18	24
Fico→BESI		17	19	15	17	16	13	13	23	16	14	16	16	16	14	16	13	13	16	13	15
ASA			10	12	9																
欧米企業・小計	7	17	29	27	26	25	20	22	33	29	27	30	34	27	27	33	34	35	40	31	39
TOWA	38	22	23	30	33	32	31	28	24	31	33	37	41	40	45	37	44	42	43	48	38
アピックヤマダ	22		18	18	18	15	11	19	19	18	18	11	6	13	11	12	11	11	6	10	9
タムステクノロジー	9																				
住友重機械	4															8					
第一精工			24	18	14	15	11	16	12	12	7	9	9	8	8	7		5	6	5	6
日本企業・小計	73	46	59	62	63	61	62	59	55	56	60	57	55	61	63	57	60	59	54	64	47
企業名未記載計	20	15	12	11	11	14	18	19	12	15	13	11	11	12	10	10	6	6	6	6	6
韓国SEMES																					9

注：ASMPacificは、香港に本社を構えるが、蘭ASMIの連結子会社であった経緯から、ここでは欧米企業のアジア法人として分類しておくことにする。
資料：電子ジャーナル編『半導体製造装置データブック』1994年〜2014年版（03年版と06年版は、発行月の変更と年版の記載の変更により欠番）、より作成。

---

17) 資本金3,263百万円、従業員数（連結）4,625人（HPより）、ヒアリング調査（2013年11月2日）。
18) 資本金6,895百万円、従業員数（連結）1,356人、バーンイン以外に環境試験器を含め各種装置を手がける企業、HPより。
19) 資本金189百万円、従業員数38人の半導体装置メーカー、HPより。
20) 1977年設立、売上高16.5Mドル、「有価証券報告書」2013年５月期、『半導体製造装置データブック』（2014年版）、382頁より。
21) 1955年設立、売上高106,943Mウォン、「有価証券報告書」2013年12月期、『半導体製造装置データブック』（2014年版）、421頁より。
22) 資本金181百万円、従業員数383人、HPより。
23) 資本金75百万円、従業員数83人、HPより。
24) ただし、元々の「SEMILINKS」のリストには、日本エンジニアリング、エスティケイテクノロジー、山田電音の３社のみが掲載されていたが、ここでの『半導体製造装置データブック』及びヒアリング調査、さらには５社のホームページ等により、バーンインの生産が今なお実施されていることを確認した。このことから、「SEMILINKS」のデータは、多くの企業が抜け落ちていることを、結果として確認することができた。

企業間競争の激化と差別化戦略が多様化するモールディング装置

　半導体の組立工程は、日本企業のみならず欧米企業を含めて、東アジア化が一つの流れになっている（第1章、表1－4を参照）。これは、最先端の技術革新の場である前工程と異なり、コスト競争の場として組立工程が位置づけられていることが理由の一つにあげられる。世界ナンバーワンの組立検査ファウンドリの台湾 ASE[25]をはじめとした東アジアにおける半導体後工程のボリュームゾーンでは、製品価格とスループット（処理スピード）が最優先されているようである。このことが、モールディング装置の企業間競争と装置メーカーの経営戦略に影響している。

　表3－8が示すように、90年代から今日に至るまで世界トップシェアを維持しているのは、日本の TOWA[26]である。次に、蘭 ASMI の連結子会社から2013年に非連結（40％の筆頭株主となる）企業となった香港 ASM パシフィック、ダイボンダなどの製品構成をする蘭 BESI[27]、そして日本のアピックヤマダ[28]が続いている。

　これら企業によるボリュームゾーンでの価格競争が激しいことは、海外生産に踏み出す企業が少ない日本半導体製造装置産業にあって、先の日本の2社のいずれもが海外生産（第1章、表1－20・21を参照）に踏み出していることからも理解できよう。しかし、モールディング装置は、半導体製品がメモリ等のボリュームゾーンのみで構成されているのではなく、たとえば市場拡大が着実に進んでいる車搭載用半導体[29]や、特殊仕様の半導体製品も少なからず存在し、それに対応したモールディング装置が求められていることに留意する必要がある。

　ちなみに、日本市場では TOWA が12年、13年（予測）と2年続けてシェアトップをアピックヤマダに譲っている。これは、両者の事業戦略の違いが影響

25）1984年設立、2004年 NEC 山形高畠工場を100％子会社化、HP より。
26）資本金8,932百万円、従業員数（連結）1,073人、HP より。
27）1995年設立、売上高254M ユーロ、2013年12月期、『半導体製造装置データブック』（2013年版）、414頁より。
28）資本金5,837百万円、従業員数408人、HP より。
29）車搭載用半導体の市場規模は、250億ドル程度であり、全半導体の6－8％ほどに拡大しているという。アピックヤマダ、ヒアリング調査（2013年9月26日）より。

していると考えられる。この点、TOWA は、「マーケットイン型の体制構築やリピート金型専用ラインの構築、中国市場向け新製品の投入等を積極的に展開[30]」するというように、世界トップシェア企業として低価格のボリュームゾーンを含めた製品展開に取り組んでいると考えられる。これに対して、アピックヤマダは、ボリュームゾーンについては中国生産、国内の特殊仕様の装置市場については国内での開発製造というように明確に区分している。

（3） 日本企業優位が継続されている製造装置

現在、日本企業優位を維持している装置は、6装置である。そのうちプロセス工程の「洗浄・乾燥装置」、組立工程の「ダイサ」の2装置を取りあげていくことにする。

日本企業による寡占化が進展する洗浄・乾燥装置

洗浄・乾燥装置の世界市場における企業間競争をみると（表3-9）、大日本スクリーン製造[31]と東京エレクトロン[32]の日本企業と、米ラムリサーチの上位3社による寡占化が進展していることが認められる。特に、大日本スクリーン製造が5割を超えるシェアを獲得していることが注目される。

洗浄・乾燥装置における半導体メーカーとの取引は、かつては特定の企業間におけるクローズされた関係をみることができた。たとえば、「東芝は大日本スクリーン製造とエス・イー・エス、日立は東京エレクトロン、NEC はカイジョー、三菱電機は島田理化工業、欧米においても、欧州メーカーは独 Steag Micro Tech、米国メーカーは SCP[33]」というようにである。ただし、こうした取引関係は、表面的にはいわゆる系列関係にあり固定的であるが、実際の取引場面では、先の関係以外の取引も存在していたようである[34]。90年代には装

---

30) TOWA 株式会社「有価証券報告書」2014年3月期。
31) ヒアリング調査2013年11月29日、大日本スクリーン製造（現、SCREEN セミコンダクターソリューションズ）については、第4章の事例研究を参照されたい。
32) 東京エレクトロンには、2012年11月1日、12月14日、2013年2月14日の3回訪問し、多くのことを学んでいるが、10年間の秘密契約のため、ヒアリング内容は記述していない。
33) 和木田哲哉・横山貴子（2008）、97頁。

表3-9 洗浄・乾燥装置の企業間競争とシェアの推移

単位：シェア%

	93	94	95	96	97	98	99	00	01	02	03	04	05	06	07	08	09	10	11	12	13
FSI	10	8	9				9		8					3			3				
SubMicron Systems				9																	
Steag Micro Tech					14																
Semitool					10	13	9	8	9							4					
SPC								13	9	10		8	8								
SEZ								13	12	8		11	14	11							
Lam Reseach															6	10	9	13	11	8	10
Akrion Systems																3	4	3	2	3	
欧米企業・小計	10	8	9	9	24	13	9	17	35	29	18	19	22	14	6	14	15	17	14	10	13
大日本スクリーン製造	22	25	20	30	21	24	34	33	30	33	38	35	44	50	52	60	55	53	56	50	
カイジョー	14	13	13	11		8	9	9													
島田理化工業	7																				
東京エレクトロン	6		13	18	10	9	9			11	9	14	13	14	16	14	14	16	17	21	
スガイ				13	10	11															
三協エンジニアリング		11																			
エス・イー・エス					12	9	8	8		8	7	8	6	5							
日本企業・小計	49	49	59	69	42	53	61	50	46	41	50	58	57	63	71	67	74	69	69	73	71
韓国 SEMES															5	5		8	10	10	8
企業名未記載計	41	43	32	22	34	34	30	33	19	30	32	22	20	23	18	13	11	6	8	6	

資料：電子ジャーナル編『半導体製造装置データブック』1994年～2014年版（03年版と06年版は，発行月の変更と年版の記載の変更により欠番），より作成。

置メーカーの存立という構図が大きく崩れていくが、その理由として、一つは各装置メーカーと繋がりのあった日本半導体メーカー各社の競争力の低下、もう一つは98年のアジア通貨危機によるDRAM価格の暴落後の300mm対応の開発と量産機製造の着手の違い、およびその後のバッチ式から枚葉式への需要の変化への対応の違い[35]があげられる。

現在、主にメモリ用のバッチ式に特徴のある東京エレクトロンや、ロジック用の枚葉式に競争力を有する大日本スクリーン製造のように、競合メーカーは棲み分けとはいわないまでも、それぞれが得意分野を構成しているようにみえる。

また、第3位のラムリサーチの洗浄・乾燥装置事業については、枚葉式などの先進的技術に定評のあったオーストリアSEZを買収したものであるが、大手企業に組み込まれても表にみられるように現時点ではシェア拡大には繋がっ

---

34) NEC系列であったカイジョーは、東芝に直接販売するのではなく、別会社を通じて販売していたという。ヒアリング調査（2013年9月13日）より。
35) 湯之上（2010.11）、49-51頁。

ていないようである。

日本企業ディスコ1社の圧倒的なシェア拡大への歩み

　ダイサは、ディスコ[36]が09年以降世界市場の8割を超える圧倒的なシェアを獲得している。続いて、2番手に位置しているのが東京精密である。結果、欧米企業か日本企業か分別できない「企業名未記載」を除いてみても、日本企業がシェア9割を超え、欧米企業を圧倒している装置ということができる（表3－10）。

　こうしたシェアトップ企業の圧倒的な競争状態に入ると、競合企業がそれを巻き返すことは容易ではないと考えられる。その理由の一つに、シェアを背景とした製品開発の投資能力の違いがあげられる。10年代でいうと、ディスコの研究開発費は年に100億円ほどであり、売上高の10％前後である。また、利益率の高さも競争優位に繋がっているといえる。ちなみに、ディスコの税金等調整前当期純利益は、リーマンショックの影響を受けた09年3月期と10年3月期はそれぞれ1.4％、6.6％に沈み込むが、その前後は常に10％を超えている[37]。

表3－10　ダイサの企業間競争とシェアの推移

単位：シェア％

	93	94	95	96	97	98	99	00	01	02	03	04	05	06	07	08	09	10	11	12	13
Kulicke & Soffa	9	8	11	10	9	9	6	3		3	3										
Alphasem						7															
欧米企業・小計	9	8	11	10	9	13	3	0	3	3	0	0	0	0	0	0	0	0	0	0	0
ディスコ	57	60	62	61	68	75	69	78	77	61	63	62	63	66	67	79	82	81	81	87	88
東京精密	16	13	18	20	20	9	11	13	11	27	27	28	27	16	18	17	14	10	11	9	8
セイコー精機	15	6	4	5	3																
岡本工作機械	3			2	0.5		1	1	2	3	3										
NECマシナリー							1	6	4	1											
アピックヤマダ														10	9			5	4		
日本企業・小計	91	79	84	88	91.5	84	81	93	96	95	94	90	90	92	94	96	96	96	96	96	96
企業名未記載計	2	13	5	2	0	7	6	4	4	3	3	10	10	8	6	4	4	4	4	4	4

資料：電子ジャーナル編『半導体製造装置データブック』1994年～2014年版（03年版と06年版は、発行月の変更と年版の記載の変更により欠番）、より作成。

---

36) 資本金19,785百万円、従業員数（連結）3,982人、HPより。
37) 「有価証券報告書」各期による。なお、06年3月期～08年3月期の税引き前利益は20％前後で推移していた。

ただし、こうした高収益企業として発展しているディスコではあるが、高収益を下支えているのは、装置そのものというよりも、連結売上高の2割程度に達している消耗品である「ブレード（刃）」の利益率の高さによるところが少なくないようである[38]。

日本企業2社による寡占化と価格競争が激化するプローバ

　プローバとは、ウエーハの状態で、良品、不良品をテストする装置である。表3-11によると、90年代を通じて日本企業のシェア合計が、欧米企業のそれを2倍近く上回っていたが、02年以降は日本企業で8割を上回ると共に、東京エレクトロンと東京精密の2社によるシェア争いが激しさを増していたようである。

　ところで、世界市場における日本企業の2社の競争はどのように繰り広げられているのであろうか。この点について、当事者である2社からは聞き取ることはできなかったが、その部品生産を手がける企業からは、ここでの競争が極めて厳しいものであったかを伺わせるに十分な話を聞くことができた。A社[39]

表3-11　プローバの企業間競争とシェアの推移

単位：シェア%

	93	94	95	96	97	98	99	00	01	02	03	04	05	06	07	08	09	10	11	12	13
Electroglas	33	40	29	28	32	26	25	24	19	12	8	6	4	3	4	5	4				
Karl Suss				4	3	5	5	4	×												
SUSS MicroTec										11	6	3	5	6	4						
EG Systems																			4	3	3
欧米企業・小計	33	40	29	32	35	31	30	28	30	18	11	11	10	7	8	5	4	0	4	3	3
東京エレクトロン	52	40	37	43	31	29	29	30	33	43	43	46	43	44	59	63	60	50	39	46	34
東京精密	11	14	28	21	32	31	35	34	34	37	44	41	44	45	29	25	26	43	50	46	50
日本マイクロニクス							1	1	1					2	2	4	8	2	4		
東京カソード																	1	1			
日本企業・小計	63	54	65	64	63	60	65	65	68	80	87	87	87	91	90	93	95	95	93	92	84
韓国 D.I											1	1	1	1							
韓国 SEMES																					8
企業名未記載計	4	6	6	4	2	9	5	7	2	1	1	1	1	2	2	3	2	4	4	5	5

資料：電子ジャーナル編『半導体製造装置データブック』1994年～2014年版（03年版と06年版は，発行月の変更と年版の記載の変更により欠番），より作成。

---

[38]「ディスコ、『世界シェア7割』支えるカイゼン」『日経電子版』2014年12月16日付。
[39] ここでは、取引上の懸念も予想されるので、A社としておく。後のB社も同様に扱う。

によると、リーマンショック以後、取引先から提示されるプローバ部品の加工単価が、他の製造装置に比べ大幅であったという。また、B社からは、コストダウンが標準品、特注品、一品物に関わりなく、3割ダウンを求められたと聞くことができた。

こうしたプローバをめぐる価格競争は、市場の冷え込みが影響していると考えられるが、日本企業特有の価格引き下げが影響しているようにも思える。もちろん、コスト競争が強く求められる後工程の検査装置であることが影響しているのは承知しているが、欧米企業のコスト対応とは別のところに日本半導体製造装置産業の持続的発展の疎外要因があるのではないかと懸念している。

3.「90年代中頃」に欧米企業が優位であった装置の現在

次に、90年代中頃に欧米企業が優位であった製造装置の現在の競争関係がどのようになっているかをみてみよう。

(1) 欧米企業優位から日本企業優位に変わった製造装置

まず、欧米企業優位から日本企業が優位になった装置は、ゼロである点が指摘される。ゼロということを、ユーザーである半導体産業における日本半導体メーカーの競争力低下に求めることは簡単であるが、そうした国内取引の縮小を乗り越えるだけでなく、欧米企業を超える競争力を身につけていった企業が見当たらないというのは、日本半導体製造装置産業の競争力低下の一局面を表しているのかも知れない。

(2) 欧米企業優位から拮抗状態に変わった製造装置

他方では、欧米企業優位から日本企業優位というドラスチックな変化でなくとも、欧米企業優位から拮抗状態に変わった「マスク・レクチル検査装置」「CMP装置」「ミクストシグナルテスト」「ロジックテスタ」の4装置に、日本半導体メーカーの競争力アップをみることができよう。ここでは、そのうち日米2社による競争が繰り広げられているCMP装置を取りあげていくことにする。

表3−12　CMP装置の企業間競争とシェアの推移

単位：シェア％

	93	94	95	96	97	98	99	00	01	02	03	04	05	06	07	08	09	10	11	12	13
Westech Systems		66	×																		
Strasbaugh		15	15	19	11	5	4	2	2	3	2	2	2	1	0.4						
SpeedFam			7	12	16	21	×														
IPEC/Planar				54	34	23	×														
SpeedFam-IPEC						24	17	13	12												
Applied Materials					16	33	48	59	51	65	52	65	64	58	59	56	54	55	56	50	53
Lam Research								3	11	11	9	2									
Novells Systems										1	12	5	5	7	6						
欧米企業・小計		88	81	69	71	62	69	77	76	80	75	74	71	66	65.4	56	54	55	56	50	53
荏原製作所			7	20	25	26	23	20	20	19	21	21	22	29	32	41	39	38	35	42	39
住友金属			2	5		3	2														
東京精密													2	2	1				6	4	3
日本企業・小計		0	9	25	25	29	25	20	20	19	21	21	24	31	33	41	39	38	41	46	42
企業名未記載計		12	10	6	4	9	6	3	4	1	2	5	5	3	3	4	7	7	4	4	4

注：下記の資料に主要装置としてデータが公表されたのは94年からである。
資料：電子ジャーナル編『半導体製造装置データブック』1995年〜2014年版（03年版と06年版は、発行月の変更と年版の記載の変更により欠番）、より作成。

日米2社による寡占化が進展するCMP装置

　CMP装置は、プロセス処理におけるウェーハの凹凸を研磨する装置である。表3−12によると、欧米企業が優位であった90年代から2000年代前半を通じて、CMP装置をめぐり、買収、合併等が繰り広げられていたことが認められる。

　そうした企業再編が展開されている欧米企業群に対して、90年代の日本企業は、荏原製作所を先頭に、国内市場に登場してくる企業を含めると、住友金属、東芝機械[40]、ニコン、ラップスターなどによって取り組まれていた。2010年代になると、米アプライドマテリアルズが5割を超えるシェアを維持し、それを追いかける荏原製作所が4割前後でそれぞれ位置するようになる。まさに、上位2社による市場競争の時代に突入したといえよう。

（3）　欧米企業優位が継続されている製造装置

　さて、半導体製造装置の競争関係の変化を分類したとき、12装置と最も多く数えられたのは、欧米企業優位が継続されているケースである。ここでは、「プ

---

40) 現在、東芝機械の製造装置事業は、分離独立したニューフレアテクノロジーで実施。

ラズマCVD」と「ウエーハ検査装置」を取りあげてそれをみていくことにする。

圧倒的なシェアを維持している欧米企業のプラズマCVD

表3-13にみるように、過去、現在において、日本企業がシェア上位企業として名前があがっているのは、93年の日立電子エンジニアリング[41]の1社である。しかし、そのシェアもわずか2％にすぎず、シェア下位企業として企業名が掲載されていないのを除いてみても、欧米企業のシェアが9割を超えるという圧倒的な水準を維持し続けていることが認められよう。少なくとも、このプラズマCVDに関しては、競争力という点では日本企業の存在感はほとんどなかったということができよう。

また、世界シェアトップを維持しているのは、米アプライドマテリアルズであり、2位には米ノベラスシステムズが続くという構図がほぼ固定的であったというのが特徴的である。なお、ノベラスシステムズは、2012年に米ラムリサーチに買収されている。この買収により、ラムリサーチは2012年に半導体製造

表3-13 プラズマCVDの企業間競争とシェアの推移

単位：シェア%

	93	94	95	96	97	98	99	00	01	02	03	04	05	06	07	08	09	10	11	12	13
Applied Materials	61	55	62	66	62	52	63	67	60	65			62	69	66	56	48	55	52	53	56	61	52
Novelles Systems	19	33	21	25	26	37	26	23	33	26			26	22	23	31	25	30	35	33		
Lam Reseach																			29	31	40
ASM International	9	9	6	7	×										8	8	10	10	9	11	4	4
日本ASM					6	4	5	4	3	8			10	6	7						
Electrotech	5																				
Mattson Technology				1		1			4	2			1	1	1	0.5					
Trikon Technologies					2		1	1	0.4												
Lam Research					1	1															
Unaxis									0.5	1	0.4	0.4									
Aviza Technology														1							
AIXTRON															8						
欧米企業・小計	94	97	89	99	97	95	95	99	101	100	98	97	97	89	95	97	95	96	96	96	
日立電子エンジニアリング	2																				
日本企業・小計	2																				
韓国 Jusung															6			1	1	0.4	0.4
企業名未記載計	4	3	11	1	3	5	2	1	2	1	1	3	3	4	4	4	4	4	3	3	

資料：電子ジャーナル編『半導体製造装置データブック』1995年〜2014年版（03年版と06年版は、発行月の変更と年版の記載の変更により欠番）、より作成。

---

[41] 2004年日立ハイテクノロジーズの子会社になる。現在、日立ハイテクファインシステム。

装置の売上高で世界第4位の企業となる。この合併が、ラムリサーチの企業価値の向上を目的としていたことは、第4章の事例研究でみるとおりである。

シェアトップ企業優位の下で寡占化が進展するウエーハ検査装置

ウエーハ検査装置における企業間競争の変化を、表3－14に基づきみていくことにする。まず、指摘できるのは、欧米企業のシェア合計が、常に日本企業のそれを上回るだけでなく、2000年代前半にシェア合計が低下するものの、2000年代後半からは再び7割前後で推移するなど、欧米企業の競争力が回復していることが認められる。ちなみに、現在の米KLAテンコールは、96年に米KLAインスルメンツと米テンコールが合併してできた企業であるが、両社の検査装置を細分類すると、重なる部分は少なく補完関係にある。とはいえ、2社で圧倒的なシェアを獲得していた合併前に比べると、現在のシェアは5割前後であり、合併によるシナジー効果[42]という点からすると、このウエーハ検査装置ではみられなかったように思える。

表3－14　ウエーハ検査装置の企業間競争とシェアの推移

単位：シェア％

	93	94	95	96	97	98	99	00	01	02	03	04	05	06	07	08	09	10	11	12	13
KLA Instruments	59	48	51	×																	
Tencor	28	36	37	×																	
KLA-Tencor				90	91	71	73	50	57	57	49	37	37	45	50	51	47	57	54	50	50
Inspex			2		2	3															
OSI					3	2															
Applied Materials							16	14	6	6	5	5	5	4	8	9	7	8	6	7	9	9
Rudolph									5	5	4	4	3	3	7	4	4	5	5	5	4
Nanometrics												2							6		
FEI													8	9	5	6	10	6	6	7	9
欧米企業・小計	87	86	88	93	95	90	87	61	68	68	58	53	53	65	69	68	70	74	73	71	72
日立電子エンジニアリング	3	8	5	2	3	4	3	4	3												
日立東京エレクトロニクス				3	1	1															
日立製作所							20	×													
日立ハイテク								22	24	28	31	30	19	17	19	17	16	17	20	19	
浜松ホトニクス						3															
東京精密							2			3											
日本企業・小計	3	8	5	5	4	5	8	24	25	24	31	31	30	19	17	19	17	16	17	20	19
企業名未記載計	10	6	7	2	1	5	5	15	6	8	10	16	16	16	15	14	12	11	10	9	9

資料：電子ジャーナル編『半導体製造装置データブック』1994年～2014年版（03年版と06年版は、発行月の変更と年版の記載の変更により欠番)、より作成。

ちなみに、世界シェア2位を維持しているのは、日立グループの度重なる再編のもとに、数多くの製造装置を手がけている日立ハイテクノロジーズ[43]である。日立はウエーハ検査装置市場における競争力強化の一つに、ベルギーのIMEC等の半導体研究のコンソーシアムに継続参加することをあげている[44]。

4．「90年代中頃」に拮抗していた装置の現在
　最後に、90年代後半に欧米企業と日本企業のシェアが拮抗していた装置の現在の競争関係をみていくことにしよう。

（1）　拮抗状態から日本企業優位に変わった製造装置
　拮抗状態から日本企業が優位になった装置としては「プローバ」と「電子ビーム描画装置」があげられる。ここでは、「電子ビーム描画装置」の競争関係をみていくことにする。

圧倒的なシェア獲得に成功するニューフレアテクノロジー
　表3-15をみると、07年にニューフレアテクノロジー[45]がシェア5割を超え、その後は7割、8割、そして9割という圧倒的なシェアを獲得してきたことが認められる。今や、ニューフレアテクノロジー以外で、一定のシェアを獲得しているのは、日本電子しかみられず、その他の企業はごくわずかでしかない。
　遡ってみると、93年から2000年までトップを走っていたのは米イーテックシステムズであったが、05年には米アプライドマテリアルズに買収され[46]、グループ企業として事業を継続するも、05年には本体に吸収されている。

42）現在まで、結果としての数値には表れていないという。ヒアリング調査（2013年12月19日）より。
43）資本金7,938百万円、従業員数（連結）10,387人、HPより。2013年11月13日ヒアリング調査。
44）「有価証券報告書」2014年3月期、21頁。
45）資本金6,486百万円、従業員数533人、東芝機械より2002年に分離独立。HPより。
46）アプライドマテリアルズによる1970年設立のイーテックシステムの買収は2005年であるが、『半導体製造装置データブック』では、過去に遡り企業名が記載されているなど、ズレがみられる。

表3-15 電子ビーム描画装置の企業間競争とシェアの推移

単位：シェア%

	93	94	95	96	97	98	99	00	01	02	03	04	05	06	07	08	09	10	11	12	13
Etec Systems	54	27	45	44	62	37	54	49	14	14	15	×									
Applied Materials												13	8	8	9						
Micronic												7	7								
Ultratech					3	2	2	2													
欧米企業・小計	54	27	45	44	65	39	56	51	14	14	15	20	15	8	9	0	0	0	0	0	0
日立製作所	16	36	25	31	26	34	18	17	×												
日立ハイテク									21	17	18	14	20	4	16	6					
日本電子	16	24	24	19	7	13	20	21	33	29	27	29	34	39	7	16	6	4	6	4	6
東芝機械	8	13	6	6	2	4	6	11	32	×											
ニューフレア										37	37	37	32	48	68	72	86	87	88	92	89
アドバンテスト						10				2	2										
東京精密											1										
日本企業・小計	40	73	55	56	35	61	44	49	86	85	85	80	86	91	91	94	92	91	94	96	95
企業名未記載計	2	0	0	0	0	0	0	0	0	0	0	0	0	0	0	6	8	9	6	5	5

資料：電子ジャーナル編『半導体製造装置データブック』1994年～2014年版（03年版と06年版は，発行月の変更と年版の記載の変更により欠番），より作成。

一方、90年代の日本国内の競合メーカーとしては、先の日本電子と日立製作所（日立ハイテクノロジーズに移管）があげられ、ニューフレアテクノロジー（当時は、東芝機械）を上回るシェアを獲得していた。

いずれにしても90年代、世界シェア10%前後にすぎなかったニューフレアテクノロジーが世界トップに躍り出たことについては、ヒアリング調査による検証が必要であるが、今回はそうした機会を持つことができなかった。これについては、今後の課題として残しておきたい。

（2） 拮抗状態から欧米企業優位に変わった製造装置

90年代後半の拮抗状態から欧米企業優位に変わった装置は、「ワイヤボンダ」と「マーキング」の2装置であった。ここでは、そのうち「ワイヤボンダ」を取りあげ、ここでの競争関係の変化をみていくことにする。

拮抗から欧米企業の競争力拡大に変化するワイヤボンダ

表3-16をみてみよう。ワイヤボンダを代表する企業としては、研究用、最先端分野をはじめ、各種の装置を備えている米クリック・アンド・ソファ[47]があげられる。世界シェアでは、2000年後半に、一時的ではあるが香港ASMP

表3－16 ワイヤボンダの企業間競争とシェアの推移

単位：シェア％

	93	94	95	96	97	98	99	00	01	02	03	04	05	06	07	08	09	10	11	12	13
Kulicke & Soffa	31	35	41	44	45	45	38	51	42	43	40	46	33	25	26	25	24	46	53	54	47
ASM Pacific	11	10	8	9	7	11	11	11	17	19	20	23	28	33	40	50	53	34	31	29	39
ESEC → Unaxis → Oerlikon				8	11	9	12	7	8	6	5	6	7	6	5						
BESI																6	4	4	3	4	
欧米企業・小計	42	45	49	61	63	65	61	69	67	68	65	75	68	64	71	75	83	84	88	86	90
新川	25	21	28	21	21	18	24	21	13	20	19	15	16	25	19	12	10	10	6	7	5
カイジョー	18	19	11	12	10	9	7	6	10	7	11	6	12	7	6	6	5		3	2	3
東芝精機	6	5	4																		
超音波工業	4													4		3					
日本企業・小計	53	45	43	33	31	27	31	27	23	27	30	21	28	32	25	22	15	13	9	9	8
企業名未記載計	5	10	8	6	6	8	8	4	10	5	4	4	4	5	4	2	2	3	4	4	3

資料：電子ジャーナル編『半導体製造装置データブック』1994年～2014年版（03年版と06年版は，発行月の変更と年版の記載の変更により欠番），より作成。

に逆転されるが、10年代には再びトップを奪い返すなど、世界トップ企業ということができる。現在では、この2社でほぼ9割近くのシェアを獲得しているのである。

 一方、90年代に世界第2位であった新川[48]と第3位のカイジョーの10年代のシェアは、合わせても10％に届かず、この分野における日本企業の競争力低下は顕著である。先に取りあげたモールディング装置と同様に、ダイボンダも後工程の組立装置であり、東アジアを焦点としたコスト競争の渦中にある。日本企業の得意とする技術面での差別化要素は少なく、結果としてコスト対応力に基づく競争関係にあるといえよう。

 この点、米クリック・アンド・ソファと香港ASMPは、共に中国に生産工場を展開し、コストダウンを図っているのに対し、新川はタイに100人足らずの工場を展開するにとどまっているというのが実態のようである。そうした日本企業にとって厳しい経営環境の中で、カイジョーはワイヤボンダという製品領域では、LEDなどの特殊領域での発展を目指すと共に、企業としては澁谷工業の傘下に入ることでの企業存続に踏み出している。

---

[47] 1951年設立。従業員2,950人、主要な製造拠点は、中国、マレーシア、シンガポール。2010年に本社をシンガポールに移転。HPより。ここでは米国企業として扱う。
[48] 資本金8,360百万円、従業員数421人、各種ボンダ装置メーカー。HPより。

（3） 拮抗状態が継続されている製造装置

拮抗状態を継続しているのは、先に取りあげたエッチング装置を構成する「酸化皮膜用エッチング装置」と「ダイボンダ」の2装置である。ここでは、ダイサによってカットされたチップをパッケージ基板に固定する装置である「ダイボンダ」についてみていくことにする。

欧米企業と日本企業の競争激化のダイボンダ

表3-17を眺めると、欧米企業（香港 ASMP を含める）と日本企業のシェア競争は、2000年代後半に日本企業がやや優位に立つものの、その他の期間は欧米企業がやや優位であったことが認められる。

現在では、香港 ASMP、蘭 BESI[49]、そして日立ハイテクノロジーズの3社がそれぞれ2、3割のシェアを維持し、キヤノンマシナリー（旧 NEC マシナリー）[50]が1割前後で続いている。こうしたシェア上位企業とシェア下位企業による企業間競争がどのように変化していくかを予想することはできないが、

表3-17　ダイボンダの企業間競争とシェアの推移

単位：シェア%

企業名	93	94	95	96	97	98	99	00	01	02	03	04	05	06	07	08	09	10	11	12	13
Kulicke & Soffa	27	10	11				7										6				
ASM Pacific	11	8		6	6	7	9	9	10	12	12	14	14	15	18	23	33	23	26	26	30
ESEC→Unaxis→Oerlikon		30	26	39	39	34	33	29	35	29	24	31	28	21	20						
Alphasem		17	12	15	14	10		12	13	12	9	10	11								
BESI																	20	21	26	24	26
欧米企業・小計	38	65	49	60	59	51	49	50	58	53	45	55	53	36	38	23	59	44	52	50	56
NEC マシナリー	23	20	22	21	17	13	21	22	14	16	20	15	14	×							
→キヤノンマシナリー															12	13	15	13	14	12	10	6
新川	8															8		8	9	8	
東芝精機	6																				
トーソク→日本電産トーソク	5							8	13	8	13				6						
日立東京エレクトロニクス			12	8	14	19	8														
日立ハイテク														8	11	34	41	33	17	24	18	23	20
日本企業・小計	42	20	34	29	31	32	29	30	27	24	33	23	25	46	54	62	30	46	39	41	26
企業名未記載計	20	15	17	11	10	17	22	20	14	23	22	22	22	18	9	14	11	10	10	9	9

資料：電子ジャーナル編『半導体製造装置データブック』1994年～2014年版（03年版と06年版は、発行月の変更と年版の記載の変更により欠番）、より作成。

49）09年にスイス Oerlikon の事業部門を買収。
50）資本金2,781百万円、従業員数（連結）1,079人、HP より。

後工程の装置の大半に共通するコストとスループットに対する競争力の差が今後の企業間競争の行方を決定する一つの要素であることはいうまでもないだろう。

第3節　製造装置産業における業界再編の行方

　ここまで、半導体製造装置産業における企業間競争を、寡占化の進展の視点と欧米企業と日本企業の競争関係という視点、さらには装置ごとに繰り広げられているシェア競争の変化という視点から概観してきた。こうした分析を踏まえながら、今後の半導体製造装置産業の企業間競争と、買収、合併等を焦点とする業界再編の行方について整理していくことにする。

1．シェア上位企業の構成による現在の競争関係の整理
　ここでは、これまで分析した内容を整理するために、現在（2010年代）の主要な半導体製造装置の競争関係を、「日本企業と欧米企業の優劣」と「売上高上位企業のシェアの構成による3分類」の視角からみていくことにする。

（1）　日本企業優位の装置における競争関係3分類と該当装置
　表3－18をみてみよう。まず、日本企業優位である9装置のうち、1位企業のシェアが70％以上である「1社型」は4装置、1位と2位シェア合計が80％以上である「2社型」は3装置、日本企業優位であり、かつその他のシェア構成にある「3社以上型」は2装置を数えていることがあげられる。主要装置数34装置に対する割合は、26.5％である。
　これに対して、欧米企業優位の17装置のうち、1位企業のシェアが70％以上である「1社型」は7装置、1位と2位のシェア合計が80％以上である「2社型」は4装置、欧米企業優位であり、かつその他のシェア構成にある「3社以上型」は6装置を数えていることがあげられる。主要装置34装置に対する割合は、50％と半数を数えている。
　また、欧米企業と日本企業の競争関係が拮抗している8装置のうち、1位企

表3-18 現在の主要製造装置の競争関係

優劣	タイプ	主にプロセス装置(検査除く)		検査装置(前・後工程)	組立装置	装置数
日本企業	1社型70%-	コータ&デベロッパ	電子ビーム	メモリテスタ	ダイサ	4
	2社型80%-	酸化・拡散炉	減圧CVD	プローバ		3
	3社以上型	洗浄・乾燥装置			モールディング	2
欧米企業	1社型70%-	露光装置 高電流イオン注入 Cuめっき	ランプアニール スパッタリング		TABボンダ マーキング	7
	2社型80%-	メタル用エッチング プラズマCVD	中電流イオン注入		ワイヤボンダ	4
	3社以上型	Poly-Si用エッチング 高エネルギーイオン エピタキシャル	アッシング装置 メタルCVD	ウェーハ検査装置		6
拮抗状態	1社型70%-					
	2社型80%-	酸化皮膜用エッチング	CMP装置	ロジックテスタ ミクストシグナルテスト		4
	3社以上型			ハンドラ バーンイン マスクレクチル検査	ダイボンダ	4

注:ここでの競争関係の整理は、表3-2の売上高上位3社のシェア(10-12年平均)の変化と、表3-7の日本企業と欧米企業の競争関係を整理したものである。「1社型」とは、1位企業のシェアが70%以上、「2社型」とは、1-2位のシェア合計が80%以上を指すが、この場合、1位、2位企業の組み合わせは、日本・日本、日本・欧米、欧米・欧米と混在している。「3社以上型」とは、それ以外という基準で各装置を分類している。また、優劣については、2010年代の優劣を表している。
資料:電子ジャーナル編『半導体製造装置データブック』2012年~2014年版、より作成。

業のシェアが70%以上である「1社型」はゼロであり、1位と2位のシェア合計が80%以上である「2社型」は4装置、日本企業と欧米企業が拮抗しながら、かつその他のシェア構成にある「3社以上型」は4装置を数えていることがあげられる。主要装置数34装置に対する割合は、23.5%となる。

(2) 半導体製造工程別の企業間競争の焦点と今後

上記のような競争関係が、今後どう変化していくかは、装置個々の固有の条件を詳細にみていく必要があるが、ここでは大きく前工程を構成する「プロセス装置」、前工程と後工程を構成する「検査装置」、そして後工程を構成する「組立装置」の三つに分けて、今後の企業間競争の焦点を整理していくことにする。

微細化、大容量化の研究開発場面の参加が必須になるプロセス装置

　まず、「プロセス装置」についてである。いうまでもなくプロセス装置は、半導体における微細化、大容量化に代表される技術革新の焦点である製造装置であるが、最先端の技術革新に取り組む半導体メーカーとの共同研究の場に参加することが、次代の競争に参加できるかの分かれ目ともいわれている。また、最先端の研究の場とは、巨額の開発投資を投じている半導体メーカー上位3社のことである。

　この点、プロセス技術の主導権は、インテルをイメージしたときには、半導体メーカーが維持しているようにみえるが、サムスン、TSMCになると微妙な取引関係にあるようにも思える。いずれにしても、巨額の研究開発費を用意でき、上位3社の半導体メーカーとの共同研究の場に参加できることが、業界内の企業間競争を勝ち抜くための必須条件になっているといえよう。

　もちろん、研究開発費にも乏しく、上位3社との取引もない中小プロセス装置メーカーの発展が、すべて閉ざされているわけではなく、多様な半導体生産の製造現場で求められている製造装置の開発に関わり続けていくことを否定するものではない。しかし、最先端の微細化と大容量化という領域からは、次第に遠ざかっていることは否定できない。

コスト、スループット対応による企業間競争が激化する組立装置

　組立装置においても、プロセス装置と同様に微細化、大容量化対応が重要であるが、それ以上に後工程で装備される組立装置においては、コストとスループットへの対応力が競争関係を決定づける重要な要素になっている。

　この点、圧倒的なシェアを持つダイサのディスコについては、価格競争とは無縁であるように思えるが、利益の下支えが消耗品ビジネスにあったように製品価格では苦戦を強いられているようである。通常、価格決定権を持つほどの圧倒的なシェアを獲得していれば、製品価格に苦戦するということは考えられないが、ユーザー産業の寡占化と巨大後工程ファウンドリ企業の影響力の強まりは、装置メーカーの優位性を打ち崩すまでになっていることが想像できる。

　とはいえ、すべての半導体が量産タイプのメモリとロジックにあるのではな

く、様々な仕様、用途の半導体が存在しているのであり、それに対応した組立装置の需要も、ボリュームゾーンとは比較にならないが一定量存在することに留意する必要がある。まさに、組立装置メーカー個々は、ボリュームゾーンでの展開を追求するか、あるいは特殊領域に発展の場を求めるかによって、繰り広げられるであろう企業間競争の中身は変わってくるといえよう。

微細化、コスト、スループット対応の検査装置における企業間競争の焦点
　検査装置は、プロセス工程のウエーハ検査装置と後工程の検査装置に大きく分けることができる。それぞれの検査装置に求められる機能が、競争関係に影響することはいうまでもない。ウエーハ検査装置は、微細化の進展と工程数の増加を背景に、プロセス加工ごとに検査することが多くなっているなど、微細化対応とスループット対応が強く求められている。現在では、圧倒的なシェアを持つ米KLAテンコールが、微細化対応の研究開発と、スループットのための装置開発に対応できるノウハウの蓄積と、研究開発の投資能力の高さ等によって優位に立っている。この点、日立ハイテクノロジーズがそれに対抗できる企業力を備えているが、今後については日立グループにおける半導体製造装置事業の再編の動きによって大きく左右されるように思える。
　一方、後工程の検査装置については、アドバンテストがプローバを除き、大半の検査装置開発に関わるだけでなく、幅広い製品展開にある。しかし、ロジックテスタ、メモリテスタ、ミクストシグナルテスタの分野において圧倒的なシェアを持つものの、ここでも後工程であることからユーザーから求められているコスト対応という点で、厳しい価格競争に組み込まれているようである。けっして、シェアが圧倒的であろうとも、またテスター性能等の技術力が高くとも、それのみでシェアを維持することが難しいのが、後工程装置の抱えている問題なのかも知れない。

2．大手製造装置メーカーの製品領域の拡大と業界再編の課題
　2013年9月、世界ナンバーワンの装置メーカーである米アプライドマテリアルズと日本ナンバーワンの東京エレクトロンが統合するとの発表があり、製造

表3－19　装置メーカーの再編及びグループ企業の各装置におけるシェア

装置名		市場規模	TEL+AMAT	Lam Reserch	ASMIグループ	KLA-Tencor	日立グループ	アドバンテスト
他	電子ビーム描画装置	386						
	マスク・レチクル検査装置	407	22			34		
前工程装置	露光装置	6,958						
	コータ＆デベロッパ	1,469	89					
	Poly-si用エッチング装置	1,140	46	41			10	
	酸化膜用エッチング装置	2,025	70	26			1	
	メタル用エッチング装置	964	35	53			5	
	アッシング装置	206		12			43	
	洗浄・乾燥装置	2,678	17	8				
	酸化・拡散炉	689	52		7		32	
	ランプアニール装置	410	83					
	中電流イオン注入装置	385	61					
	高電流イオン注入装置	714	74					
	高エネルギーイオン注入	114	51					
	減圧ＣＶＤ装置	723	49		8		38	
	プラズマＣＶＤ装置	1,743	61	31	4			
	メタルＣＶＤ装置	441	46	49				
	スパッタリング装置	1,662	71	6				
	エピタキシャル成長装置	182	66		15		3	
	ＣＭＰ装置	958	50					
	Cuめっき装置	381	13	77				
	ウエーハ検査装置	2,315	9			50	20	
組立工程	ダイサ	634						
	ダイボンダ	607			26		23	
	ワイヤボンダ	752			29			
	TABボンダ	64			68			
	モールディング装置	450			18			
	マーキング装置	48						
検査装置	ロジックテスタ	686						42
	メモリテスタ	241						77
	ミクストシグナルテスタ	1,370						42
	プローバ	438	46					
	ハンドラ	426			8			16
	バーンイン装置	91						28
関与装置市場規模合計		32,757	19,838	11,240	5,636	2,722	8,851	2,814
関与装置市場規模／総合計		100.0	60.6	34.3	17.2	8.3	27.0	8.6

注：関与装置市場規模合計とは、各企業群等において生産に関わっている装置の市場規模を合計したものである。また、その下段は、生産に関わっている装置の市場規模が、表に掲載した装置の市場規模合計に対する構成比である。
資料：電子ジャーナル編『半導体製造装置データブック』2014年版、より作成。

装置産業界、半導体産業界のみならず、日本産業界に激震が走った。しかし、この統合問題は、2015年4月27日に統合撤回という発表を持って収束することになる[51]。

結果として、統合撤回に至ったが、こうした世界レベルでの企業合併、買収

は、世界の半導体製造装置産業においては、今後とも様々な形で計画・実行されていくことが予想されていることもあり、今回の統合計画により予想されていた様々な影響等を検討することは、今後の業界再編問題を見通す上で有益であると考えている[52]。

（1）　製品領域の拡大がみられる企業及び企業グループの実態

まず、世界の半導体製造装置産業において、装置生産が幅広く展開されている装置メーカーと企業グループの「製品領域」を表3－19にしたがってみていくことにしよう。なお、この表は、電子ジャーナル編『半導体製造装置データブック』2014年版の2012年実績を基に作成している。

もし米アプライドマテリアルズと東京エレクトロンが統合されたならば、それは、前工程の主な製造装置20装置のうち、露光装置とアッシング装置を除く18装置を備える装置メーカーの誕生を意味した。しかし、この統合計画については、競合メーカーである装置メーカーだけでなく、ユーザーである半導体メーカーからも好意的な声は聞こえてこなかった。むしろ、この合併に対する危惧が、様々な立場の違いから発せられていたのである。

半導体メーカーからは、強大な装置メーカーの出現に対する危惧が聞こえている[53]。それは価格決定権に対する競争関係と、技術革新を目的とした競争関係が削がれるのではないかということのようである。

これに対して、競合する装置メーカーは、巨大な装置メーカーの競争力が高まることを警戒する声も少なくないが、それ以上に次のような点を懸念している。それはプロセス工程の編成において、連続する工程の装置を備える装置メーカーの競争力が高まるのではないかという懸念である。しかし他方では、ど

51）米司法省による独占禁止法関連の審査における諸問題の解決の目処が立たないことを理由とする統合撤回であったようである。「日本経済新聞」2015年4月28日付。
52）この統合問題に対する本書の原稿は、2015年4月28日時点では書き終えていたが、撤回の発表があったことを記載すると共に、そのこととの関連の表現を少し変えるにとどめ、著者がこの問題をどのように捉えていたかについては、変更しないこととした。
53）半導体メーカーから直接聞いたのではなく、多くの半導体メーカーからの間接的な聞き取りの結果である。

の装置を、どのように配置するかは、半導体メーカーのプロセス技術に基づくものであり、たとえ連続する工程の装置を開発製造したとしても、競争力を備えることはできないのではないかという逆の見方もある。

いずれの見方が正しいかどうかについては、統合撤回により検証することができなくなったが、これほど大規模でなくとも、いくつかの連続性、あるいは特定領域の装置群をカバーしたときの装置メーカー間の競争関係や、半導体メーカーとの競争関係に影響を及ぼす合併、買収等がどのように取り組まれていくかについては、今後とも注視していかなくてはならないだろう。

（2） その他の企業グループ編成の特質

こうした点を踏まえ、次に注目すべきなのは、装置産業内では製品領域の拡大を実現してきた「買収、合併、提携等」と企業グループの再編などが展開されてきていることである。

一つは、前工程における製品構成において、20装置のうち、9装置に関わっている米ラムリサーチが買収によって製品領域を拡大してきたことがあげられる。具体的には、93年の旧ジェネラルシグナル傘下の米ドライテックの買収、08年のオーストリアSEG（洗浄装置）の買収、12年米ノベラスシステムズ（CVD装置）の買収などがあげられる。

二つは、同じく前工程で8装置を備える日立グループがあげられる。それは日立ハイテクノロジーズと日立国際電気の2社を指すが、先のケースとは異なり、企業グループ内の再編によって、拡大というよりも縮小のケースであり、プロセス工程での影響力低下は、半導体メーカーとしての日立製作所の競争力低下が間接的に影響していると考えられる。

三つは、検査装置分野において製品領域を拡大しているアドバンテストのケースが注目される。アドバンテストは、03年に日本エンジニアリング（バーンイン）を100％子会社とし14年に吸収合併、08年に米クレデンスシステムズの独現地法人（車搭載用テスタ）の買収、11年に米ベリジィ（非メモリテスタ）の買収などによって、製品領域の拡大と、競合メーカーの買収によるシェア拡大に踏み出してきたのである。

そのほか、表にあるように組立工程の蘭 ASMI グループ、検査装置の米 KLA テンコールなどの例もあるが、先の計画されていた米アプライドマテリアルズと東京エレクトロンの統合による製品領域の幅広さ、さらには半導体生産の技術革新の焦点ともいうべきプロセス工程における圧倒的な幅広さは、これまでの装置メーカー、グループ企業を大きく超えるものであり、それが今後の半導体製造装置産業の再編をどう促進するのかについては、今になっては検証すべくもないが、半導体メーカーと装置メーカーの新たな戦いの始まりを予感させるものとなった。

第4章　生産機械産業の諸問題と企業の取り組み——事例研究

　ここまで、外需依存を強めている半導体製造装置産業と工作機械産業の構造的特質などについてみてきたが、本章では両産業をめぐる様々な問題、また著者の関心事などを、事例企業の取り組みを紹介しながら、理解を深めていくことにする。

　なお、ここで紹介する企業の記述内容については、企業個々を詳しく分析する紙幅もなく、それぞれの事業活動の部分的評価にとどまっていることを断っておきたい。

第1節　半導体製造装置産業の寡占化と業界再編の中で

1．プロセス装置の技術革新と装置メーカーの「装置貸し出し」

　半導体生産における微細化、大容量化に代表される技術革新の焦点の一つに、プロセス工程におけるプロセス技術開発があげられる。現在では、次世代の先進的なプロセス工程の研究開発は、極論すれば、特定のユーザー企業と限られた製造装置メーカーとの共同研究開発の場と、世界的な研究開発機関における研究開発の場にしかないとまでいわれるようになっている。それは、先進的な半導体のプロセス開発と一体となった製造装置開発に要する研究開発費が、巨額化し続けていることを背景にしている。

　こうした研究開発のうち、量産立ち上げに関わる開発費について、佐野昌は次のように指摘している[1]。「量産では開発段階でわからなかった問題がしばしば発生する。信頼度に関係する問題、歩留に関係する問題など、次々と発生する問題を対策して歩留をカイゼンし安定量産に至るまでには、大量の試作・評価を行うが、これがかなりの規模となる。この量産立ち上げに関する費用は

---

1) 佐野昌（2009）、53頁。

正確に把握しにくいが、大雑把に言えば最初の CMOS 基本プロセス開発費と同じくらい金額がかかる」。

他方、プロセス装置開発と販売においては、装置メーカーが開発した装置を半導体メーカーに貸し出され、それを使ってのプロセス処理の技術革新が、試作等を通じて行われている。そして、そこで得られたプロセス技術のうち、装置仕様に関わる情報のみが装置メーカーに伝えられ量産機が製造されるという構図になっている。この「装置貸し出し」と、先の佐野が指摘した量産段階での「試作・評価」は、微妙に異なっているようにみえるが、両者の境はそれほど厳密なものではなく、重なっているところが少なくないのではないかと思っている。これについては、今後検証する必要がある。

いずれにせよ、ここでは蘭 ASMI の日本法人である日本 ASM と、日立国際電気、カイジョーの3社を取りあげ、「装置貸し出し」に焦点を当てながら、この問題を検討していくことにする[2]。

(1) プラズマ CVD 装置の開発と装置貸し出し——日本 ASM

蘭 ASMI の日本法人である日本 ASM[3]は、1982年に ASM アメリカ（米国法人）が製造していたプラズマ CVD 装置の輸入販売会社として設立される。85年には、ASM アメリカが製造していた装置をノックダウン生産するために新潟県長岡市に工場を建設する。その後、日本の半導体メーカーのプロセス技術力の向上と共に、日本向けのプロセス技術開発を開始し、90代に入ると装置開発にも踏み出すなど、日本市場をターゲットに事業領域を拡大してきた。

2000年には、日本 ASM が独自に開発製造したプラズマ CVD 装置がインテルに採用され、その後に他の半導体メーカーへの納入に繋がるなど、日本法人としての役割は変化していくことになる。その変化は、日本市場の依存度が、80年代90％であったのが90年代に80％、2000年代に50％、10年代に20％と急減

---

[2] ここでの「装置貸し出し」については、事例で取りあげる3社以外の装置メーカーからも聞き取ることができていることを記しておく。
[3] 1982年設立された蘭 ASMI の日本法人（日本エー・エス・エム株式会社）、資本金4,600百万円、従業員数188人、HPより。ヒアリング調査は、2013年9月5日。

したことに重なっている。

さて、世界市場をターゲットにする同社は、開発した製造装置が量産装置として販売できるまでには数年もかかることを指摘する。たとえば、インテルなどの半導体メーカーへの販売は、開発した装置の機能性とか優位性などを説明するデモストレーションから始まり、その装置をテストしてみようとの回答を得ると、それをユーザーに貸し出し、各種の試験、試作などの研究を積み重ねてもらうことになる。この「装置貸し出し」は、ユーザーにとっては、製造装置を使ってのプロセス技術の開発であり、装置メーカーにとっては量産機製造のための各種情報を得る機会でもある。しかし、ユーザーがテストして得たプロセス技術のうち、装置メーカーに伝えられるのは、装置製作に関しての情報に限定されている。

ところで、「装置貸し出し」に要する経費は、どのように計上されているのであろうか。これは想像の範囲であるが、共同研究であるとして研究開発費に計上されているのか、あるいは製品販売の際にかかった費用を上乗せするという方法が採られているかのいずれかではないだろうか。しかし、この費用は、決して小さなものではない。日本ASMでは、有力なユーザー3社に、それぞれ1台3億円ほどの装置を、5人のスタッフの人件費と試作等に必要な材料費で年間5千万円ほどを加えて貸し出しているという。これを新機種ごとに、3年ほどの試作・評価期間を要するとなると、製造装置費は9億円（販売価格で表示、何年でも同じ金額）、その他経費は4億5千万円（1社5千万円×3社×3年）という規模になる。推定年商100億円[4]ほどの日本ASMにとって、けっして楽な負担ではないだろう。

（2） 製品展開と装置貸し出し──日立国際電気

日立国際電気[5]は、1949年設立の国際電気と日立電子、八木アンテナが2000年に合併して生まれた日立製作所のグループ企業である。半導体製造装置事業

4） 現在（2015年）、日本ASMは新製品投入により新規顧客への浸透を図り、17年の推定年商は、300億円ほどに拡大する模様である。
5） ヒアリング調査は、2012年10月22日、10月29日。

については、旧国際電気の事業領域であり、これまで様々な製造装置を開発製造してきている。60年代にはシリコン引き上げ装置が開発され、その後は横型CVD拡散装置、Epi成長装置、ICハンドラ、スパッタリング装置、エッチング装置、抵抗率測定器、LCD用CVD装置、バッチ成膜装置、SIMOXアニール装置、アッシング装置、表面処理装置、多枚葉成膜装置などを手がけるなど、成膜装置を中心とした製品展開に特徴をみることができる。現在では、すでに製造中止している製造装置も少なくない。

　生産拠点としては、かつては東京、山梨などにも展開していたが、現在では富山工場に集約し、開発から製造に至るまで手がけている。富山工場の従業員数は600人ほどであり、現在の主力製品は、酸化・拡散炉、減圧CVD装置の縦型熱処理装置である。

　ところで、先の日本ASMで取りあげた販売に至るまでの「装置貸し出し」についてであるが、日立国際電気によると、こうしたやり方は、80年代では実施されておらず、ウエーハ300mm時代に突入後に始まったという。なぜ300mm突入後なのかについては、聞き取ることができていないが、おそらく、300mm時代における微細化、大容量化が、それまでの技術レベルを大きく超えるものであったからではないだろうか。プロセス技術としては目処が立っていようとも、量産技術としては解決すべき点も多く、そのことから「装置貸し出し」がこれまで以上に必要になったのではないだろうか。これは量産段階でのプロセス処理の難しさという技術上の事情として考えることができる。

　また、こうした「装置貸し出し」による試作等の評価を、半導体メーカーと装置メーカーのいずれによる要請あるいは申し出によって始めたかは定かではないが、いずれにせよ微細化と大容量化に伴う装置開発費の高額化を、両者が負担するという考え方が根底にあったのではないだろうか。もちろん、こうした費用負担問題については、一方だけから評価することはできないが、半導体産業における寡占化と、アジア勢の台頭が少なからず影響を与えているものと考えられる。

　いったい、同社の製造装置の貸し出し台数は、どのくらいになるのであろうか。同社の半導体製造装置事業の売上高は、およそ600億円ほどであり、先の

日本 ASM の台数を大きく上回っていると想像できよう。また、こうした試作・評価において得たプロセス技術の大半は、日本 ASM の例でみたように半導体メーカー内部に蓄積され、同社に伝えられるのは、装置改良に必要な情報に限定されているという。事実、半導体メーカーがどのようにガスの圧力、温度、濃度、混合などの条件設定を行い、熱処理をしているかは想像の域を出ないという。

　（3）　洗浄装置からの撤退——カイジョー
　1948年、カイジョー[6]は魚群探知機などに代表される超音波技術を備えた半官半民の企業として設立される（海上電機）。戦後は、日本電気傘下の企業となり、超音波洗浄装置事業と、ボンディング装置事業を2本柱として歩んできた。しかし、2000年代中頃には、日本電気から投資会社へ株式が売却され、さらに11年には澁谷工業を親会社とする装置メーカーとなる。
　現在の事業分野は、超音波洗浄事業とボンディング装置事業から構成されている。ただし、超音波洗浄事業は、完成品としての半導体洗浄装置から撤退し、洗浄装置の中核ユニット部品である「ハイ・メガソニック」をかつて競合関係にあった洗浄装置メーカーに販売する事業や、他の産業分野向けの洗浄装置事業へと大きく変化している。また、ボンディング装置についても、IC 用の割合は1、2割で、他は LED 用が占めるなど変化している。
　さて、同社が半導体に関わる超音波洗浄装置において、装置メーカーからユニット部品メーカーに転じたことについては、もちろん最大のユーザーであった日本電気本体が半導体事業から撤退し受注減に直面したことが影響しており、売上規模が縮小すると「製作環境（装置貸し出しを含む）」の負担が相対的に大きくなったことを理由の一つにあげている。何億、何十億円という資金を寝かすのは、事業規模が縮小した企業では容易でなくなるという。
　とはいえ、同社の超音波洗浄に関する技術力の高さは、今なお同社製のハイ・メガソニックを組み込んだ製造装置を求める半導体メーカーが数多く存在

6）ヒアリング調査は、2013年9月18日。

することや、あらゆる分野における超音波洗浄機の競争力という点で、次なる発展場面の構築に繋がっている点に留意しておきたい。

以上の3事例が示すように、プロセス技術の開発と量産機仕様の確立を目的とした「装置貸し出し」は、一定量の量産装置の販売に繋がるための必須の取引条件になっている。しかし、このことは装置メーカーにとって巨額の資金の固定化をもたらすものであり、それに対応できる企業のみが生き残れるという競争関係にあることが指摘できよう。

2. シェアの逆転要因と先進技術領域における開発競争の焦点

ニコンと蘭ASMLのシェア逆転を、90年代に誰が想像できたであろうか。この点、この逆転の前である2000年頃の両社の競争力について、中馬宏之・青島矢一[7]は、ASMLの大躍進を「徹底したアウトソーシングと密接な企業間R&Dコラボレーション（と）……徹底したモジュラー設計思想にある（とする）……通説が必ずしも妥当しない」との考えのもとに、ASMLとニコン、キヤノンを聞き取り調査に基づき、詳細に分析している。ここでは、それが妥当しているかどうかを議論する紙幅もないが、10年代の現在でも、相反する意見が飛び交っているという点を指摘するにとどめておきたい。

さて、ここでは現在、次世代技術として注目を浴び続けているEUV露光装置に対して対照的な将来展望を持つニコンとASMLを取りあげながら、今後の両者の競争関係にどのように影響するかを整理しておくことにする。本来、両者の競争関係を議論する場合、最先端の技術領域を詳細に取りあげる必要があるが、その先行きがみえないだけでなく、技術的に素人の著者が踏み込むにはあまりにも荷の重い分析対象であり、また正確性という点でも問題があるので、概要を整理するにとどめておきたい。

（1）競争力要因とEUV露光装置の取り組み——蘭ASML

蘭ASML[8]は、1984年蘭フィリップスからスピンアウトしたガレージ企業

---

7) 中馬宏之・青島矢一（2002）、301-335頁、では、基幹ユニット別のアウトソーシングの実態にまで踏み込み、詳細に分析している。

（ベンチャー企業）として出発する。1984年では世界シェア1％でしかなかった企業が、2007年には65％に、そして13年（予測値）では80％という圧倒的なシェアを獲得している。こうした圧倒的な競争力を備えてきたことに対して、ASMLジャパン[9]は、次のように説明する。

　一つは、装置製造に関してのトータルシステムを構築できたことをあげている。具体的には、装置個々にベストなモジュールを組み合わせるシステムの構築であり、それをコントロールする力、すなわちシステムエンジニアリング力、システムインテグレーションが重要であると指摘している。

　二つは、周りをうまく巻き込むことができたことをあげている。ここでいう「周りをうまく巻き込む」とは、先のベストなモジュールを組み合わせるということと重なるが、「周りとの関係」が、アウトソーシングとか下請とかにとどまるものではないことが一つのポイントになりそうである。

　通常のアウトソーシングとか下請と異なり、同社がいう「周りとの関係」とは、販売面でも相互に責任を取る、すなわち値引きせざるを得ないときには痛みを分け合う関係のようである。これは、下請に対する部品等の納品価格を引き下げさせることに重なるように思えるが、そうではなく同社が技術的に内部化できていないレンズ、ステージ、光源、ボディ、アライメントなどに関して外部の専門企業の力を結集することで製品競争力を生み出し、利益と痛みを含めて分け合う仕組みであるという。けっして、この仕組みは意図したものではなく、同社が露光装置を開発製造するには、外部の力を活用せざるをえなかったことに注目しておきたい。投影レンズの独カール・ツァイス、ステージの蘭フィリップスなどとの関係は、その典型といえよう。

　そうした周りとの関係を築くことで発展してきた同社であるが、次世代のEUV露光装置に対する量産機の開発については、レーザー光源メーカーであるサイマーを買収するなど、内部化対応に踏み出しているようにもみえる。し

8）蘭ASMIと蘭フィリップスによる出資と、その後のASMIの株式譲渡等については、中馬宏之・青島矢一（2002）、306頁、に詳しい。
9）蘭ASMLの日本法人であるエーエスエル・ジャパン株式会社（ASMLジャパンと表記する）は、資本金2,725百万円、従業員数220人、HPより。ヒアリング調査は、2013年12月3日。

かし、2014年2月の国際光工学会でTSMCが発表したEUV露光装置の故障というニュース[10]は、量産機製造までの道のりが遠いのではないかと思わせるものであった。ところが、2014年12月に開かれた「SEMICON Japan 2014」においてASML[11]は、量産機を7台ユーザー企業に納入済みで、4台製造中であることを発表すると共に、納入済みの量産機では1日当たり500枚を超える露光に成功したというように事態は変化し続けているようである。

実際、2013年秋頃には、EUV露光装置は、1時間当たり5－6枚程度しか処理できないとみられていたが、2014年の発表はそれを大きく超えていたのである。もちろん、現状の量産機であるArF液浸露光装置での1時間当たり180－200枚という処理能力にはほど遠いが、着実に量産化に近づいていることは間違いないようである。

（2） 起死回生の露光装置開発への期待——ニコン

露光装置市場において、ニコン[12]とキヤノンの日本企業が圧倒的なシェアを獲得していたのは、何年前のことであったのだろうか。ニコンが露光装置の製作に乗り出したのは、超LSI技術研究組合の要望を契機とするものであり、78年には国産第1号の納入に成功したという[13]。当時の方式は、何枚ものレンズを使い、10分の1ほどに縮小投影するというものであった。その後、露光装置の技術革新は凄まじく、g線、i線、KrF、ArF、ArF液浸というように発光源は変化し続けてきたのである（表4－1）。現在、ArF液浸露光装置を製造しているのは、ニコンとASMLの2社のみである。

ところで、ニコンはASMLにシェアを奪われたことについて、90年代の日本半導体メーカーと装置メーカーの関係を例に、次のように説明している。90年代の日本半導体メーカーは、半導体生産においてプロセス技術がコア技術で

---

10) 週刊ダイヤモンド編集部「世界最大手の最新装置故障で半導体製造復活狙う日本勢」『DIAMOND onlin』2014年4月8日。
11) 日経新聞社「ASMLがEUV露光装置の開発状況を説明、量産導入は『10nm世代の論理LSIから』」『日経テクノロジー　onlin』2014年12月5日。
12) ヒアリング調査は、2013年11月1日。
13) 垂井康夫（1991）、155頁。

表4-1　ニコンの発光源別露光装置の販売台数の推移

年度	99	00	01	02	03	04	05	06	07	08	09	10	11	12	13
i線	45	56	46	41	91	113	70	77	58	20	4	16	35	*16*	*12*
KrF	52	43	52	48	37	63	46	41	15	14	16	12	28	*3*	*8*
ArF	3	1	2	11	30	17	43	33	58	10	1	1	*3*	*8*	*11*
ArF液浸								7	15	16	15	28	*18*	*13*	*9*
EB					1										
EUVL									1						
計（新品）	305	400	236	143	159	193	159	158	146	61	36	57	55	25	32
中古	－	7	14	12	46	59	29	22	18	17	13	25	29	15	8
計（中古含む）	－	407	250	155	205	252	188	180	164	78	49	82	84	40	40

注：年度の表記は、14年3月期決算を13年度としている。
　　斜字は、中古を含む台数である。したがって、数値の合計は、「計（中古を含む）」に一致する。
資料：ニコン「決算関係データ」各決算期、より作成。

あると考え、それぞれが蓄積してきた固有なプロセス技術に基づく製造装置を、標準機仕様ではなく特殊仕様で作らせていた。ところが、当時台頭してくる韓国、台湾の半導体メーカーは、自社のプロセス技術が劣っていることもあり、効率性を重視した標準仕様になっているAMSL製を積極的に導入していくことになる。それはマニュアル化されたプロセス技術を導入することで、当時最先端の1メガの半導体が製造できるようになったことと重なっている。

そうしたマニュアルに基づくプロセス工程での生産システムを、日本半導体メーカーやインテルは評価せず、それぞれ独自のプロセス技術にこだわり続け開発し続けた。こうした技術面のこだわりは、装置メーカーであるニコンも同じであったという。これに対して、ASMLは、早くから多くの半導体メーカーのプロセス技術者を迎え入れるなどして、プロセス工程における課題解決を主体的に取り組み、結果として使い勝手の良い装置開発を進めることに成功したようである。そしてこのことが、半導体生産をリードすることになる韓国、台湾メーカーの発展と重なり、結果として時代の変化への対応の一つになったようである。

他方、ASMLが着実に成果をあげているEUV露光装置に対して、研究開発費を1000億円ほどの投じながら中止するという経営判断をしたニコンはこの問題をどのように考えているのであろうか。もちろん、中止したことからも想像できるように、次世代露光装置としての可能性が低いと判断したと考えられる。

3．個別製造装置におけるシェア上位日本装置メーカーの競争力

　半導体製造装置産業における装置ごとにみられる寡占化は、どこまで進展していくのであろうか。ここでは、洗浄装置市場において、着実に競争力を高め続けることでシェアトップ企業として発展している大日本スクリーン製造と、CMP 装置をめぐり米アプライドマテリアルズと激しい競争を繰り広げている荏原製作所に焦点を当てながら、半導体製造装置メーカーの競争優位の実態をみていくことにする。

（1）　競争優位に立つ洗浄装置メーカー——大日本スクリーン製造

　大日本スクリーン製造（現、SCREEN セミコンダクターソリューションズ）[14]は、1868（明治元）年に設立された石田旭山印刷所から1943年に分離独立した企業である。分離独立後のコア技術は、印刷技術の延長上にあるガラススクリーンなどのフォトリソグラフィ技術である。電子業界参入後は、ブラウン管テレビのシャドウマスクを手がけ、さらに関西の電機メーカーからの誘いにより半導体製造装置分野にも踏み出すことになる。2014年3月期の売上高では、半導体機器事業が69％を占めている。その主力製品の世界シェアは、枚葉式洗浄装置が54％、バッチ式洗浄装置が80％、スピンスクラバーが64％とトップを維持し続けている[15]。

　さて、同社の競争力について、湯之上隆[16]は、①液体材料を使う製造装置は日本が強いことと、②洗浄装置は完全カスタム化していることの二つを理由にあげている。このうち①については、「液体材料を使う装置では、コータ＆デベロッパの TEL、洗浄装置の大日本スクリーン、CMP の荏原製作所と、日本

---

14) ヒアリング調査は、2013年11月29日。2014年10月に大日本スクリーン製造は、持株会社 SCREEN ホールディングのもとに組織改正されている。従来の半導体製造装置事業を手がけていた半導体機器カンパニーは、SCREEN セミコンダクターソリューションズとなる。
15) 大日本スクリーン製造「経営レポート2014」2014年7月、12頁、より。「枚葉式洗浄装置」とは、液薬をスプレーして、ウエーハを1枚ずつ洗浄する装置、「バッチ式洗浄装置」とは、複数枚のウエーハを一度に液薬などに浸して洗浄する装置。「スピンスクラバー」とは、ウエーハを柔らかいブラシと純水で物理洗浄する装置。「会社案内」より。
16) 湯之上隆（2010.11）、50頁。

メーカーがトップシェアを獲得している」という事実を提示するにとどまっているが、同社では日本の薬品メーカーとのコラボができることを強みとしてあげている。ただし、これはライバルであった東京エレクトロン（TEL）も日本企業でありながらそれに触れていないという点で、欧米企業に対する競争優位の理由にとどまるものといえよう。

　また、②のカスタム化について同社は、洗浄工程が他のプロセス工程に比べ、評価が難しいこと、数値化が難しいことをあげ、グレーゾーンという表現で説明する。それは、ユーザー個々のプロセス技術の違いもあるが、それぞれ異なるユーザーが要求してくる処理内容に、一つひとつ異なる対応が求められるという装置の特殊性を反映したものといえよう。

　一方、同社は、韓国、台湾半導体メーカーの台頭が洗浄装置の取引内容を変えていく契機になったことを指摘する。変更内容とは、装置メーカーに使用方法を含めたプロセス評価とその保証を、購入条件の一つにするようになったことを指す。当初は、装置納品後は半導体メーカーの責任で使いこなすものだと断っていたが、ユーザーとしての存在感が強まってくることで、品質保証という意味での「プロセス評価と保証」に対応せざるを得なくなったという。そうした「プロセス評価と保証」は、現在では日本半導体メーカーも同様に要求してくるようになっている。

　ところで、同社の洗浄装置の価格であるが、一般的な枚葉式洗浄機（１時間当たり処理能力600〜700枚）は４〜５億円、バッチ式洗浄装置は２〜３億円、さらに最先端の枚葉式洗浄装置（同、1000枚）になると、７〜８億円ほどである。2013年現在では、最先端の装置の売れ行きが良くないが、200mm以下のウエーハ処理用の装置需要も少なくないという。このため、同社では車載用などのパワーデバイスやオプトデバイスなどをターゲットとした200mm以下のウエーハ用洗浄装置需要に対しても、新機種を投入するなど、多様な需要にきめ細かく対応している[17]。

---

17) 大日本スクリーン製造「経営レポート2014」2014年７月、13頁、より。

(2) CMP装置開発と寡占化の中での企業間競争——荏原製作所

半導体製造装置分野で荏原製作所[18]といえば、CMP装置を代表的な装置とする企業である。しかし、同社の半導体製造装置関連事業は、CMP装置と実装めっき装置だけでなく、各種製造装置に組み込まれるポンプと排ガス処理装置の開発製造にも広がっている。

荏原製作所は、1912（大正元）年に創業した「ゐのくち式機械事務所」が、法人化し20（大正9）年から手がけはじめるポンプ事業を機軸に発展してきた企業である。半導体関連の事業は、85年富士通との取引における各種装置のポンプ開発に乗り出したことに始まる。86年にはドライ真空ポンプを納入し、その後も排ガス処理装置、ガス供給システムを開発し、さらに92年にはCMP装置の1号機を納入するように製品領域を拡大してきた。

半導体製造装置用のポンプ開発は、荏原製作所の最も得意とするコア技術の応用であり、自社のノウハウが活かされているが、半導体プロセス技術に基づくCMP装置の開発は、自社の技術蓄積がないことから半導体メーカーの技術者を5～10人ほど採用することで開始したという。こうした製造装置メーカーによる外部のプロセス技術者の採用による内部化のケースは、先のASMLにもみられたように一般的なものといえよう。

同社のCMP装置の競争関係は、90年代では10社以上の企業で繰り広げられていたが、現在では第3章の表3－12に示すとおり上位2社で9割を超える寡占状態にある。他の装置において上位1社のシェア拡大に向かっているケースが増えているが、CMP装置市場では、同社を含めて上位2社による寡占状態が維持されているという特徴がみられる。しかし、第3章でもみたように、同社のライバルの米アプライドマテリアルズと東京エレクトロンが統合するというニュース[19]は、プロセス装置をほぼトータルに備える巨大企業が生まれることを意味しており、プロセス装置全般の競争関係に影響するのではと、同社のみならず業界あげて注目していたところであるが、2015年4月に統合撤回が発

---

18) ヒアリング調査は、2013年12月20日。
19) 2013年9月に発表され、14年末には統合されるとしていたが、15年4月27日に統合撤回が発表される。「日本経済新聞」、2015年4月28日付。

表された。

4．欧米有力装置メーカーの事業戦略と経営特性

2012年の世界の半導体メーカーの上位5社は、米アプライドマテリアルズをトップに、順に蘭 ASML、東京エレクトロン、米ラムリサーチ、米 KLA テンコールと続いている。実に、上位5社のうち欧米企業が4社を占めるなど、世界の半導体製造装置業界は、60年代から80年代初めまでにみられた欧米企業時代を迎えたようにもみえる。いったい、欧米企業の経営は、日本企業と何が違うのであろうか。ここでは、そうした点を、ラムリサーチ、KLA テンコール、ASML の日本法人でのヒアリング調査に基づき探っていくことにする。

(1) 企業価値向上と日本におけるサービス体制——米ラムリサーチ

米ラムリサーチ[20]は、1980年創業の世界トップのドライエッチング装置メーカーである。93年に旧ジェネラル・シグナル傘下の米ドライテックを買収、08年洗浄装置のオーストリア SEZ を買収、そして12年に CVD 装置などの米ノベラス・システムズを買収するなど、積極的に事業領域の拡大を図りながら企業価値の向上に取り組んできている。

ラムリサーチの技術力については、とても著者の知識では判断できないが、湯之上[21]によると300mm 以降の絶縁膜の素材変化の対応技術に求めることができるようである。それはアルミによる配線から、直接ドライエッチングすることの難しい銅への変化における技術革新が貢献しているように思える。

ところで、米ラムリサーチの日本法人であるラムリサーチは、日本市場を対象に設置後のメンテナンス事業を主に総勢250～260人体制で整えている。このメンテナンス等のサービス体制は、基本はユーザー企業の工場に近いところに拠点を構えるのがベストであり、ユーザーの工場内に常駐しているケースもあるという。また、メンテナンス技術についての教育・トレーニングは、米国で

---

20) 日本法人名は、ラムリサーチ株式会社。ヒアリング調査は、2013年12月24日。なお、ヒアリング内容の大半は、公表されていない内容であり、企業からの要請で記述は控えている。
21) 湯之上隆（2009. 9）、45-46頁

行い、日本国内ではOJTでレベルアップさせていくという方法が取られている。しかし、ラムリサーチ全体に占める日本市場の割合は、10%[22]程度であり、現在のメンテナンス体制は徐々に縮小していくのではないだろうか。

（2）　プロセス工程における検査装置の技術革新――米KLAテンコール

米KLAテンコール[23]は、1976年に設立された米KLAインスツルメンツと、同じく76年設立の米テンコールインスツルメンツが、97年に合併して誕生した世界最大の半導体検査装置メーカーである。両社の事業領域は、半導体の検査装置と、計測器であることに共通するが、競合製品は一部のみで、大半は異なっている。

この点、両社は、事業領域が近接していることもあり、シナジー効果を期待したようであるが、現時点ではその効果を確認するに至っていない。しかし、それ以上に規模拡大と株価維持を含めた企業価値の向上という成果を重視した上での経営判断であったようである。

ところで、両社は、シリコンバレーで設立されたベンチャー企業である。米国装置メーカーの多くは、たとえベンチャー企業であろうとも、プロセス技術の内部化を目的としたプロセス技術者の採用を積極的に進めてきている。こうしたプロセス技術の内部化は、日本の装置メーカーも同様にプロセス技術者の採用により進めてきたという点では共通する。しかし、両者の装置開発は、半導体メーカーとの関係からみると微妙に異なっている。欧米装置メーカーと欧米半導体メーカーの間での装置開発は、契約に基づく取引に特徴があるのに対し、日本装置メーカーと日本半導体メーカーの下での装置開発が、過去形になりつつあるといえども従属的な関係が残っているという違いを指摘することができよう。

22）2013年6月期、日本の売上高は10.2%、『半導体製造装置データブック』（2014年版）、450頁より。
23）『半導体製造装置データブック』（2014年版）、447頁。なお、日本法人ケーエルエー・テンコール株式会社（資本金480百万円、従業員数340人）のヒアリング調査は、2013年12月19日に実施しているが、原則非公開を条件にしたことから、ここでは公開資料、あるいは一般論の記述にとどめておきたい。

しかし、今日では、欧米装置メーカーに限らず、日本装置メーカーを含めて、プロセス技術の内部化が一段と進み、極論すれば装置メーカーがプロセス技術に基づいた装置開発と製造を手がけ、半導体メーカーは装置を評価するだけというように変化している。こうした半導体装置メーカー主導の装置開発は、KLA テンコールでも大差ないと考えられる。

　さて、現在では、半導体生産において、検査の重要性がこれまで以上に高まっている。いかに歩留まりをあげるかが半導体生産の重要なテーマの一つであるが、微細化の進展している現在、プロセス処理ごとに検査することの重要性が高まっている。歩留まりを上げるとは、不良を出さないことであるが、たとえばエッチング工程の前であれば、再生が可能であるなど、不良を早期に発見し、再処理していくということも一つの方法のようである。

（3）　サポート体制とユーザーの稼働率に対する考え方——蘭 ASML

　製造装置メーカーにとって、装置開発が重要であることはいうまでもないが、本書で比較対象とする工作機械に比べ、確立された技術のみによって開発製造されている生産設備ではないことに留意する必要がある。そのことが、先にみたプロセス装置の「貸し出し」に基づく「試作・評価」という特異な取引関係をもたらした理由の一つであろう。しかし、量産機の納入後も、各種のサポートが求められるのは、生産設備産業ゆえの宿命であるかも知れない。

　ASML のサポートと、日本企業のサポートでは、次のような違いがある。たとえば、装置トラブルの場合、日本の装置メーカーの多くは、半導体メーカーと一緒に解決しようとする傾向が強いのに対し、ASML では生産ラインへのインパクトを最小限にとどめることを優先し、ときには即座にモジュールごとに交換し、速やかに装置を復旧させるという対応をとり、その後に問題の原因を究明し、再発防止に努めているという。ここに、日本企業との違いをみることができる。

　ところで、湯之上隆[24]は、ニコンと ASML の逆転をもたらした要因の一つ

24）湯之上隆（2009. 8）、44-45頁。

として、処理上の品質の高さではなく、バラツキ（機差）をあげている。ニコン製は、品質が高いものの、機種ごとにバラツキ（機差）があるのに対し、モジュール化された ASML 製は品質面で劣ろうとも装置ごとのバラツキが小さいという違いを指摘している。このことが、工程編成において特定工程の装置として配備される傾向が強いニコン製に対して、汎用性が高く特定工程の使用に限定する必要がなく複数工程の処理装置として使われる ASML 製が結果として稼働率を高めることに繋がっていると分析している。こうした指摘と分析が、現在も妥当するかは分からないが、ASML はユーザーが求める稼働率の向上を実現することを、現在も製品開発を含めたサポート体制の構築の柱としているようである。

　ここまで欧米企業 3 社を眺めてきたが、それぞれの内容は、個別企業のみに妥当するものではなく、欧米企業に共通する特質のような気がする。たとえば、企業価値の向上を基軸とする経営方針は、KLA テンコールのみならず、ASML、ラムリサーチでも、さらには日本 ASM でも聞くことができた。こうした株価に基づく企業価値の向上に対しては、近年日本企業も積極的に取り組もうとしているが、欧米企業の日本法人の日本人社長の大半は、かなり距離感があるとみている。

5．中小・中堅装置メーカーの困難と発展可能性

　半導体製造装置産業をめぐる諸変化が、数多くの中小・中堅装置メーカーを市場から退出させた要因のすべてとはいわないが、大きく影響したことは間違いないだろう。実際、微細化、大容量化が技術革新の焦点となっているプロセス技術については、多額の研究開発投資が必要なこともあり、大手装置メーカーを中心に取り組まれている。しかし、すべての製造装置において、大手装置メーカーのみが存在感を示しているのではなく、中小・中堅メーカーが独自の存立基盤を築き上げている例も少なくないことに留意する必要がある。

（1）　欧米企業との競争と特定技術領域での差別化――レーザーテック

　レーザーテック[25]は、マスク・レクチル検査装置において、米 KLA テンコ

ール、米アプライドマテリアルと激しいシェア競争を繰り広げている中小装置メーカー[26]である。2012年の世界の半導体製造装置販売全体において、アプライドマテリアルズは１位、KLAテンコールは５位の企業である。この点、レーザーテックの主力製品であるマスク・レクチル検査装置のシェアは、KLAテンコールに次ぐ２位で25％を数えている。

　ところで、レーザーテックにおけるマスク・レクチル検査装置の売上割合[27]は、マスクブランクス検査装置を含めて約70％であるが、KLAテンコールは２％、アプライドマテリアルズも１％にすぎない。このことを米国大手メーカー側からみると、自社の主力事業と位置づけるには市場規模が小さく、シェア拡大に本格的に取り組む事業に位置づけにくい分野と映ろう。そのことが、たとえ規模の小さい中小装置メーカーでも、大手装置メーカーと十分に戦える条件の一つになっていると考えられる。

　とはいえ、競争相手であるKLAテンコール全体の研究開発費が487,832千ドル（13年６月期、47,612百万円）[28]であるのに対して、レーザーテックの研究開発費は1,003百万円（13年６月期）[29]にすぎない。方針が変わり、KLAテンコールが巨額の研究開発費を大幅にマスク・レクチル検査装置に投じるならば、一気にシェア拡大に繋がるのではという危惧がないわけではない。

　しかし、両社の競争関係をさらに詳細に眺めると、レーザーテックはマスク・レクチルの位相シフト量測定装置においてシェア100％を獲得し、KLAテンコールは他の装置において高いシェアを獲得しているというように、それぞれ異なる技術領域で棲み分けしている製品領域もみられる。たとえ、競合する製品領域を構成していようとも、特異な技術領域を形成しシェア100％の装置

25）ヒアリング調査は、2013年11月11日。
26）レーザーテックは、マスク・レクチル装置の大手メーカーであるが、わが国の中小企業基本法の定義に基づくと、従業員が300人以下（単独193人、連結251人）であるため中小企業に分類されることになる。
27）米KLAテンコールは2012年６月期、米アプライドマテリアルズは2012年10月期、レーザーテックは2012年６月期。
28）米KLAテンコール「Annual Report 2013」。
29）レーザーテック「有価証券報告書2013年６月期」。

を開発製造しているレーザーテックの差別化戦略は、中小装置メーカーの発展可能性の一つの方向として位置づけることができよう。

（2）　改造再生事業と他分野への技術活用市場への展開——藤田製作所

　藤田製作所[30]は、完成した半導体を電気的ストレス（電圧、電流）と環境負荷（温度、湿度）を加え検査するバーンイン装置を手がける中小装置メーカーである。創業者は、日立の中央研究所などで半導体関連の仕事に従事していた技術者であり、1970年に独立創業する。現在、かつての仲間、知人が設立した中小装置メーカーの多くが、市場からの退出を余儀なくされている。こうした困難を前に、創業者は規模が小さくなろうとも存続していることを指して「勝ち組」だと自嘲気味にいう。

　さて、世界のバーンイン装置の2割のシェアを獲得していた藤田製作所は、日本の半導体メーカーの設備投資が縮小していることもあり、生産量の減少に直面している。しかし、新規製品の受注が減少している同社ではあるが、次のような事業展開に踏み出している。

　一つは、バーンイン装置の入れ替えではなく、旧装置の機能向上等の改造再生事業があげられる。現在、出荷台数ベースでは、ほぼ同数近くまで改造再生機が増えている。販売価格は異なるが、ある程度の収益性はあるという。二つは、自社の持つ電気系の技術力を活かした半導体分野と異なる各種電装関連の検査装置事業である。

　こうした改造再生事業と、これまでの装置開発で蓄積してきた技術ノウハウを活かした他産業分野に向けての事業の取り組みは、藤田製作所だけでなく、多くの中小装置メーカーの発展方向を示唆するものとして注目しておきたい。

（3）　半導体製品の多様化の中での発展可能性——アピックヤマダ

　アピックヤマダ[31]は、1950年創業のモールディング装置、リード加工機等の

30）2013年6月13日に著者は、30数年ぶりに藤田製作所を訪問する。現在の大型化した装置とは異なる小型であった昔の装置を思い出す。資本金189百万円、HPより。
31）ヒアリング調査は、2013年9月26日。

半導体製造装置を手がける中堅装置メーカーである。半導体分野への進出は、1968年のリードフレーム金型の製造に始まり、翌年の米国ハル社からの半導体封止用金型技術の導入によって本格化した。その後は、松下、東芝、日立など日本を代表する大手半導体メーカーにリードされながら製造装置の開発製造に取り組み続けてきた。当初は国内販売のみであったが、ユーザー企業が早い時期から後工程の海外移転に取り組んだこともあり、同社の海外販売は早くから始まる。

　現在、同社の海外販売は、電子部品加工を含めると、5割ほどに達している。モールディング装置、リード加工機、モールド金型などの後工程需要が、圧倒的に東アジア地域を焦点としている現在、東アジア市場を軽視するわけにもいかないのが同社の立ち位置ともいえる。このため、同社は2000年以後、中国に独資の販売会社1社、製造会社1社、合弁の製造会社2社を展開し、コスト対応が求められている量産タイプのモールディング装置などの海外生産に取り組んでいる。こうした歩みをみると、同社は後工程の装置ゆえに海外重視という方針を打ち出しているようにも思える。しかし、けっして国内を軽視しているわけではなく、むしろ国内市場を焦点とした発展場面に重心を置こうとしていることに注目しなければならない。

　2012年現在、モールディング装置市場においてトップの TOWA（本社：京都）はシェア48％、2位の香港 ASM Pacific Technology（蘭 ASMI の連結子会社から非連結に）は18％であるのに対して、同社は10％の4位にとどまっている[32]。少なくとも、シェア上位2社が、コスト対応の製品開発を進めている中にあって、アピックヤマダはコストを焦点とした直接的な競争を極力避け、量は少なくとも国内市場の拡大が期待されている車載用半導体を含めた特殊領域の封止技術（モールディング技術）、特殊仕様が求められる製品分野に存立の場を求めようとしている。それは、自社が蓄積してきた技術力を最大限活かした差別化戦略といえよう。

---

32)『半導体製造装置データブック』(2014年版)、167頁。

6．半導体製造装置産業の発展期における緊密な取引関係

次に、半導体製造装置の国産化がどのように進められてきたかを、プラスチック加工業から装置メーカーに転じた企業と、半導体メーカーへの工具等を納める商社から装置の部品製造に転じた切削加工業を取りあげながら理解していくことにする。

（1） プラスチック加工業から洗浄装置メーカーへの歩み——SG社

SG社[33]は、プラスチック加工業として1972年に創業する。創業当初は、プラスチック板の加工を手がけていたが、取引先のHT社のさらに取引先である大手家電メーカー（大手半導体メーカー）の半導体工場に出入りする中で、半導体を洗うための水槽をプラスチック板でつくる仕事に関わっていくことになる。当時の洗浄は、アンモニアや塩酸を使って、重金属を洗い落とすというものであり、プラスチックも塩化ビニール製のプレートを使用していたという。そうしたプラスチック加工を主とした時代から、徐々にではあるが自社で洗浄装置を開発設計し、HT社を通じて大手半導体メーカーに持ち込み、承認を得て製造するというように装置メーカーに転じていく。

この70年代後半は、手洗い的な水槽から機械装置へ移行した時期であり、また製造装置の国産化が進んだ時代でもあった。当時、洗浄装置の国産化には、乗り越えなくてはならない様々な課題が横たわっていた。たとえば、エア駆動のバルブについては、従来品はプラスチックを切削加工した輸入品に頼っていたこともあり、表面の荒れが問題となっていたが、同社は、空気圧制御、流体制御などのメーカーと共同で、プラスチック成形による流動性に優れた国産部品の開発製造に成功する。このように、SG社は、半導体メーカー、ウエーハメーカーだけでなく、各種パーツ、素材メーカーとの共同研究を積み重ねながら、技術革新の激しい装置開発を手がけてきたのである。

また、洗浄に使用する純水を流すホースについても、同社は素材メーカーと共同で半導体用ホースを開発する。それまでは一般的な水道用ホースを使って

33）資本金1000万円、従業員数16人、HPほかより。ヒアリング調査は、2012年9月11日。

いたが、これだとプラスチック可塑剤として混入されていた鉛が品質面で問題となり、亜鉛に変えることになる。この製造はプラスチックの引き抜き成形技術を使うが、引き抜きスピードという製造技術を共同研究することで完成したようである。

　こうした研究開発を基礎としながら着実に発展してきたSG社ではあるが、リーマンショック後の受注減という困難に直面し、新たな事業分野の開拓に乗り出している。一つは、洗浄機能の用途開発という方向である。たとえば、大型工作部品洗浄装置、複写機用アルミ管脱脂洗浄装置、樹脂部品コーティング装置、真空スイング装置などである。もう一つは、取引先が求めている各種装置の開発である。それはSG社が洗浄装置を開発する中で蓄積した開発力、設計力を活かした分野ということになる。

（2）　装置メーカーとの取引に伴う製造開始と事業再編——MZ社

　MZ社[34]は、1973年に創業した切削加工業である。創業当初は、独立前に勤めていた義兄の会社と同様に、工具とか工場が必要なものを何でも扱う商社であった。78年には、半導体製造装置である組立装置（半導体を基板等に接着する装置）の部品の納入先である大手電機メーカーの半導体工場から、自社製作しないかという話が舞い込み、それに応えたことから製造部門を持つことになる。しかし、それはその大手を退職した従業員の再就職先をつくるために同社に製造部門を設けさせたという特殊なケースであった。

　これを機に、MZ社は、外注に出していた部品加工を内製化することになる。さらに、超硬の部品加工も内作に転じることになる。この加工では、新たに投影研削盤を設備し、それを使いこなすために新たに従業員を雇い、研削盤メーカーでの実習を経て自社製作を開始することになる。こうして同社の製造装置部品加工は、着実に量的に拡大していくことになる。

　2001年、同社は大手電機メーカーのグループ企業の事業再編に際して、製造部門の一部の仕事を引き受けることになる。一つは、大手のグループ企業の従

34）資本金4000万円、従業員数38人、HPより。ヒアリング調査は、2013年10月10日。

業員であった6人を採用しての機械加工の仕事であり、もう一つは電機メーカーからグループ企業に出していた機械加工の仕事である。このように同社の事業展開は、常に大手電機メーカーとそのグループ企業の事業再編によって、翻弄されたとはいわないが影響され続けてきたのである。しかし、現在では、同社は2人の後継者を中心に、大手電機メーカー依存から脱出するために新規の取引先開拓にも積極的に取り組んでいる。

7. 半導体製造装置産業の部品加工業の事業展開

中小部品加工業にとって、半導体製造装置の仕事は、工作機械と同様に受注変動の幅が大きく、1社に依存することは経営面からすると極めて危険であり問題といえる。他方では、製造装置の部品加工の多くが、先端的な加工分野の一つでもあり、技術力を高める場に位置づけられる。この相反する命題の中で、厳しい取引条件を潜り抜け、中小部品加工業は発展場面を探し求め続けている。

(1) 経営危機を乗り越え飛躍する機械加工業——KM社

KM社[35]は、1950年農機具の部品加工業として自宅の一部を利用して創業する。63年には、手狭になったことから移転し、引き続き農機具の部品加工と、大手電機メーカーの切削部品加工を手がけることになる。79年の現在地へのさらなる移転直後から、大手パソコンメーカーからの筐体の削り出しの仕事が急増し、それに対応すべく量産体制を整えたこともあり、一時は売上の9割に達するほどになる。しかし、その量産の仕事は、その後の不況への突入により、受注量がほぼゼロに近い状態に落ち込む。これが、同社の最初の経営危機であり、量産体制から非量産体制への転機となった出来事であった。

90年前後、部品加工業を探していた航空宇宙事業を手がける大手企業と出会い、取引が開始されることになる。航空機関連部品加工では5軸加工機の導入と、従業員を大手企業の工場に派遣しプログラムの製作方法を一から教育するということから始めている。他の産業分野では、70年代とか、80年代にあった

---

35) 資本金8000万円、従業員数326人、HPより。ヒアリング調査は、2013年10月29日。

発注企業による下請企業の教育による取引開始が、航空機産業では90年前後でもみられたことは極めて興味深い。
　また同時期、大手発電機メーカーから発電用タービン部品の受注に成功する。しかし、当初は、分単価20～30円ほどにしかならず、固定費を回収するのがやっとであったという。それを細々と続けていたが、2000年頃に同様の仕事を別の大手発電機メーカーが増産のため、加工外注を探していたこともあり、思い切ってマシニングセンタ（MC）を12台並べ、荒加工と仕上げ用に分けたFMSラインを編成する。この結果、生産性は大幅に向上し、大手電機メーカー等4社から発電用タービン部品の加工を受注することに繋がっていった。
　そのFMSラインの編成の少し前には、半導体製造装置メーカーからも大物や小物部品の機械（切削）加工の仕事が入るようになった。さらに、発注量を保証されたこともあり、それ専用にMC8台を入れ替えた。その後、この仕事は着実に増え続け、2000年代中頃には、その取引先の依存度が8割にまで達するが、08年のリーマンショック後には20分の1ほどまでに急減してしまう。これが同社の2回目の危機である。
　他方、先の発電用タービン部品加工の仕事は、リーマンショック直後には量的に落ち込まず一定量を確保できるなど、同社の経営を支えた。こうした2度の経営危機を経験した同社は、再び経営の立て直しに乗り出すことになる。パソコンのケースでは、量産で1社に9割依存していたこと、リーマンショック後のケースでは非量産だが1社に8割依存していたことを踏まえ、同社は、非量産で1社依存を3割程度に抑えるという方針の下に、改めて企業再生に踏み出していく。
　その結果、90年前後から手がけていた航空機関係では、新たな取引先の開拓に成功するなど、着実に仕事量を増やすことになる。現在では、航空機関係35％、発電用タービン35％、半導体製造装置25％、その他5％という構成になっている。2度の経営危機を乗り越え、半導体製造装置のみならず、様々な産業分野の非量産部品の加工に取り組むなど、多様な事業展開に踏み出している同社の今後の発展が注目される。

（2）　リーマンショック後の困難から新たな事業展開へ——HD社

　HD社[36]は、1962年創業の切削加工業である。創業当初からフライス加工を中心に様々な部品加工を手がけると共に、技術レベルの高い加工分野に取り組んできた。しかし、2次下請からは脱皮できずにいた。

　転機は、バブル経済の頃に訪れる。それまで同社は、経営者と子息、そして従業員1～2名といった規模で、特に営業することもなく、仲間から入ってくる仕事を続けてきたが、そこからの脱皮に向けて営業活動を開始する。その結果、大手情報機器メーカー、大手航空機内装メーカー、大手映像メーカーなどとの直接取引に成功する。こうした大手企業との直接取引は、営業活動の成果ではあるが、同社の技術力の高さという裏付けがあったことを忘れてはならない。91年には、中小企業向けの工業団地に移転し、マシニングセンタ（MC）を5台、NC旋盤を3台装備し、事業規模も拡大に転じていくことになる。

　その後、96、97年頃には、工業団地内の企業を訪問中の半導体製造装置メーカーの購買担当者と名刺交換したことがきっかけで、新たな取引が開始される。その装置メーカーが手がけていた後工程用の検査装置の部品加工は、無垢材の削り出しという難しい内容であったため、最初は外注に依頼する形をとった。しかし、受注単価と外注への発注単価が同じになってしまい赤字となった。そこで、それを社内加工に変えるために大型のMCを導入することになる。

　結果、装置メーカーの依存度は、一気に3割に拡大する。さらに、99年頃には依存度は7、8割ほどに増える。その後のIT不況時には仕事が減り依存度も低下するが、05年後には再び仕事が増加しはじめ、その比率は9割にまで達することになる。この間、仕事量が拡大したこともあり、従業員数も30人に達していた。それと共に、機械設備も、半導体製造装置部品の加工に適した旋削系の設備を多く導入するなど変化させていった。

　しかし、そうした拡大路線のさ中、リーマンショックにより月4000万円ほどの売上が月100万円ほどにまで落ち込む事態となる。この装置の部品加工の仕事は、1年ほど経つと以前の3、4割ほどに回復するが、13年現在でも5割程

---

[36] 資本金1200万円、従業員数15人、HPほかより。ヒアリング調査は、2013年10月25日。

度しか戻っていない。

こうした危機的状況の中で同社は営業活動に積極的に取り組むこととなったが、当時開拓した仕事の大半は、利益がなくとも固定費の一部でも回収できればと獲得したものであった。それらの仕事は現在も継続しているが、自然消滅を待つのみだと自嘲気味にいう。

現在は、そうしたコスト競争とは異なる新規開拓に踏み出している。たとえば、航空機部品でいうと、主要部品の加工では競合する部品加工業が多いので、それよりもさらに数の少ない周辺機器分野の部品加工をターゲットにしているようである。

また、主力であった半導体製造装置の部品加工については、現在も継続しているが、その加工のために用意していた旋削系の生産設備を、再びMCなどに入れ替えるなどして、少し距離を置くことを計画している。現在では新規開拓にも成功し業績も回復しているが、15人ほどに半減した従業員数を元に戻そうとは考えていない。受注量が増えれば、外注を利用することで対応すればいいと考えている。すでに、売上の10〜20％ほどは外注利用となっている。このように、同社は、すべての受注を自社で加工するのではなく、外部の加工業者を組織しながら対応するという新たな事業展開に踏み出している。

（3） 大型マシニングセンタの装備による差別化——IR社

IR社[37]の工場に入ると、迫力あるヤマザキマザック製の大型の門形5面加工機（マシニングセンタ、加工面の移動量、縦7m、横4.6m、1台約2億円）2台が据え付けられている。そこで加工されているのは、液晶テレビ製造用の真空充填組立システムのガラス基板用の部品で、その大きさは、目測だが横4m×縦3mほどのものであった。これまで数多くの切削加工現場を歩いてきたが、こうした大型MCを中小切削加工業の工場でみたことは殆ど記憶にない。同社によると、こうした大型設備を装備する中小切削加工業は、他に大阪のMK社、山梨のNK社、愛知のNM社など、わずかだという。極めて限定

37）資本金2000万円、従業員数49人、HPより。ヒアリング調査は、2013年10月25日。

された範囲の中での競争が繰り広げられているようにみえる。

さて、同社は、自社に製造部門を持たず、加工を手がける協力企業を組織するという商社的な企業として1991年に創業している。当時の得意先は、電子部品メーカーの設備機器を製造する子会社と、半導体製造装置メーカーの2社が主であった。創業2年後には、協力企業の不良を手直しするためにフライス盤を導入するものの、品質面での信頼は高くはなかった。このため、経営者は昼間の仕事を終えてから、夜間、得意先の紹介先でMCの勉強を始め、操作等の技術を習得する。

こうしてMCを徐々に使いこなすことで、MCを基軸とする生産体制を整えていく。当初は、半導体製造装置の部品加工と電子部品用設備機器の部品加工が、それぞれ5割程度であったが、徐々に自社製造が評価され、半導体製造装置の仕事が増えていく。96年には、20坪の工場が手狭になったことから、70坪の工場に移転し、MCも4台になり、経営者を含めて6人体制となる。順調に受注量も増え、2000年頃には現在地の工業団地への移転を計画し、工場建設に入っていく。ところが、直後にITバブルが崩壊し、半導体製造装置の受注量がほぼゼロになるという危機的状況に陥る。

こうした経営危機に対して、同社は起死回生を図るべく営業活動に積極的に取り組む。そして、大手電機メーカーのグループ企業が手がける液晶テレビのガラス基板加工の受注に成功することになる（これは現在の同社の主力事業となっている）。成功の理由は、当時の基板サイズが第4世代[38]のものであり、それに対応した大型MCを装備していたこともある。その後は、ガラス基板の大型化に対応するために、設備の大型化を図ってきた。リーマンショック後には、受注量は半減するが、2013年現在では量的にはほぼ回復している。ただし、受注単価は20％ほど引き下げられ、売上高も20％減少している。

ところで、同社は、2012年にベトナムに生産工場を展開している。この内容については紙幅の都合でここでは詳しく紹介しないが、現時点では海外受注、海外生産、海外納品といった方法は考えていないという。あくまでも、日本で

---

38) ガラス基板のサイズは、明確に規格があるのではなく、メーカーごとに若干の差があるという。たとえば、第4世代は、680mm×880mm～880mm×1,000mm前後である。

受注し、ベトナムで仕上げ直前まで加工し、それを日本に持ち込み最終調整し、国内外に納品するというスタイルを採っている。しかし、いずれにしても同社の今後の発展場面は、国内に重心を置くものではあっても、海外に生産拠点を展開したという意味で、海外を含めた発展場面の構想が条件づけられたものとなることはいうまでもないだろう。

　ここで取りあげた3社は、リーマンショックなどの景気変動により、装置メーカーからの部品加工の仕事が激減したという経験を持つ中小部品加工業である。こうした経験は、量産部品を手がける部品加工業でもみられるが、特に半導体製造装置のような景気変動に影響される生産設備産業の部品加工業の受注変動の振幅は大きく、より厳しいものであったことが想像できる。少なくとも半導体製造装置産業は、中小部品加工業にとって、けっして受注量が安定した事業分野ではないことに留意する必要がある。

第2節　外需依存を強める工作機械産業の事業展開

　次に、本書のもう一つの焦点である工作機械産業の実態を、個別企業の事業展開に注目しながら理解していくことにする。

1．工作機械メーカーの国内外生産体制の構造

　半導体製造装置産業に比べ、工作機械産業の海外生産は一段とスピードを増しているように思える。特に、工作機械需要が著しく高まっている中国市場をターゲットに、現地生産に踏み出す日本工作機械メーカーが増え続けている。かつて外需といえば米国を中心とした欧米を指し、この地域で現地生産に踏み出す工作機械メーカーも少なくなかったが、現在では中国を焦点とした東アジアにもその広がりをみせている。

（1）　海外生産の歩みと海外工場の概況——ヤマザキマザック

　1974年、ヤマザキマザック[39]は、米国ケンタッキー州に日本工作機械メーカーとして最初の工場を建設する。この米国工場建設は、当時の社長[40]の「顧客

のニーズをつかむには現地生産が一番」という考え方に基づくものであると同時に、ヤマザキブランド「Mazak」への信頼獲得を目的とするものでもあった。それはまた、1963年の日本工作機械メーカー最初の米国輸出以来続いていた米国機械商社ブランドによる販売からの脱却でもあった。けっしてこの米国進出が、その後に問題となる日米間の貿易摩擦の回避や円高への対応を目的とするものではなかったという点に注目しておく必要がある。

さて、米国進出当初は、自動車産業、建設機械産業などを販売先としていたが、現地生産と販売の実績を積み重ねることで、米キャタピラー社、米ボーイング社などとも取引を開始するまでに信頼を勝ち取っていく。また、当初から、主要部品は日本から調達していたものの、ローカル企業からの部品調達にも積極的に取り組んでいた。そして、その後も、現地生産比率を一段と高めるなど、米国工場の生産体制は着実に充実していく。

現在では、米国工場は、単に標準品を製造するだけでなく、特注品、石油産業、医療産業向けの製品開発を独自に行うまでに成長している。重要部品については、ボールネジは日本から供給しているが、スピンドルは米国工場で生産できる実力を備えている。ちなみに、現在の米国工場の生産能力は、月200台ほどに達している。

イギリスには、1987年に工場進出する。この進出は、84年の日英首脳会談でのサッチャー首相から中曽根首相への要請を契機とするものである[41]。現在のイギリス工場は500人規模を誇り、EU市場をターゲットにして生産展開を進めている。

さらに、同社の海外展開は続く。1992年にはシンガポールに工場を展開する。これまた90年のシンガポール政府のラブコールに応えたものである。シンガポール工場は、主にASEAN地域を市場としているが、シンガポールがホワイト国（国際的な輸出管理レジューム参加国）でないという理由により高機能の工作機械が生産できないことから、どちらかというと小型のボリュームゾーン

39）ヒアリング調査は、2012年12月7日、2013年11月8日、連結従業員数7,300人。
40）ヤマザキマザック（2006）、9頁。
41）ヤマザキマザック（2006）、12頁。

を意識した製品生産を特徴としている。生産能力は、月70〜80台であったが130台に増強することを計画している。

中国での最初の工場の完成は2000年である。最初は、ヤマザキ25％、国有企業75％の合弁企業を設立し、同社は資本金に充当する生産設備を日本から持ち込む。その後、生産規模の拡大計画が持ち上がり、同社に対して増資が要請されるが、合弁相手の国有企業が民営化され、株主が1,000人以上になることによって生じる企業運営上の問題や、その後中国側から様々な条件変更が提示されるなどして、計画そのものの遂行が難しくなる。しかし、最終的には、将来にわたって撤退しないという条件が付加され、2005年には同社100％の独資企業とすることで決着する。現在、従業員は500人程度、生産機種は中小型の旋盤とマシニングセンタ、生産能力は月200台ほどである。

続いて2012年には、大連に中国2ヵ所目となる工場を稼働させる。この中国での2工場体制は、2工場間を競争させること、また将来の輸出を見通してのことである。しかし、大連工場（従業員190人）は、機械産業が集積する地域であり立地場所として選んだが、若手の採用が難しく、人材確保に苦労しているという。

ところで、同社の指摘によれば、海外市場とりわけアジア市場では、「フルターンキー」と呼ばれる「鍵を入れて回すと完成した加工部品ができあがる」という取引要求が増えている。これは、ユーザー側（買い手）に工作機械を使いこなす技術力が備わっていなくとも、売り手が標準装備のマニュアルだけでなく、買い手の生産内容に対応した工具、治具を含めた生産システムをすべて用意するというものである。こうした取引要求が、アジア市場におけるボリュームゾーンに重なるのか、あるいは1ランク上の価格帯において求められるのかについての検証はまだ十分になされていない。しかし、ヤマザキマザックをはじめとする日本企業のアジア地域での現地生産品といえども、ローカル企業に比べて明らかに高額であることから、製品販売に繋げるには品質だけでなく、こうした「フルターンキー」と呼ばれる対応も付加することが条件づけられるのかもしれない。

(2) ASEANにおける生産体制の充実――岡本工作機械製作所

　1973年、岡本工作機械製作所[42]は、シンガポールで生産を開始する。この進出は、時のシンガポール政府からの工作機械メーカーの進出要請が通産省、日本工作機械工業会を通じて同社等に打診があり、それに海外進出に意欲的であった当時の社長が応えたという経緯によるという。

　シンガポール進出は、70年代であったこともあり、今日のような海外市場を意識するものではなく、「安くつくって日本に持ち帰る」ことを目的とするものであった。生産の立ち上げに際しては、日本から20人ほどの従業員を派遣し、現地従業員を教育したという。それからほぼ40年経過した現在では、250人ほどの従業員を擁し、工作機械と半導体製造装置が製造できる生産体制が整えられている。

　また、1985年には、米国でノックダウン生産に踏み出すが期待したほど売れず、1年半ほどで生産中止を余儀なくされる。現在では、販売、サービス拠点としての役割に戻っているという。

　1987年、同社はタイに進出する。この進出は、シンガポール工場での鋳物調達が、日立金属の撤退により困難になったことが一つの契機となっている。タイの鋳物工場の立ち上げは、静岡の鋳物企業の協力を得る。また、タイ工場の設立にあたっては、鋳物製造に終わることなく、将来は鋳物の機械加工による付加価値をつけることや、完成品としての研削盤生産に踏み込むことを当初から計画していたという。

　現在、鋳物については、自社使用だけでなく外販も含めて展開している。さらに、タイ工場では、鋳物事業のみならず、アジア市場の低価格、中級機というボリュームゾーンを意識した研削盤の生産拠点としての体制づくりに成功している。

　こうしたシンガポール工場とタイ工場の生産体制の充実により、同社の研削盤の9割ほどの製品は両工場でも生産できるほどになっている。ただし、たとえ高度な製品生産ができる体制が整おうとも、両国ともホワイト国ではないこ

42）資本金4,880百万円、従業員数（連結）1,780人、HPより。ヒアリング調査は、2013年10月4日。

とから、複雑なアプリケーションを伴う特殊仕様品に関しては、両工場で標準機を生産し、日本で特殊仕様を組み込み輸出するという方法が採られている。

また、シンガポール工場とタイ工場では、切削部品と板金部品などの部品生産は、ほとんど内製している。これは、同社が10年以上前から取り組んできた部品の共通化によって実現できていると考えられる。国内での加工データが、海外で同じ設備で使われることで、高度加工も海外で可能になっているのである。他方、こうした部品の共通化が、国内における機械加工部品の内製化率の向上にも繋がっているという点は注目しておきたい。

(3) アジア地域への生産拠点の展開——シチズンマシナリーミヤノ

シチズンマシナリーミヤノ[43]は、旧シチズンマシナリー[44]と旧ミヤノが2011年に経営統合した工作機械メーカーである。また、シチズンホールディングスの完全子会社でもある。

さて、01年、旧シチズンマシナリーは、タイに生産工場を設立する。この進出は、親会社の時計工場の1棟が空いたということと、ユーザーであるミネベアの工場が近くで修理等のメンテナンス拠点として好立地であったことが理由にあげられている。製品生産については、中古機械を2台備え、ノックダウンにより月数台程度を生産するという小規模でスタートしている。本格的な工作機械製造工場を建設したのは05年のことで、同じく親企業の敷地内であった。それを含めて3回ほどの増床の結果、現在では建坪11,000㎡となり、月産200台ほどの生産能力を持つ工場となっている。

タイ工場は、当初は安価なモデルを、タイを中心としたASEAN地域に供給することが目的とされていた。しかし、進出当初は、ユーザーからはタイ工場製ではなく日本工場製が求められるなど苦戦を強いられる。ようやく、日本工場と同じ設備で、同じプログラムで生産することで、品質への信頼感を増し、

---

[43] 資本金4,880百万円（シチズンホールディングス100％出資）、従業員数（連結）1,780人、HPより。ヒアリング調査は、2013年11月22日。
[44] 旧シチズンマシナリーは、シチズン時計と（株）シチズン精機が2002年に統合されシチズン精機（株）に商号変更し、さらに2005年に商号変更された企業である。

この問題は解決するが、他方で ASEAN 地域の需要は期待ほどでなく、現在では欧米向けや日本向けの供給基地としての役割も持たせなくてはならないという課題に直面している。

中国には05年に進出するが、生産がなかなか立ち上がらず、08年にようやく組立が開始される。この中国進出は、中国市場のボリュームゾーンを強く意識したものであるが、同社中国製の製品価格はアジアの工作機械メーカー製に比べて高く、期待したほど売れなかったようである。

さらに同社の海外展開は続く。06年のベトナム進出は、国内での鋳物業の生産力が乏しく、必要なときに必要な量の鋳物が調達できないことに端を発している。そこで、ベトナムでの鋳物工場の設立については、川口の鋳造業に指導を仰ぎ、マニュアル化した手順書のもとで簡単な鋳物づくりから始めることとなった。当初、木型は日本から送り込んでいたが、現在では現地採用のベトナム人をベトナムの家具屋で修行させるなどして、複雑な木型もベトナム工場で製作できるようになり、技術力は着実に高まっている。

他方、旧ミヤノも2009年から海外生産に踏み出している。当初は、鋳物事業のみであったが、2011年から工作機械組立も手がけるようになり、工作機械については現在では月50台を生産できる体制を整えている。

現在、同社の海外生産は、タイ工場が月200台、中国工場が月200台、ベトナム工場が鋳物生産、フィリピン工場が月50台と300トンの鋳物生産といったところまで拡大している。これに対して、国内２工場は、合わせて月200台であるが、基幹部品であるスピンドルとボールネジの生産を一手に担うと共に、製品開発はもとより、海外生産における部品加工のデータ化を含めたマザー工場として位置づけられている。

2．工作機械の制御技術としての各種補正技術の概要——オークマ

日本のものづくりにおいては、職人の持つ技能に対して高い評価が与えられ、その職人（技能工）が持つ技能をいかに継承するかが問われ続けている一方、その技能をデジタル化して継承しようとする取り組みも同時に試み続けられている[45]。他方、本書の分析対象である工作機械メーカーにおいては、そうした

職人、技能工が備える技能を機械に体化させた製品開発が取り組まれると共に、人間が備える能力の範囲を超えた様々な機能を、機械レベルでの精度の向上とそれを使いこなすデジタル化された制御技術の向上に体化させた製品開発が取り組まれている。その結果、職人、技能工がカバーしてきた高度加工領域のかなりの部分が機械に代替され続けている。もちろん、工作機械を上回るというか、工作機械を使いこなすという人間の業（技）を否定するものではないが、開発する側が取り組んでいる工作機械の技術革新についてもわれわれは過小評価してならないと考えている。

　日本の工作機械メーカーといわず、世界の工作機械メーカーの大半は、工作機械の制御装置（NC装置）を、NC装置メーカーから購入している。一部、有力工作機械メーカーによる自社開発や、専門メーカーとの共同開発もみられるが、そうした例は企業数でいうと少数派に属する。制御装置メーカーとしては、日本ではファナック、三菱電機が代表的な企業であり、欧米では独シーメンスがあげられる。この点、ここで取りあげる日本を代表する工作機械メーカーであるオークマは、自社でNC装置を開発している数少ない企業ということができる。

　1898（明治31）年、オークマ[46]は製麺機製造業として創業し、1918年には旋盤の製造に乗り出す。戦後は58年にLS型汎用旋盤を開発し、大ベストセラーとなるなど、企業としての発展の礎を築くことになる。

　63年に、NC装置を自社開発する。当時のNC装置は、内部が蜘蛛の巣を張り巡らせたような電気配線であった。このNC装置の開発は、制御先進国の米国に勉強に行き、その後少人数でスタートする。同社によると、ファナック（当時は富士通）も同じ頃に開発に取り組みはじめたという。72年には、FMSを開発し、見本市に出品するものの、売れなかった。80年になって対話型のNC装置を付属し、製品価格も1000万円台に抑えることができ、ようやくユーザーの手の届く製品を発売できたという。

45）加藤秀雄（2008）、を参照されたい。
46）資本金18,000百万円、従業員数（連結）3,303人、HPより。ヒアリング調査は、2012年12月7日。

ところで、オークマのNC装置の基本的考え方の一つに「絶対値検出」というのがある。これは、工作機械の稼働中にアクシデントが起こり、電源が落ちても、問題解決後はその時点から再スタートするというシステムを指す。今では、この考え方は当たり前であるが、工作機械のユーザーでもある工作機械メーカーゆえのシステム構築であったといえる。

　工作機械メーカーとしての利点を活かしたNC装置とは、どのような特徴を備えているのであろうか。以下ではこの点について最新の制御技術の中から4つを取りあげながら理解していくことにする。

　一つは、2000年から取り組んでいるオペレータ（職人、技能工）のノウハウや経験をNCの中に取り込むことを強く意識した「知能化技術（同社がいう技術名）」についてである。一般に、加工対象の材料が細くて長い場合、旋盤で加工すると微妙に振動する。これを技能工は、経験に基づき、回転速度を遅くしながら、騙し騙し加工する。それをオークマのNC装置では、加工の際に出る異常音を検知し、直ちに解析することで解決策をNC画面に表示するというシステム「加工ナビ（同社の技術名）」を構築している。その解決策に基づき工作機械側で自動処理することもできるが、同社では機械に任せずオペレータが最終確認し、判断するというシステムにしている。これは、加工の場面でのトラブルを通じてオペレータの技能を高める機会とするものであり、これをNC装置の基本設計に組み込んでいるところに同社の特徴をみることができる。

　二つは、「アンチクラッシュシステム（同社の技術名）」という衝突防止策が採用されていることについてである。かつての旋盤は、回転する加工素材と加工するバイトの動きは比較的単純であった。しかし、今のNC旋盤や、複合機などでは、刃物と機械、刃物と加工素材が、複雑な動きをすることもあり、最初の加工では、オペレータがそれらの動きを慎重に確認しながら加工を進めていくという方法が取られている。それをこのシステムでは、①まず素材の形状を入力する、②そしてNCの中でシミュレーションし、衝突の可能性を発見する、③あるいは、オペレータが加工ステップごとに加工を進めていたとしても、NC側では自動でシミュレーションし、ぶつかる前に機械が止まる、というシステムになっている。ここでも、オペレータを主体としながら、それをフォロ

ーするという設計思想の存在を確認することができる。

　三つは、「サーモフレンドリーコンセプト（同社の技術名）」という加工精度を自動で補正する機能についてである。周知の通り、鉄でできている工作機械は、外気温によりミクロン（マイクロメートル）規模での伸縮がみられる。同社の自動補正機能は、機械自身の温度変化をセンサーで感知し、それに伴う機械の変形、ゆがみ等を加工段階で補正するというものである。ただし、温度変化による工作機械の変形、ゆがみが複雑に変化する（いびつという意味）ような補正は容易ではなく、「素直に変化する（いびつではないという意味）」ような構造設計をすることで、この自動補正の精度を高めているようである。また、こうした自動補正の機能を備えることで、ユーザーが恒温室を設けなくても安定した加工精度を出せるなど、設備投資を抑えることができるというメリットも備えている。

　四つは、「ファイブチューニング（同社の技術名）」という、これまた補正機能についてである。この補正機能は、5軸制御のマシニングセンタ（MC）における加工軸が移るときに生じる誤差を、補正しようというものである。しかし、A軸からB軸に移った時の誤差を補正できたとしても、さらにC軸に移ったとき、B軸との誤差を補正すれば解決するというものではなく、5軸全体としてどう補正すれば精度が出るかという観点からの補正が求められている。こうした補正は、熟練した技能工であっても、1時間ほどで2～3ヵ所しかできないが、同社の技術によるNC装置では約10分で11ヵ所の補正をかけ、精度を出しているという。こうした補正機能は、曲面加工において、補正をしない場合には12マイクロメートルの段差が生じるが、補正をかけると3～5マイクロメートルの段差に納まるという。

　これらの四つの機能はNC装置に組み込まれている機能の一部でしかなく、他にも技能者の技とか、技能者を超えた機能が数多く組み込まれていることに注目しておきたい。このことは、工作機械の技術革新の著しさを示していると同時に、最先端の工作機械を導入すれば、たとえ技能的に劣るオペレータによる加工作業であろうとも、その機械が保証する加工精度によってものづくりは可能になることを示している。もちろん、工作機械の使い方は、マニュアルレ

ベルにとどまるものではなく、それを使いこなす熟練技能者の経験と想像力により、機械精度や、マニュアルを超えた加工精度を出すことも可能である。

オークマにみるこうしたNC装置の補正機能等については、現在では同業他社のNC装置でもみることができる。たとえば、ヤマザキマザックでは、三菱電機との共同開発によるNC装置を装備し、かつレーザー測定器を装備することで、加工物の位置関係の誤差を4マイクロメートル以内に補正するというシステムを構築している。

3．特殊加工領域とユーザー産業の構成

工作機械産業の発展をリードした一つに自動車産業があげられるが、第2章でみてきたように工作機械産業のユーザーは多様な産業を構成している。ここでは、自動車産業をユーザーとして構成している工作機械メーカーと、大型・超大型の工作機械展開に特徴づけられる工作機械メーカーを取りあげていくことにする。

（1）　自動車産業の専用機ラインシステムの編成──豊和工業

豊和工業[47]は、三井物産の出資により1907（明治40）年に設立された豊田式織機株式会社が社名を変更し今日に至っている企業である[48]。36（昭和11）年には、工作機械事業に踏み出すが、豊和産業として分社化し本体から切り離す。その後、豊和産業はオークマが出資し、オークマ豊和となり、現在ではオークマに吸収されている。

さて、豊和工業本体は、紡織機製造をメイン事業とする一方、62年に工作機械事業に再び取り組むことになる。それは、東洋工業（現マツダ）の指導の下で、当時手がけていた自動車部品であるトランスミッションの機械加工に必要な工作機械を自社製作したことに始まる。しかも、その工作機械開発は、量産品のトランスミッションの機械加工と組付けを、トランスファマシンによる専

47）資本金9,019百万円、従業員数778人、HPより。ヒアリング調査、2012年12月6日。
48）初期の頃には、豊田自動織機製作所の設立者である豊田佐吉が技術部長として織機開発に取り組んでいたという。

用機ラインで編成するというもので、同社のその後の工作機械事業の柱をなすものとなる。

現在、同社の工作機械事業は、自動車部品加工の専用機ラインシステム事業と、高精度小物加工用のマシニングセンタ（MC）事業の2本柱で成り立っている。このうち、自動車産業向けは、スズキ、富士重工業、ホンダ、トヨタなどの自動車メーカーやその傘下の部品メーカーとなっている。この専用機ラインシステムは、たとえばシリンダヘッドの加工ラインの場合、その加工図面はもとより、1年間の生産個数などの生産条件に基づき、機械設計、治具製作、搬送システム構築、生産のサイクルタイム、さらには品質保証などによって構築されている。そして、受注から納品までの生産期間は、最低でも1年はかかるというものである。

こうした専用機ライン編成の需要は、90年代後半からは多品種少量生産を意識した汎用のMCを並べるFMSシステムの普及により、それを採用する部品メーカーが増えはじめたことも一つの要因となって、減少傾向を辿っている。自動車部品生産のライン編成は、このように専用機ラインシステムから多品種少量生産が可能なFMSに転じていくようにも思えるが、しかし現実はそれほど単純ではなく、部品の標準化、共通化の進展によって、生産性に優れた専用機ラインシステムが再び勢いを増す可能性も出てきているという。

現在、こうした専用機ラインシステム編成を事業としているのは、同社に加え、ジェイテクト、コマツNTC（旧日平トヤマ）、エンシュウ、ホーコスなどであり、これらの企業が5大メーカーと呼ばれるなど、特定の企業による競争関係をみることができる。

（2）　超大型機と特定ユーザーの構成——東芝機械

工作機械をメーカーごとにみると、同じ機種でも、それぞれ微妙に特徴が異なっている。それはメーカー個々の設計思想の違いとか、異なるユーザーの要求に応えてきたことが重なってきた結果でもある。この点、東芝機械[49]の工作

49）資本金12,484百万円、従業員数（連結）3,454人、HPより。ヒアリング調査は、2013年11月15日。

機械を一言で表すと、超大型、大型に特徴があるといえよう。超大型の機種では、幅が7m、テーブルの長さが27mに及ぶものもある。こうした超大型機の競合メーカーとしては、国内ではホンマ・マシナリー、新日本工機、ドイツではワールドリッヒジーゲン社があげられるが、東芝機械の分類による中型機になると、数多くの工作機械メーカーが競合メーカーとしてライバルになるという。

さて、東芝機械のユーザーは、建機・鉱山機械、石油・ガス掘削機、風力発電、航空機、自動車・金型などで大型設備を装備する企業ということになる。これまでは、特にエネルギー関連と建機・鉱山機械の需要を重視してきたが、今後は自動車や鉄道車両分野の量産生産用工作機械からの需要の開拓を目指すというように、中型機にややシフトした製品戦略を打ち出そうとしているようにみえる。

ところで、同社の特徴である大型機については、一般にいう小型、中型とは異なり、据え付けそのものが大がかりなものになっている。その多くは、基礎を1mほど掘ってコンクリートで固めることが条件づけられるなど、簡単に新機種に入れ替えるというタイプの工作機械ではない。このため、耐用年数というよりも使用年数は、他の工作機械に比べ長めのようである。導入から20年、25年以上経っても使用するユーザーを対象とする再生事業も、同社の特徴の一つに数えあげられる。この再生事業では、電気系NC装置、ボールネジ、モーターなどの取り替えや、キサゲ加工もユーザーの設置場所で行うことが、大型機種としてのその特徴から条件づけられている。

4．海外市場におけるサービス体制の特徴

わが国の工作機械産業において、海外需要が拡大している現在、内需に依存してきた中小工作機械メーカーも、海外を強く意識した将来発展を構想せざるを得なくなっている。しかし、生産設備である工作機械は、消費財のように（といえば言い過ぎであるが）単に売ればいいというのではなく、販売後のメンテナンス等のサービス体制を整えなくてはならないという特徴がある。ここでは、個々の企業ごとに一定の制約条件の下に置かれている工作機械メーカーのサー

ビス体制がどのように整備されているかを、事例企業を通じて理解していくことにする。

(1) 海外ユーザーに対する販売・サービス体制——ヤマザキマザック

ヤマザキマザックは、急速に生産台数を増やしている中国メーカーを除くと、世界のトップ企業であり、世界市場での販売競争に踏み出していることもあって、国内外に多くのサポート拠点を構えている。国内外でテクノロジーセンタ38ヵ所、テクニカルセンタ41ヵ所、合わせて79ヵ所を数える。うち海外では、北南米12ヵ所、欧州15ヵ所、中国6ヵ所、東南アジア13ヵ所、合わせて46ヵ所のテクノロジーセンタ、テクニカルセンタなどのサービス拠点を構えているが、それでもすべての地域・国、またユーザー企業をカバーできていないという。それだけ世界各地に同社のユーザーが存在しているということでもある。

このため、同社では、自社のサポート体制を補完するために、一部地域では代理店とサービス契約を結んでいる。また、その修理技術の教育は同社で実施している。さらに、欧州では、同社のテクノロジーセンタに勤めていたサービスマンが独立し、サービスを専門とする会社を設立しているケースも増えてきている。それらを同社のサテライトサービス拠点として契約することでサービス体制を充実させている。こうした同社のサービスマンの独立者をサテライトサービスとして契約するケースは、日本でも生まれているとのことである。

さて、同社の海外サービス体制のうち、保守部品等のサポート体制[50]については、ベルギー、米国、シンガポールに大規模なパーツセンタを設けると共に、08年にはそれらのバックアップ拠点として365日、24時間体制によるワールドパーツセンタを日本国内に設けている。同社によると、全世界のパーツセンタでは、130万点のスペア部品を在庫し、注文を受けてから24時間以内の出荷率は96％を超えているという。

他方、国内での修理等のサポートシステムをみると、実にきめ細かくメニューが用意されていることが認められる。まず、1年目の新規顧客については、

---

50) ヤマザキマザックのパンフレット「Your Global Partner」による。

機械トラブルを無線通信機能でサポートする「MAZA-CARE Ⅱ」、無料メンテナンス月リースシステム、1年目のミスオペレーションによる機械トラブルの修復費用の補償の「セイフティパック」などがあり、2年目からは保守契約・衝突補償プランが用意されている。さらに、設備の精度を出荷時と同等に復元するメンテナンスパック、サポートプログラム、プログラムや加工方法のオンラインテクニカルサポート、設備のトラブルに年中無休・24時間体制で対応するオンラインサービスサポート、プログラムトレーニングスクール、複合加工機の操作習得のためのマルチタスキングアカデミー、保守担当者向けのメンテナンス・スクールなど、数えあげればきりがないほどである。

しかし、国内ではこうしたメニューをそろえている同社のサービス体制ではあるが、保守契約を例にあげると、その契約率は徐々に高まっているといえども一桁台にとどまっているようである。これを多いとみるか少ないとみるかは判断が分かれるが、機械を購入したのだからサービス（無料に）しろというユーザーの要求を単純に拒否できないのも、次の取引を考慮しなければならない設備産業ゆえの宿命であるかも知れない。いずれにしても、契約の有無にかかわらず、こうしたサービス体制は、ユーザーの信頼を深め、次の取引に繋げる役割として機能していることを強く意識しているようである。

（2）仕上げ用研削盤の生産体制とサービス体制——大宮マシナリー

工作機械メーカーのサービス体制の整備は、企業規模と生産機種の違いによって規定されることも少なくない。いうまでもなく、先のヤマザキマザックのように連結決算で7,000人を超える大手企業と同じレベルのサービス体制を、ここで取りあげる50人ほどの大宮マシナリー[51]に求めることは現実的でない。

大宮マシナリーは、1957年研削盤メーカーとして創業する。製品である研削盤は、センタレスグライダーともいうもので、量産部品の仕上げ加工で使用されている。そのため、研削加工する部品の形状等に合わせた特殊仕様のオプションが組み込まれることがほとんどであり、10人ほどの設計陣を擁している。

---

[51] 資本金3000万円、従業員数50人、HPより。ヒアリング調査は、2013年9月19日。

その内訳は、電気系の設計者が5名、機械設計者が5名というものである。制御装置については、ファナック製を使っているが、加工が単純な場合には自社プログラムを低コスト装置に組み込み使っている。受注から納品までの期間は、新規の設計から始まる場合、8ヵ月ほどを要する。部品等が揃っている標準タイプの場合には5ヵ月ほどで納めることができるが、何かしらのオプションが付くのでそうした期間での納品は少ないという。

ところで、同社の国内外販売の割合は、リーマンショック前は国内が70%であったが、現在では海外が70%と逆転している。海外のユーザーは、リーマンショック前までは自動車部品関連の日系企業が大半であったが、現在では徐々にではあるが海外企業が増えるなど変化してきている。

さて、こうした海外販売が増えている同社ではあるが、海外に大がかりな販売・サービス拠点を構えることはしていない。事実、同社のサービスマンとしての役割を兼務している営業スタッフは、埼玉本社に2人、大阪に2人、そして海外唯一の中国に1人というように小規模である。この体制で国内外の販売・サービス事業をカバーすることは物理的に困難である。このため、国内販売においても機械商社経由がほとんどであり、同社の営業スタッフが関わるのは具体的な商談での見積もり段階になってからという。また、海外販売は、日系企業の場合は機械商社が介在し、ローカル企業については中国では駐在している営業スタッフが、韓国では商社ではないものの仲介者が営業活動を実施している。

他方、修理等のメンテナンスに関しては、ユーザーからの修理依頼があれば、国内外どこにでも、また翌日対応の依頼であろうとも、可能な限りすぐに出向くという体制を整えている。ただし、翌日対応といえるのは、同社のセンタレス研削盤が故障することはほとんどなく、修理依頼は海外の場合で年に1～2件、国内でも月に1～2件程度にすぎないことを背景としている。

5．中小工作機械メーカーの存立基盤と発展課題

工作機械は、加工機能と加工能力の違いによって実に様々な機種をみることができる。第2章の表2-19で工作機械工業会・会員企業の生産機種を示した

が、それは会員企業以外が生産している機種は含まれていないなど、すべての工作機械からすると、機種数としては一部を構成しているにすぎない。ここでは、工作機械の多様性を意識しながら、個性的な製品展開に取り組んでいる中小工作機械メーカーの事業展開をみていくことにする。

（1）品質優先のマシニングセンタ製造と海外展開――安田工業

　わが国の工作機械メーカーの中にあって、高精度加工分野にターゲットを絞るという明確な経営方針の下でマシニングセンタ（MC）を生産している安田工業[52]であるが、同社の製品開発、製品生産をはじめとする事業展開の取り組みが注目される。同社のいう高精度加工とは、わが国工作機械メーカーが標榜する高精度加工のさらにレベルの高い加工領域を指すものであり、製品設計の基本は、コストを軽視するわけではないが精度を最優先するところにある。そうした経営方針の下で製造された同社の MC は、「安田の機械は高いが加工精度が安定している」あるいは「わが社は安田の MC を持っている」という評価の声があちこちの機械加工現場で聞こえてくるほど高い評価を得ている。

　安田工業は、1929（昭和4）年、わが国ではじめての自動車のシリンダーのボーリング加工（再生、修理）を手がける企業として創業する（当時の企業名は、ストロング商会）。38年には、シリンダーボーリングマシンの開発、40年には、そのマシンを本格的に生産開始する。戦後の46年にはマシンの生産を再開する。60年、自動ホーニング盤を開発する。そして、64年に横精密中ぐりフライス盤（ジクマスター）を開発する。これが、その後の同社の工作機械メーカーとしての本格的な製品であったという。66年には、MC を開発する[53]。そして、76年には、現在もモデルが続いている横型高精度の中型 MC を開発する。この MC の開発によって、同社の評価が高まると共に、同社もまた高精度、

---

52) 資本金4050万円、従業員数260人、HP より。ヒアリング調査は、2013年10月11日。
53) ファナックが、富士通の一部門であった時代に、安田工業は牧野フライスと同時期に、NC 機の開発に踏み出した。ファナックの稲葉会長が、富士通の課長時代のことである（ヒアリング調査より）。なお、富士通の商用NC1号機は、牧野フライスに納入された（ファナック、ホームページより）。72年、富士通から分離され、富士通ファナックとなり、82年ファナックと名称変更される。

安全性、耐久性に優れた製品づくりのために、たとえ価格が高くとも、性能の良い機構があれば取り入れるというコスト優性ではない製品づくりを基本にしていったと考えられる。その結果、同社製は、他社製に比べ、2～3割高いものとなっている。

　たとえば、通常、ベッドと一体化した鋳物を平面研削盤などで加工してガイドが製作されているが、同社では、ベッドの鋳物はキサゲを施し、さらにコスト的に高くなろうとも別途製作したガイドウェイを組み込むという方法[54]を頑固なまでに続けている。こうした組み合わせによる製造方法はコスト的に高くなるが、長年使っていても狂いが生じないという信頼に繋がっているといえよう。

　このように品質を第一に置く同社ではあるが、バブル経済の崩壊後には売上高の減少に直面し、経営的に厳しい状況に陥ったようである。このとき、あるユーザーから「精度と剛性に優れているのであれば、プラスチック金型の製作に適したMCをつくれないか」という提案があり、それに挑戦することになる。それまで、プラスチック金型の形彫りは、放電加工機により加工するのが一般的であった。94年、それを直彫りできるMCが開発されることになる。この開発は、同社の技術開発力の高さもさることながら、工具が良くなってきたことと、直彫りするための等高線プログラムなど、加工プログラムが進歩したこととも相まって実現できたようである。この後、同社の売上に占める金型業への販売は5割を超えるなど、この成功は同社の企業イメージを大きく変える転機となった。

　ところで、同社の売上高に占める国内割合は、製品価格が他社よりも高額であることも理由にあげられるが7割に達している。同社は、今後、海外市場向けを5割に伸ばしたいと考えている。たとえ同社製のMCに対する国内評価が高くとも[55]、拡大する海外市場で販売を伸ばさない限り、自社の売上はじり

54）同業では、三井精機工業が実施しているという。
55）誰もが認めているといういい方は大げさかも知れないが、ライバルの企業を含めて日本の工作機械メーカーのほとんどの製造現場には、安田工業のMCが装備されている。自動盤メーカーのシチズンマシナリーミヤノの本社工場では、安田工業のMCを装備したFMSライン

貧状態になるのではないかと懸念しているからである。

　現在、同社は、海外市場とりわけ中国市場を中心としたアジア市場で使われている低価格で中級機というボリュームゾーンそのものではないにしても、同社製としてはやや安価で、少し機能を絞り込んだ製品の開発・販売に踏み出している。しかし、他方では、そうした製品が海外市場で販売できたとしても、国内のように事前に用意しているメンテナンスマニュアルで故障等の対応にあたってもらうこともできず、同社が直接対応せざるを得ないケースが増えていくことを懸念している。ここに、海外需要に対する期待とは逆に、海外での修理等のサービス体制の充実という極めて重い課題を抱えていることが指摘できる。さらに、こうしたサービス体制の充実は、海外だけでなく、国内工場でもユーザー企業内のメンテナンス要員が少なくなっているという事情の下で喫緊の課題になっている。直接的なサービス体制の整備というこの問題を、中小工作機械メーカーがどう乗り越えていくのかが強く問われている。

（2）　特注の研削盤生産と再生事業の取り組み──市川製作所

　1949（昭和24）年、市川製作所[56]は、切削加工業として創業する。57年頃には、自社ブランドのタッピングマシンの開発製造やボール盤メーカーからの製品組立など、完成品生産に踏み込んでいくことになる。当時、同社ではできない研削加工を外注に出していたが、研削業が少なかったこともあり納期遅れが頻繁に発生するなど問題となっていた。それを解決するために、同社はロータリー式研削盤を開発製造し、研削加工を内製化することに成功する。その研削盤をみた下請仲間から、外販してほしいという声が上がり、研削盤の製造販売に踏み出すことになる。当時の販売ルートは、機械工具屋とか機械商社などであった。

　当時のユーザーの研削現場では、加工品ごとに職人（技能工）が工具とか治具を工夫することで加工するというやり方が一般的であったが、70年代に入ると徐々に生産性を重視した特殊仕様の専用機タイプの需要が増えてくる。同社

が2ライン編成されていた。
56)　資本金4800万円、従業員数45人、HPより。ヒアリング調査は、2013年9月25日。

も、こうした時代の要請に対応する必要に迫られるが、大手自動車メーカー、大手部品メーカーからの細かい仕様要求に受注ごとに対応するのはコスト的にも、人材的にも難しく、同社では標準機と事前に準備している特殊仕様を組み合わせるという方法を採ることになる。たとえば、鋳物部品であるコラムとテーブルの大きさを、10cmごとに対応できるように木型を準備し、その範囲で特注をこなしていくという方法である。それ以外のオプションも、あらかじめいくつか用意するなどして、それらの組み合わせにより、すべてではないにしてもある程度の特注に対応できるようにしていった。こうした特注の研削盤ニーズは、大手のみでなく、あらゆる工夫を独自に機械に組み込んでいた中小加工業にも広がり、今では標準機のみの販売は、1割程度にすぎなくなっている。
　ところで、同社は、バブル経済の崩壊以降、下請の中小加工業からの受注が減少の一途を辿っているという。これは、同社製品が競争力を失ったというものではなく、中小加工業の設備投資そのものが冷え込んでいったことを背景としている。逆に、大手企業からは、下請に出していた仕事の内製化という動きを背景に、受注量が増えてきているという。まさに、同社のユーザー企業の構成の変化は、時代の変化を象徴するものであったといえよう。
　現在、同社の外需割合は、長年20％ほどで推移していたが、リーマンショック後には40％ほどに上昇している。また、リーマンショック前の外需に占める日系企業の割合は、50％ほどであったが、11年頃からは中国、タイ、ベトナムなどのアジア地域の日系企業からの受注が拡大しているという。アジア地域のローカル企業からの受注も増えているが、その伸びは日系企業ほどではないようである。こうした動向は、必ずしも業界一般でいわれている日系企業からローカル企業へというユーザーの変化と一致しない。これは同社のロータリー式の研削盤ゆえの現象であるのか、さらに検証していく必要はあるが、ここでは事実のみを記載しておくにとどめておきたい。
　ところで、同社はリーマンショック後に、自社製研削盤の再生事業に踏み出している。中古市場では、同社製の研削盤が、たとえ状態が悪くとも比較的いい値段で売られ、同社の新品の研削盤の販売に影響しているという。この背景には、海外進出する日本企業が、新品の日本企業製の設備を持ち込むのではな

く、自社保有設備が足らない場合には、中古市場から購入しているという事情がある。同社では、こうした市場の変化を受け止めるべく、設備更新を計画するユーザーの中古設備を積極的に下取りするなどして、設備の再生事業に踏み出している。下取りした中古機を、摺動面を再度削り出しするなどして精度保証するという、メーカーならではの再生事業である。価格的には、新品の半額よりも少し高い程度であり、先の海外進出企業のニーズに合致したものとなっている。

（３）　細穴放電加工機による特異な存立基盤の形成──エレニックス

1985年創業のエレニックス[57]は、大手放電加工機メーカーとは一線を画す細穴放電加工機メーカーである。同社は、91年から米GEに細穴放電加工機を納入しはじめ、現在までに延べ700台を納入するという実績を残している。

創業者は、放電加工機メーカーのジャパックスに技術者として勤めていたが、業績の悪化と、ものづくりの考え方の違いから独立する。しかし、86年に単純な細穴放電加工機を開発するものの、販売力もなく、アマダへOEM（相手先ブランド製造）供給することで、安定した売上を確保することになる。このことにより、研究開発のできる資金面の目処が立つようになったという。

89年、GEの航空機部品を加工する工場を見学したとき、自社の細穴放電加工機の加工特性や機能面を説明したところ、「それではテストをする」といわれ、その素早い対応に驚いたという。それまで、GEは、スイス製のワイヤ放電加工機を装備していたが、半年ほどテストを繰り返し、同社製の導入に踏み切ることになる。通常、ワイヤ放電加工機は、油を入れた槽の中で加工されるが、エレニックス製は水を使うなど独自の技術[58]を備えると共に、スピード面でも格段速いという特性を備えていた。1工場当たり200〜300台を装備したGEの3工場が、順次、エレニックス社製の機械に入れ替えられ、先に指摘したように総台数700台を数えることになったのである。なお、GEに対するメンテナンス等のサービス活動については、ジャパックス時代から付き合いのあ

57）資本金1500万円、従業員数27人、HPほかより。ヒアリング調査は、2013年11月27日。
58）現在では、他社でも水を使う装置を開発している。

る米国企業を特約店として契約している。

　このGEとの取引は、売上の6割ほどを占めていたが、現在では国内市場向けの販売が増加してきたこともあり、4割を割り込んでいる。その国内市場は、ガスタービン、自動車部品、航空機部品などの加工を手がける企業を中心に構成されている。このうち、大手放電加工機メーカーのグループ企業である大手航空機メーカーにおいても同社製が装備されるなど、特殊加工領域における同社の技術力は、同業他社を圧倒している。

　中小規模といえども技術力に絶対の自信を持つ同社は、韓国製、台湾製との価格面での競争は全く考えていないだけでなく、日本メーカーとの直接的な競争も考えていない。たとえ、競合メーカーが技術面で追いついてきたとしても、同社独自の用途を含めた提案により、独自の市場を開拓することと、新たな機能を備えた製品を開発することで、競争力の維持は可能であると同社では考えている。

　それは、細穴放電加工が未だ下穴加工という理解にとどまりがちな中で、そうした理解を具体的な加工提案によって乗り越えることは容易であると考えているからにほかならない。また、新たな機能を備えた製品開発への投資についても、設備投資産業の宿命でもある景気変動との関係から、利益が出るときにそれを行うという柔軟な考え方に基づいており、小回りのきく中小企業という特性を最大限に活かした経営手法といえよう。

終　章　生産機械産業の比較分析と今後の発展の行方

　最後に、ここまでの分析を踏まえながら、わが国の半導体製造装置産業と工作機械産業を比較しての共通点と相違点から得られる示唆を整理すると共に、それぞれの産業の発展の行方を展望していくことにする。また、本書を分析研究で、数多く残してきた研究課題のうち、著者が特に取り組まなくてはならないと考えている点についても触れておくことにする。

第1節　半導体製造装置産業と工作機械産業の比較を通じての示唆

　まず、ここでは半導体製造装置産業と工作機械産業の分析研究を通じて得られた示唆を、本書で強く意識した分析視角に基づき整理していくことにする。ただし、ここで整理する示唆とは、両産業を構成する企業の発展に資する内容に限定するものではなく、両産業をどのように理解できるか、あるいは特徴づけることができるかの内容を含めておきたい。

　また、ここでは五つの分析視角ごとに示唆を整理しているが、それぞれは相互に深く関係するものであり、そのことを含めての比較分析が期待されるが、そうした点については、さらなる企業研究を積み重ねる必要があるため、今後の研究課題としておくことを断っておきたい。

1．ユーザー産業・企業の構成からの示唆

　両産業におけるユーザー産業・企業の構成からの示唆は、次のとおりである。

生産設備の開発製造と日本における生産規模にみる共通点

　いうまでもなく、両産業は共に、ものづくりを手がける製造業をユーザー産業・企業としている生産機械（生産設備）産業である点で共通する。また、両産業の世界市場規模は異なっているが、国内外の日本企業の生産規模は、ほぼ

同規模にあることも指摘できる。好景気時の生産規模は、共に1兆5000億円から2兆円ほどであるが、景気が悪化すると受注が急減し、一気に生産が落ち込むという点でも共通している。これらの共通点は、両産業を比較研究する際の基軸であり、本書の研究のスタート地点をなすものといえる。

両産業におけるユーザー産業・企業の構成の違い

一方、両産業の「ユーザー産業・企業の構成」における相違点は、次の一点に集約することができる。それは、両産業のユーザー産業・企業の構成が、半導体製造装置産業では、半導体産業を唯一のユーザー産業とし、ユーザー企業数も全世界で300とか、多くて400、500であるのに対し、工作機械産業では、自動車、電気に代表される機械産業をはじめ機械（切削）加工する金属部品が組み込まれる産業と、それらの加工を手がける膨大な数の製造業をユーザーとしている点である。

こうした両産業における「ユーザー産業・企業の構成」の違いは、それぞれの市場戦略、製品戦略をはじめとする事業活動全般に影響を及ぼしていた。この点からみると、半導体製造装置産業では、たとえば最先端の設備投資の場面において多大な影響を及ぼしているインテル、サムスン、TSMCの有力半導体メーカーとどう関わりを持つかによって、次代の発展のあり方が異なってくるように思われる。したがって、この3社との共同研究に加わっている装置メーカーについては、今後、そこでの装置開発を前提とした発展場面を描くことになろう。

これに対し、そうした共同開発に加わっていない装置メーカーは、この3社とは異なる取引場面での発展を目指すことになろう。たとえば、ボリュームゾーンとしての半導体製品分野ではなく、車載用半導体とか、パワー半導体とか、様々な産業分野を意識した事業展開を展望することになろう。この場合、それらはウエーハサイズでいうと、300mm工場での生産を前提とするものでなく、200mmを含めた前世代の半導体工場において手がけられていることにも留意する必要がある。

一方、工作機械産業は、産業全体をみれば買い手寡占状態にはなく、多様な

産業をユーザー産業とし、膨大な数のユーザー企業を構成することで、様々な発展場面が用意されていると理解することができる。少なくとも、多様なニーズを備えているという意味での発展可能性は高いと考えられる。ただし、そのことは市場競争が容易かつ単純であることを意味するものではない。

2. 産業内の競争関係からの示唆

産業内の競争関係からの示唆は、次のように集約することができよう。

大手製品メーカーおよび中小製品メーカーの構成と海外企業との競争関係

「産業内の競争関係」において両産業に共通していたのは、次の点であった。

一つは、両産業共に、大手製品メーカー（大企業）と中小製品メーカー（中小企業）を数多く構成しながらの競争関係を形成していたことがあげられる。ちなみに、日本の製品メーカー数は、半導体製造装置が600〜700企業[1]、工作機械が750企業[2]、大手製品メーカー数は、半導体製造装置が100企業強[3]、工作機械が48企業強[4]を数えていると著者は推計している。

二つは、海外企業との競争が激化していることがあげられる。ただし、半導体製造装置産業では、大半が欧米企業との競争関係にあるのに対し、工作機械産業では、高級機と中級機分野では欧米企業と、中級機でありながら低価格機分野では、アジア企業との競争関係にあるというような違いがあるものの、広義には海外企業との競争関係にあるという点に共通するといえよう。

いずれにしても、両産業共に、海外市場をめぐり、国内企業との競争というよりも海外企業との競争関係が一段と強まると共に、複雑性を増しており、自らの立ち位置を明確にすることが強く求められているといえよう。

---

1) 表1-14の「工業統計調査・品目編」の産出事業所数から推計した。
2) 表2-2の「工業統計調査・産業編」の事業所数等より推計した結果。
3) 表3-3の「SEMILINKS」のデータに基づく、著者による企業区分の結果。
4) 表2-19の工業会会員企業のデータに基づく、著者による企業区分の結果。

産業内の競争関係の相違点からの示唆

次に、両産業の「産業内の競争関係」を、「寡占状態か否か」という観点から整理する。大括りでいうと、世界市場レベルでは、主要な半導体製造装置の大半が寡占状態にあるのに対し、工作機械の大半は多数の競争相手が存在しているというように決定的な違いがみられる。この違いにこそ、両産業の今後の発展を構想する際の手がかりがあると考えているが、それぞれの取引場面の実態を眺めたときには、常に「寡占状態か否か」ということで、両産業の産業内の競争関係を整理できるほど単純ではないことにも気づかされる。そうした点を含めて、両産業の相違点については、次のように集約しておきたい。

一つは、両産業における競争関係を、産業全体で捉えたときの違いがあげられる。この点、半導体製造装置市場全体では、上位4社で約5割のシェアを構成するなど寡占状態にある。ちなみに、第3章の表3－1(上位50社合計比)をみると、93年では上位4社で32％ほどであったが、00年では44.8％に、12年では49.3％に達している。これに対して、たとえば長年にわたって世界ナンバーワン[5]の売上高を誇ったヤマザキマザックの13年の世界シェアが4％前後[6]であることからも理解できるように、工作機械市場全体では、売り手寡占は認められない。

二つは、製品(装置、機種)別の競争関係の違いである。まず、半導体製造装置産業における装置別の競争関係という点では、第3章の表3－2に示した「主要製造装置の売上高上位3社のシェアの変化」に明らかなように33装置すべてが上位3社で6割を超えるなど寡占状態にある。さらに、上位3社で90％を超えるのが21装置に達し、上位2社で80％を超えているのも21装置を数えて

---

[5] 2014年現在では、近年急拡大している中国メーカー(瀋陽机床)が台数で世界トップに立ったのではないかと推測されている。なお、2015年5月の日本DMG森精機による独DMG MORISEIKIのTOB(株式公開買い付け)決済が完了し、株式52.54％を取得し、子会社とする。これにより、DMG森精機の2015年12月期の売上高は、4100億円と予想されるなど、中国・瀋陽机床を抜き、世界トップシェアの企業となると考えられる。日経BP社『日経ビジネス』第1792号、2015年5月、63頁。これにより、ヤマザキマザックは、シェアという点では、世界3位になる模様。

[6] 2013年の世界市場579億ドルに対する世界シェア(ヒアリング調査に基づく)。

いるなど、主要装置の寡占化の進展は顕著であるといえよう。
　これに対して、工作機械産業における機種別の競争関係を、『工作機械統計要覧』の生産国別で確認してみても、特定の国が圧倒的なシェアを獲得していないこと、またそれぞれの国において複数のメーカーが存立していることなどを考慮すると、大半の機種が寡占化しているとは考えにくい。もちろん、マシニングセンタ、旋盤という区分ではなく、縦型、横型、大型、中型、小型、さらにはオプションの違いなどにより細分化すれば、寡占状態にあるケースも予想されるが、そうした細分化した市場を前提とした分析を本書では主としてはいない。ただし、中小企業の発展を構想する際には何かしらの差別化に着目するという意味で重要なポイントにはなるが、ここではそれを寡占化の視点ではなく小規模市場問題として捉えている。
　こうした違いは、それぞれの産業の競争関係を特徴づけるだけでなく、両産業の今後を展望する上で、多くの示唆を含んでいるというように理解しておきたい。

3．技術革新とユーザーとの技術的関連性からの示唆

　半導体製造装置産業における技術革新の大半は、巨額の研究費を投じることが条件づけられている。これに対して、工作機械産業の技術革新は、機械的な機能、品質面だけでなく、制御装置を含めた広がりにある。ここでは、こうした両産業の技術革新の取り組みや、ユーザーとの技術的関連性から得られる示唆を整理しておくことにする。

技術革新等に顕著な共通点が指摘できない両産業
　まず、両産業の「技術革新とユーザーとの技術的関連性」における共通点を思い浮かべようとしても、実際にはこれといった共通点をあげることができない。しかし、両産業の領域が共に、製造現場に装備される生産機械設備であることから想像すれば、ユーザーの求める様々な生産条件に対応した特殊機能の装備等が、広く一般化しているところに共通点を見出せるともいえる。ただし、それを少し掘り下げると、一方はユーザーとの「共同研究開発」体制の下での

技術革新を特徴とする半導体製造装置産業、もう一方は独自の研究開発体制の下での技術革新を特徴とする工作機械産業というように、技術革新に対する捉え方やその取り組み主体が異なるなど、共通点というには両者の重なりは余りに小さいように思える。

技術革新の連続性と非連続性という視角からの相違点

　この点、両産業における「技術革新とユーザーとの技術的関連性」の相違点については、次の四つに集約することができよう。

　一つは、技術革新の「広義の連続性」と「狭義の非連続性」の違いがあげられる[7]。通常、両産業の技術革新は、既存技術の延長上ともいえる「広義の連続性」の積み重ねによって進められているが、半導体製造装置の中でも半導体生産に関わる前工程におけるプロセス技術については、物理、化学、素材を含めた発明、発見とまではいかなくとも、従来の技術体系とは明らかに異なる「狭義の非連続性」に基づく研究開発が少なくない。それは、半導体開発における微細化と大容量化の研究開発で数多く取り組まれているようである。しかし、装置開発製造レベルでは、そうした非連続性の技術革新といえども、少なからず既存装置の改良に繋がるなど、「広義の連続性」の上に関係づけることもできる。

　たとえば、露光装置でいうと、現在最先端の装置は、液浸装置であるが、それに対応できるのはASMLとニコンの2社であり、キヤノンはその技術に対応しておらず、ドライの露光装置段階にとどまっている。これを装置全体の開発製造という点から眺めると、浸透というコア技術は異なっているが大半の基

---

7) 実務上で技術の「連続性」と「非連続性」を正確に区分することは容易ではなく、その技術をどう捉えるかで、どちらにも分類できるケースが少なくない。ここでは両者が接近する技術領域における曖昧さを排除するために、技術の「連続性」を、少しでも繋がっているという意味を込めて「広義の連続性」と呼び、「非連続性」をより厳密に関連性が見られないというケースを想定し「狭義の非連続性」と呼ぶことにする。こうした分類では、「狭義の非連続性」のケースのみが、既存の技術体系とは異質な技術革新を示すことになり、「広義の連続性」では既存の技術体系が何らかの形で関係づけられるすべての技術革新を含むことになる。実際には、こうした定義づけを行ってみても両者の曖昧さを払拭することはできないが、ここではそうした曖昧さを含めてイメージづくりの概念として提示しておきたい。

礎的な構造体については連続していると考えられる（広義の連続性）。他方、技術革新のコア技術に焦点を当てると、非連続であるようにみえる（狭義の非連続性）。

　これに対して、工作機械の場合には、最先端の5軸加工機、ターニング加工を付加したマシニングセンタ、あるいはミーリング加工を付加した旋盤などからなる複合機を例にあげると、それぞれの基本構造、基本機能は連続しており、他の基本構造、基本機能が組み込まれているにすぎないというように理解することができる（広義の連続性）。もちろん、放電加工機のように、ワイヤを用いたものからワイヤが使われない加工機への開発は、技術的には「狭義の非連続性」が認められるが、こうしたケースは少なく、半導体製造装置に比べ「広義の連続性」に重心を置くケースが大半であるように思える。

　とはいえ、こうした違いは焦点の当て方の違いでもあり、両者の技術革新の特徴を、連続性、非連続性という概念をもって相違点を求めるということには少し無理があるかもしない。いずれにしても、両産業の技術革新の連続性という面での違いは、相対的なものとして理解しておきたい。

製品と製造現場の技術体系の違い

　二つは、製品が備える加工（処理）機能と、その製品生産に必要な加工（処理）機能が、両産業では対照的であるという点があげられる。半導体製造装置産業においては、装置としての製品の加工・処理機能等は、半導体生産に関わるプロセス処理、組立機能、検査機能等を備えるものであり、装置製造に必要な加工機能等とは異なるなど、技術的関連性をほとんどみることができない。

　これに対して、工作機械産業では、その製造工場を眺めると部品生産のために工作機械が配置されていることからも理解できるように、自社工場の加工機能と、生産された製品の加工機能の多くが重なっているという点に特徴的である。したがって、そこでは自社製の工作機械を使って、製品である工作機械の部品を加工するという例は、ごく普通にみられるのである。

ユーザーとの技術的関連性の違い

三つは、研究開発におけるユーザーとの関係の違いがあげられる。たとえば、半導体製造装置産業における微細化、大容量化に代表されるプロセス技術の研究開発については、半導体メーカーが主体となり、装置メーカーはその技術を基礎に量産装置として仕上げていく役割を持つというように、いずれが主導権を持つかはともかくとして、両者の研究開発には相互補完関係をみることができる。

これに対し、工作機械産業では、ユーザーからの使い勝手等の情報とか加工に関する要望とかが製品開発の重要な情報源となるものの、製品開発の大半はあくまで自社が主体であり、ユーザーとの共同研究という性格は持たない。この点、ユーザーとの関わりが深くなるトランスファマシンなどの専用ラインや、専用機生産においては、ユーザーの生産条件を踏まえる必要があることから機能設計等での打ち合わせは当然ながら多くなるが、それは共同開発というより、一方通行の仕様要求として位置づけておく必要があるだろう。

研究開発費比率の差が示唆するものとは

四つは、「研究開発費比率」の違いがあげられる。第1章では、半導体製造装置産業における欧米企業と日本企業の研究開発費比率の違いについて言及したが、ここでは、日本の半導体製造装置メーカーと工作機械メーカーを比較する。

図終-1は、日本の半導体製造装置メーカーの上位10社と、その他の装置メーカーのうち任意に選んだ中堅・中小8社、そして工作機械メーカーの有力企業10社[8]の研究開発費比率（単純平均）の推移を表したものである。これによると、半導体製造装置メーカー上位10社の研究開発費比率は、リーマンショック前では7％強、リーマンショック後は9～11％ほどで推移しているのに対し、工作機械有力企業10社では、リーマンショック前で2％弱、リーマンショック後で2％強であった。両者の研究開発費比率は、4～5倍ほどの差をみせているのである。

---

8) 日本の工作機械メーカーのトップ企業のヤマザキマザックは、非上場であり、上位10社の研究開発費比率の単純平均を算出することができないため、有力企業上位10社と名付けた。

図終－1　日本企業の研究開発費比率の単純平均の推移

凡例：
- 半導体製造装置上位10社
- 半導体製造装置主要8社
- 工作機械有力企業10社

年	半導体製造装置上位10社	半導体製造装置主要8社	工作機械有力企業10社
04	7.0	4.4	1.8
05	7.1	4.9	1.8
06	7.3	5.0	1.8
07	8.8	5.5	1.7
08	15.1	7.9	2.4
09	12.5	7.8	4.6
10	9.1	5.5	2.5
11	9.6	5.7	2.0
12	11.3	9.1	2.1
13	11.1	9.0	2.3

注：①半導体製造装置メーカーについては、図1－10の注に示した企業と同じであり、半導体製造装置以外の事業割合が大きい企業については、同様にセグメント情報により比率を算出している。
②ここでの工作機械有力上位10社とは、DMG森精機、オークマ、牧野フライス、(ソディック)、ツガミ、(スター精密)、大阪機工、滝澤鉄工所、(エンシュウ)、岡本工作機械製作所であり、( )表示の企業はセグメント情報に基づく。
資料：各企業の「有価証券報告書」より作成。

こうした研究開発費比率の差は、まさに両産業における技術革新の違いを反映した結果であるといえよう。半導体製造装置産業が、連続的な技術革新を基礎としながらも非連続的な技術革新の取り組みが相対的に高いようにみえることや、ユーザーとの共同研究を含めて研究開発費が巨額になっていることに対して、工作機械産業では、自社の製品である工作機械を自社の製造部門で使用し、それによって得られる各種情報のフィードバックを通して研究開発が行われていることに、その差が表れているのではないだろうか。

4．海外生産体制と海外サービス体制からの示唆

次に、両産業における国内外の生産体制とサービス体制から得られる示唆を整理してみる。

国内生産に重心を置きながらの海外サービス体制の整備

まず、共通点としてあげられるのは、両産業共に外需依存を強めながらも国内生産に重心を置いていることである。この点、半導体製造装置産業について

は、海外生産比率を正確に算出できるデータを入手できていないものの10％を超えているとは考えられない。また、工作機械産業についても、10％は優に超えているであろうが、それを倍するほど超えているとは考えられない。こうしたことから両産業共に、自動車産業などのような6割（台数ベース）を超える海外生産比率と比較すると、国内生産に重心を置いていることはいうまでもない。とはいえ、今後とも国内生産に重心を置き続けるのか、あるいは海外生産に向かうかは定かでなく、今後とも両産業の海外展開を注視し続けなくてはならないであろう。

他方、両産業における海外サービス体制の整備についても、様々な違いはあるものの一定の共通性をみることができる。これは、両産業共に、ただ物を売ればいいという事業内容ではなく、売った後もそのメンテナンスを含めた各種サービス体制の整備が条件づけられていることを反映した結果といえよう。ただし、外需依存を強めた場合、全世界のユーザーに等しくサポートできる体制を整えることは、大手メーカーであろうとも容易ではなく、まして中小メーカーにとってはより困難となろう。

生産体制と海外サービス体制の微妙な違い

次に、国内外の生産体制とサービス体制における両産業の相違点についてである。今、共通点としてあげた内容も、詳細に眺めればそれぞれ異なった側面があるが、それを超える相違点をあげるとなると、はたと筆が止まってしまう。

あえて記すならば、工作機械メーカーの大半の工場が、主に工作機械の切削部品加工工場と組立工場から成り立っているのに対し、半導体製造装置メーカーの大半の工場は、組立工場という色合いが強いものとなっている点があげられる。

サービス体制では、工作機械に関しては、修理を含めたメンテナンスという色合いが強いのに対し、半導体製造装置に関しては、もちろんそうしたメンテナンスも重要ではあるが、とりわけプロセス技術の評価と検証に基づくサポートが一種のサービス事業として条件づけられている点を、工作機械との違いとしてあげておきたい。

いずれにしても、両産業における国内外の生産体制とサービス体制における大きな相違点は、先の三つの分析視角に比べると強いてあげるものはないといえよう。

5．大企業と中小企業という分析視角からの示唆

以上四つの分析視角との関係を、「大企業と中小企業」という区分から主に相違点に焦点を当てながら整理しておくと以下のようになる。

ユーザー産業・企業の構成からみた大企業と中小企業

まず、「ユーザー産業・企業の構成」を「大企業と中小企業」という区分でみたとき、何が違っているのかについて整理しておくことにする。

半導体製造装置産業の最先端の技術領域における大企業の関わりと中小企業の関わりの違いからみていこう。結論的にいうと、インテル、サムスン、TSMCの3社における先端的な研究開発の大半は、日本企業、欧米企業に限らず大企業を焦点とするように変化し続けている。それは、最先端分野の装置開発が巨額の研究開発費を伴うこと、またプロセス装置については装置貸し出しなど売上に計上できない試作・評価の段階での費用負担が大きくなっていることなどが理由となっている。

もちろん、装置個々をさらに分類したときは、中小企業の存在とシェアの高さも確認できるなど、中小企業が先端的な研究開発場面から閉ざされていると単純に言い切ることはできない。たとえば、事例で取りあげた中小企業のレーザーテックのように、最先端分野での研究開発に取り組み続けているところも存在する。

他方、工作機械産業の場合、不特定多数のユーザーの多様なニーズが存在することもあり、市場規模の大きい機種であっても大企業のみに限定されているケースは見当たらない。たとえば、大企業の生産量が圧倒的であるマシニングセンタにおいて、中小企業の安田工業が独自の製品差別化によって一定の存在感を示しているというようにである。機種は同じでも、機能、品質、そして価格面などでの差別化要素は多様であり、中小工作機械メーカーの発展可能性が

広がっていることに留意する必要がある。

産業内の競争関係からみた中小企業の位置

半導体製造装置産業の主要装置は、先にみてきたようにすべてが寡占状態に置かれていた。さらに、売上1位企業のシェアが一段と高まっている現在、中小装置メーカーが世界レベルの企業間競争を勝ち抜くのは容易なことではないだろう。寡占化の進展の理由としては、先進分野に必要な巨額の研究開発費の負担や、海外ユーザーに対するサービス体制の整備などの問題があげられていた。しかし、こうした問題によって多くの中小装置メーカーが市場から撤退、あるいは規模縮小に至ったことは否定しないが、今なお、様々な装置市場において独自の存立基盤を形成し続けている中小装置メーカーがあることも忘れてはならない。

他方、工作機械産業においては、ユーザー企業が膨大な数にのぼっており、中小企業が独自の発展を築ける機会が多いこと、標準機仕様ではなく各種のオプションを含めた特殊仕様が製品個々に求められていることを背景に、多様かつ個性的な事業展開を可能とする競争関係が築かれているといってよいだろう。

技術革新と技術開発体制における大企業と中小企業

次に、「技術革新とユーザーとの技術的関連性」を、「大企業と中小企業」という視角から整理しておくことにする。

まず、半導体製造装置における最先端の技術革新の場面への参加機会についてである。半導体メーカー上位3社との共同研究や、世界的な共同研究拠点であるベルギーのIMEC、ニューヨークアルバニュー校への巨額の研究開発費負担を伴う参加は、多くの中小企業にとって遠い存在ではないだろうか。しかし、これらは、中小企業だけでなく、100社余りを数えている大手装置メーカー[9]といえども、そうした機会を得るだけの負担力を備えているわけではない。す

---

[9] 業界では、大手装置メーカーは50-60社ほどであると考えられているが、統計データに基づき推計すると、その倍近くになる。この違いは、装置製造を一部事業として手がけているが、その事業規模が小さいことと主要装置等の分野でないことが影響していると考えられる。

でに、最先端のプロセス技術革新の場面は、特定の欧米と日本の有力装置メーカーに限定されているようにもみえる。ただ、この点についてはまだ検証が不足していることを断っておきたい。

これに対して、工作機械では、次の点での違いをみることができる。それは、事例研究でみたようなオークマ、ヤマザキマザックなどの大企業が実施している各種制御技術の開発体制に関わる違いである。もちろん、多くの中小企業においても汎用のNC装置を組み込むだけでなく、独自にシステム開発を手がけたり、各種センサーを組み込むなど、一定の制御技術開発に取り組んでいるが、大企業に比べ、制御技術の取り組み領域に差がみられることは否定できない。

企業規模の違いにみる海外生産体制と海外サービス体制

では、「国内外の生産体制とサービス体制」を「大企業と中小企業」という区分で整理するならば何がみえてくるであろうか。

まず、半導体製造装置メーカーの国内外の生産体制の違いについてである。海外生産に踏み出しているのは、大企業に多く、中小企業ではほとんどみられない。中小企業がこれに踏み出せないのは、少量でありながら装置によっては数万点に及ぶ部品調達を海外で実施すること、また少量を国内外に分散させれば生産効率が悪くなること、などが理由としてあげられる。もっとも、これらの理由は、規模にかかわらず共通するところも少なくない。ただ、企業規模に注視すると、中小企業ではさらに生産量が少ないこと、海外ユーザー数が少ないことなどが、中小企業の海外展開を阻んでいる理由としてあげられる。

これに対して、工作機械の海外生産については、海外生産比率が高いであろうと推測できる企業としては、ヤマザキマザック、ツガミ、ソディク、スター精密などがあげられるが、これら企業はすべて大企業である。この点、中小メーカーは、海外生産に踏み出している企業を含めて、国内生産に重心を置き続けているというのが実態である。

一方、サービス体制については、工作機械産業では、サービス拠点の設置数や、サービスマンの配置において大企業と中小企業では明らかな差をみることができる。この点、中小企業については、販売力とメンテナンス力を備える販

売代理店を組織することでカバーしているケースが少なくない。

　こうした代理店を通じてのサービス体制の構築は、装置メーカーでは規模にかかわらず、ほとんどみることができなかった。これは、半導体製造装置のサポートが、修理等を含めたメンテナンスにとどまらず、量産段階に至っても何らかの形で関与せざるを得ないからであろう。特に、プロセス装置においては、常にプロセス技術の検証と革新が行われていることもあり、機能面、処理面でのサポートが求められるからにほかならない。

第2節　生産機械産業の発展の行方

　最後に、半導体製造装置産業と工作機械産業の今後の発展の行方を、ここまでの分析を踏まえながら展望していくことにする。ただし著者は、「個別企業の発展は時代の変化を受け止めることにとどまるものではなく、あえて時代に逆行する場面を含めて構想するという広がりにある」と理解している。それゆえ、ここでの産業発展の行方については、あくまでも業界全般に共通する方向にすぎないことを断っておきたい。

1．半導体製造装置産業の発展の行方

　まず、半導体製造装置産業の発展の行方についてである。ここでは、半導体製造装置産業の発展の行方と、著者の関心事である中小装置メーカーの発展の行方を整理していくことにする。

（1）　日本半導体製造装置メーカーの発展に向けて

　半導体製造装置産業、とりわけ日本の半導体製造装置産業の発展の行方について、次の三つに焦点を当てながら整理していくことにする。

ユーザーの寡占化の将来と装置メーカーの発展の行方

　一つは、ユーザー産業の寡占化問題にかかわる発展の展望についてである。現在、製造装置市場におけるインテル、サムスン、TSMCの影響は、その設

備投資額の占める割合（7割前後）が示すように圧倒的である。こうした状態が、今後とも続くならば、装置産業の最先端分野で、しかも量的な発展場面は、この3社との取引場面に限定されることになるであろうことは繰り返し記述したとおりである。

しかし、こうした発展場面が、将来にわたって続いていくには、いくつもの条件が整わなくてはならない。そのうちの一つが、いうまでもないが3社が先頭を走り続けることである[10]。しかし、3社は、それぞれ何らかの課題を抱えている。インテルはCPUを焦点とするロジック生産のみでなく、受託生産を含めた生産体制に踏み込むなどの問題に直面している。サムスンは、かつての日本半導体メーカーが辿った総合デバイスメーカーとしての諸問題をどのように解決していくかの課題を抱えている。そして、TSMCは受託生産における多様かつ高度なプロセス処理の技術革新に取り組み続けなくてはならないという課題を抱えている。

もちろん、半導体生産が巨額の設備投資を必要とすることは、先頭を走る3社にとって間違いなく優位な条件となっている。しかし、その一方で、3社を追撃する様々な半導体メーカーを含めた半導体企業が散見されるなど、製造装置産業の発展場面は、不透明性を増すと共に、多様な広がりをみせている。ここに、逆説的な意味を含めて、多くの装置メーカーの発展可能性をみることができるといえよう。

装置開発をめぐる鎬ぎ合いの行方

二つは、装置開発をめぐる鎬ぎ合いの行方についてである。ここでは、半導体メーカーと装置メーカーの相互関係に焦点を当てながらみてみよう。

鎬ぎ合いは次の3ケースとしてとらえることができる。まず、日本の半導体産業の発展期にみられたもので、半導体メーカー主導の下で装置開発が進められるケースである。次に、装置メーカーの装置開発ノウハウの蓄積に伴い、装

10）ここでは、装置産業のユーザーに影響を直接的に及ぼすという意味で設備投資に注目しているが、生産金額では、買収等で生産力を拡大している米マイクロンをはじめとする半導体メーカーの存在感が強くなるなど、競争関係の変化の兆しをみることができる。

置開発が半導体メーカーの半導体生産技術（プロセス技術等）の研究開発と相互に補完し合いながら進められるケースである。そして、半導体メーカーに代わって、装置メーカーが装置開発の主導権を持つようになり、半導体メーカーの方は装置を使いこなす、あるいはマニュアルにしたがって操作するというように関係づけられるケースである。

現在、これら3ケースのうち、最初にあげたケースはほとんどみられなくなり、2番目のケースが一般的になってきているが、すでに3番目のケースが拡大しつつあるようにも思える。ただし、3番目のケースが進化形というわけではなく、最先端分野では、共同研究という相互補完の2番目のケースが少ないないだけでなく、半導体メーカーの技術力とか、研究開発等の技術戦略の違いによって、両ケースの力関係は微妙に異なっているというのが実態であろう。

今後は、この両ケースの取引において、価格決定権を含めての鬩ぎ合いが、現在の半導体産業における寡占化と、進展が予想される装置産業側の寡占化によって激しさを増すのではと考えている。装置産業側の寡占化を、装置個々ではなく、装置を横断する形で進めていた東京エレクトロンと米アプライドマテリアルズの統合計画が、危機感を持った半導体メーカーによる米司法省への働きかけによって撤回に至ったことは[11]、両者の鬩ぎ合いが、すでに激しさを増していることを示しているといえよう。

欧米企業と日本企業の研究開発体制と企業再編の行方

三つは、欧米企業と日本企業の企業競争力の今後についてである。その一つの焦点は、装置製造における研究開発体制に求められる。少なくとも、最先端技術の研究開発に取り組むのか否かによって、今後の発展場面は異なってくると考えられる。この点、第2章で指摘したように、たとえ研究開発費の計上の仕方が欧米企業と異なり、日本企業の研究開発費比率が実際よりも低く表れているとしても、両者の比率は、そうした違いのみでは説明できないほどの開きをみせている。少なくとも、日本企業が最先端の開発製造場面で存在感を持ち

---

11)「日本経済新聞」2015年4月28日付。

続けるには、欧米企業と同レベルの研究開発体制を整えることが必須である。もちろん、現時点においても日本企業の研究開発体制は欧米企業にけっして劣るものでないと考えているが、研究開発費比率の差を単なる決算処理上の違いとして結論づけてよいとは思われない。

もう一つの焦点は、装置産業内の企業再編に求められる。本書では、欧米企業の買収、合併等に対して「企業価値の向上を目的としていた」と単純に結論づけたが、現実には、KLA テンコールの合併では、当初期待した検査装置領域での競争力強化というシナジー効果が未だみられないこと、またラムリサーチによる買収でも、買収した装置シェアの向上があまりみられないことなどの問題が指摘できる。しかし、欧米企業側は、こうした合併、買収を否定的に捉えることなく、むしろ企業価値の向上に繋がったと積極的に評価しているのである。欧米企業側のこうした見方については、著者の今回の調査分析では深く検証できていないが、少なくとも、量的縮小というマイナス要因に基づく合併、買収に取り組んできた傾向を持つ日本企業の企業再編とは決定的な違いとして認めることができよう。

現時点では、こうした企業価値向上を目的とした買収、合併が日本企業の発展にとって画期的な処方箋になるわけではないが、次代の発展場面を構想する上では、既存の事業領域、既存の関連企業に縛られることなく、自由に描けるという点で検討に値する取り組みであると考えられる。日本企業をめぐる企業再編が、マイナスのサイクルから脱するには、欧米企業の取り組みを正しく理解する必要がある。

(2) 中小装置メーカーの発展に向けて

次に、半導体製造装置産業の中で、独自の発展場面を模索し続けている中小装置メーカーの発展の行方を整理してみる。

半導体生産工場と半導体製品の多様性の中での発展可能性

すでに、日本半導体メーカーの競争力が低下している現在、中小装置メーカーは独自に発展の場を構築すると共に強化することが生き残りのために必須と

なっている。この場合、最先端分野の装置開発ではなく、前世代のウエーハサイズ工場向けの装置開発を含めた多様な発展場面が、市場規模の大小にかかわらず、現在そして今後において幅広く存在していることに着目する必要があり、その視野に立った事業展開が求められているように思われる。たとえば、パワー半導体、車載搭載半導体、撮像用半導体、そして様々な特殊仕様・用途の半導体などの分野での装置開発の取り組みがあげられる。

また、市場規模としては小さくなっているが、前世代工場（200mmウエーハ以前の半導体工場）の装置入れ替え需要に対する装置開発についても、一つの発展可能性に繋がっていくのではないだろうか。けっして、量産分野のみが中小装置メーカーの発展分野でないことを、ここで改めて確認しておきたい。

最先端の小規模市場の装置開発の行方

もちろん、中小装置メーカーといえども、最先端分野での装置開発に発展場面を開くことはできる。繰り返し取りあげるレーザーテックは、まさに最先端領域での装置開発に取り組み続けている。とはいえ、それは市場規模の大きい主要装置を想定してのことではない。この点、製造装置市場には、中分類程度の装置名を記した第3章の表3-3からも明らかなように、主要装置の数では表せないほど様々な装置市場が存在する。そうした市場規模の小さな最先端の装置開発を含める取り組みが、発展の必須条件になっているといえよう。

2．工作機械産業の発展の行方

では、日本工作機械産業の今後の発展の行方についてはどのような展望が描けるだろうか。

（1）　日本工作機械メーカーの発展に向けて

不特定多数のユーザー構成とボリュームゾーンの多様化の行方

日本工作機械メーカーの発展にとって、中国を中心としたアジア市場にどのように対峙するかが、今後の発展の行方を考える焦点の一つになろう。

かつて、アジア市場における日系企業の生産工場では、「日本企業国内製」の工作機械を装備していたが、現在ではより製品価格の安い「日本企業現地生産製」にとどまらず、「韓国企業製」「台湾企業製」を装備することで生産コストの低減を図るといった変化がみられる。他方、台湾企業については、高い加工精度を保つために「日本企業国内生産製」の「中価格、中級機」需要を基礎に据えつつ、「日本企業現地生産製」から「韓国企業製」「台湾企業製」「中国企業製」までを幅広く構成する多様性を備えている。

　また、ローカル企業については、「低価格の低級品」という図式のみで語れる時代ではなくなっており、高度領域の製品展開に踏み出しているユーザー企業は、「日本企業現地生産製」のみならず、「日本企業国内生産製」を装備することが例外ではなくなってきている。また、「日本企業製」のみならず、「欧米企業製」、特に「ドイツ企業製」の工作機械に対する関心は高く、今後の中級機、高級機市場における競争が激化することも予想されている。

　このように、現在では、ボリュームゾーンとしての「低価格、中級機」という単純な構図でアジア市場を語ることができなくなっている。こうした市場の変化を、日本工作機械メーカーは、正しく受け止め、幅広い製品分野を意識することが一つの発展の方向といえるのではないだろうか。それは、「低価格、中級機」と「中価格、中級機」の中間をターゲットにするなど、具体的な製品差別化を強く意識する必要性とも重なってくるといえよう。けっして安価であれば良いというものではなく、幅広いユーザーのニーズとその変化を注視しながら、製品戦略を打ち出していかなくてはならない。

日本工作機械メーカーの製品差別化と技術革新の行方

　長い間、日本企業製工作機械は、NC装置付きの量産機に優位性があるといわれてきたが、それは今なおいえるのであろうか。日本の切削加工現場からは、三次元の複雑な曲線加工の場合、欧州企業製のNC装置を装備した欧州企業製の工作機械の方が、日本企業製のものよりも早く滑らかに加工できるという声が聞こえてくるが、これをどのように理解すればいいのであろうか。もはや、NC工作機械における日本企業の優位性は、失われてしまったのであろうか。

この点、当面の発展場面とされるアジア市場への展開すべてを否定するものではないが、それによって日本企業の特徴と競争力を失うことがあってはならない。もし、これまで日本工作機械メーカーが歩んできた「中価格、中級機」市場をあくまで基礎として、欧米企業に追随すべく取り組んできた「高価格、高級機」市場をめぐる競争路線から遠ざかったなら、日本工作機械メーカーは単なるコスト対応力に優れた企業にとどまることになりはしないだろうか。ここでは、日本工作機械産業の発展場面が、当面の安価なボリュームゾーンにあるのではなく、次代の変化を見通した高度領域の工作機械の製品開発にあることを改めて確認しておきたい。

（2）　中小工作機械メーカーの発展に向けて

　世界的な競争の激化を前にしたとき、大手工作機械メーカーに比べ中小工作機械メーカーの発展場面は、限られてしまうのであろうか。以下では、そうした中小工作機械メーカーの発展の行方を展望する。

　リーマンショック後に中小工作機械メーカーの多くが、内需依存から外需依存の傾向を一段と強めている。その「日本企業国内生産製」の工作機械の海外需要は、量的には「大手工作機械メーカー製」が多いが、価格面や特殊機能のニーズの多様化によって、「中小工作機械メーカー製」の需要も着実に拡大している。もちろん、これは、国内需要の低迷が続く中で、活発な設備投資が繰り広げられているアジア市場に注目し、そこに自らの発展場面を強く求める中小工作機械メーカーが積極的に動き出したことの表れでもある。

　こうした拡大を続ける海外市場、とりわけアジア市場をターゲットに、中小工作機械メーカーの生産戦略と製品展開はどのように進められていくのであろうか。その方向は、一つではなく多様であると考えられる。この点、海外市場向けの低価格戦略もその一つの方向として考えられるが、同時に、海外市場においても国内と同レベルの価格帯の販売が否定されているわけではないことにも留意する必要がある。その意味では、ターゲットを明確に決めさえすれば、様々な製品展開が可能になる時代を迎えていると理解することも可能であろう。

　ただし、中小工作機械メーカーにとってはあくまで国内市場が重要な発展場

面であることを忘れてはならない。たとえ量的縮小から抜け出せない国内市場であろうとも、様々な先端的加工分野が広がっている場であり、次代のものづくりの方向を指し示す場でもあることには変わりがないのである。

第3節　新たな調査研究の課題

　ここまで、半導体製造装置産業と工作機械産業の今後を展望するために、また非量産領域の両産業を比較研究するために、それぞれの構造的特質を各種統計データと、事例研究を通じて分析を重ねてきた。しかし、こうした分析を重ねるたび、あるいは企業を訪問すればするほど、次々と新たな疑問から派生する研究課題が頭に浮かんでくる。

　その一つは、半導体製造装置産業をめぐる欧米企業と日本企業の比較研究である。今回の調査研究では、欧米企業4社の日本法人を訪問する機会を持てたが、日本企業と比較分析できるほど深く踏み込むことができなかった。訪問後には、欧米企業と日本企業では、何が違っているのかという素朴な疑問が大きくなるばかりであった。本書では、両社の違いを単純に「企業価値に対する取り組みの違い」として整理したものの、両社の比較研究という点では不十分であることはいうまでもない。いかに、数多くの欧米企業を訪問する機会を得るかが、重要だと考えている。幸いなことに、欧米有力装置メーカーの大半は、日本国内に日本法人を構えている。欧米企業との比較研究の第一歩は、そうした日本法人の訪問を積み重ねることにあるのではないだろうか。

　他方、工作機械産業における欧米企業と日本企業の比較研究については、有力な欧州工作機械メーカーの多くが、非上場であるなど、上場企業で得られる各種データを得ることが難しいというような比較研究上の制約が指摘できる。しかし、そうした制約を少しでも乗り越える手立てと、決算書等のデータに基づかない別の材料をもって比較することを検討していく必要がありそうである。

　二つは、本書では、触れることが少なかった中小加工業の実態分析があげられる。著者の本来の研究分野としては製品生産を支える中小加工業が大きな存在であるが、本書では、取りあげた半導体製造装置産業でわずかに事例として

あげたにすぎず、訪問した多くの中小加工業についての分析結果を掲載するには至らなかった。それは、もちろん紙幅の関係もあるが、中小加工業の発展課題を構想するには、何よりもまず、取引先である製品メーカーの置かれている実態を詳細に分析することから始めねばならないとの考えに基づいている。また、単に、取引に着目した中小加工業の構造上の問題を描くだけでは、日本産業と中小企業が抱えている問題の本質に接近できないと考えているからでもある。

　ところで、こうした中小加工業の分析研究は、本書で取りあげた製品メーカーとの取引問題に繋がっていくものであるが、それはさらに欧米企業と日本企業の比較研究とも深く関係してくるのではないだろうか。著者は、今回の数少ない欧米企業の日本法人を訪問したとき、先に指摘した「企業価値の問題」だけでなく、「取引上の構造問題」にも大きな違いがあるという仮説を持つに至った。だいぶ昔、イギリスの中小加工業の実態を垣間みたときに、日本の取引構造とさして変わらぬ印象を抱いたことを思い出したが、どうもそれは違っていたのではないかという思いが今になって強まってきている。一般的にいえば、日本においては契約を超えた取引というか、前近代的な取引が景気後退期には拡大してくる傾向がある。このことが、日本産業と中小企業の豊かな発展を阻害している最も根源的な問題ではないかと思っている。こうした点を、観念的ではなく、欧米企業との比較の中で、客観的に分析研究していく機会を持てればと願っている。

　いずれにせよ、外需依存時代に突入している半導体製造装置産業と工作機械産業をめぐる本書の比較研究は、著者の問題意識の一つである日本産業と中小企業の国内外事業展開の行方を探る一歩でしかなく、今回の一連の作業は当然ながら多くの研究課題が山積していることに気づかされる機会となった。そうした調査研究に踏み出す体力と気力がどこまで残っているのかとなると心許ないが、今後も可能な限り取り組んでいきたいと考えている。

参考文献

泉谷渉『日本半導体―起死回生の逆転』東洋経済新報社、2003年。
伊丹敬之・伊丹研究室『日本の半導体産業―なぜ「三つの逆転」は起こったか』NTT出版、1995年。
伊丹敬之『日本産業三つの波』NTT出版、1998年。
一般社団法人電子情報技術産業協会編『ICガイドブック』産業タイムス社、2012年。
一般社団法人日本工作機械工業会『工作機械産業ビジョン2020―わが国工作機械産業の展望の課題』2012年。
一般社団法人日本工作機械工業会『工作機械統計要覧』1982年版〜2014年版(発行年は当該年。なお2011年版以前は社団法人日本工作機械工業会が発行)。
一般社団法人日本半導体製造装置協会『半導体・FPD製造装置販売統計』2007年版、2011年版〜2013年版(発行年は翌年。なお、2007年版は社団法人日本半導体製造装置協会が発行)。
犬塚正智・葉明杰『半導体ビジネスのジレンマ』同文館出版、2010年。
稲葉聡「最先端FinFETプロセス・集積化技術」『電子情報通信学会誌』第91巻第1号、2008年1月、25-29頁。
上田智久「DRAM市場における日本企業の競争力分析―1980年代の成長と1990年代の衰退」『立命館経営学』第43巻第6号、2005年3月、141-167頁。
上田智久「日本半導体産業における成熟と脱成熟化のプロセス―アバナシー=アターバック・モデルと脱成熟化の論理に着目して」『立命館経営学』第45巻第6号、2007年3月、133-159頁。
上田智久・夏目啓二「半導体製造装置企業A社の受注・納入業務と人材育成」『経営学論集(日本経営学会)』第52巻第2、3号、2012年12月、64-70頁。
内川秀二「インドにおける産業政策と工作機械産業の発展」『生産システム部門講演会2003講演論文集(日本機械学会)』第03-5号、2003年3月、77-78頁。
大塚哲洋「日本企業の競争力低下要因を探る―研究開発の視点からみた問題と課題」『みずほリポート』みずほ総合研究所、2010年9月、1-36頁。
奥山雅之「中小製造業のサービス・イノベーション―製造業におけるサービス事業の進化と中小製造業におけるサービス事業の実態に関する考察」埼玉大学大学院経済科学研究科・博士学位論文、2015年3月、1-167頁。
加藤秀雄『変革期の日本産業―海外生産と産業空洞化』新評論、1994年。
加藤秀雄『ボーダレス時代の大都市産業』新評論、1996年。
加藤秀雄『地域中小企業と産業集積―海外生産から国内回帰に向けて』新評論、2003年。
加藤秀雄「中小製造業における製造現場の変化と技能継承の課題」『調査季報(国民生

活金融公庫総合研究所)』第86号、2008年8月、43-66頁。
加藤秀雄『日本産業と中小企業―海外生産と国内生産の行方』新評論、2011年。
加藤秀雄「外需依存時代における生産機械産業の国内事業展開の分析視角」『社会科学論集（埼玉大学経済学会）』第139号、2013年3月、75-95頁。
加藤秀雄「外需依存の半導体製造装置産業と中小・中堅装置メーカーへの発展方向」『調査月報（一般財団法人百十四経済研究所）』第333号、2014年11月、2-11頁。
金山敏彦監修／社団法人日本半導体製造装置協会編『半導体立国―製造装置の明日を語る』日刊工業新聞社、1996年。
川上桃子「台湾工作機械産業における革新と模倣の主体―43社の調査による分析」『アジア経済（アジア経済研究所）』第44巻第3号、2003年3月、2-30頁。
川上桃子「急成長を遂げる台湾の半導体設計業」『交流（公益財団法人交流協会）』第842号、2011年5月、1-10頁。
菊池正典監修『図解でわかる半導体製造装置』日本実業出版社、2007年。
菊池正典『半導体工場のすべて』ダイヤモンド社、2012年。
幸田亮一「第二次大戦後ドイツ工作機械工業の復興過程」『社会経済史学（社会経済史学会）』第75巻第6号、2010年3月、47-66頁。
後藤晃『イノベーションと日本経済』岩波新書、2000年。
小林守「中国の工作機械業界の現状と日本工作機械メーカーの進出動向」『商学研究所報（専修大学）』第39巻第3号、2007年8月、1-16頁。
小林正人「日本の工作機械メーカーにおける製品開発システム」『経済論叢（京都大学経済学会）』第167巻第3号、2001年3月、60-88頁。
財団法人機械振興協会経済研究所・委託先社団法人日本工作機械工業会『工作機械産業の生産能力と下請構造』1989年。
財団法人機械振興協会経済研究所・委託先社団法人日本工作機械工業会『工作機械産業の生産能力と下請構造』1990年。
佐藤純一『よくわかる最新半導体製造装置の基本と仕組み』秀和システム、2010年。
佐藤幸人『台湾ハイテク産業の生成と発展』岩波書店、2007年。
佐野昌『岐路に立つ半導体産業』日刊工業新聞社、2009年。
佐野昌『半導体衰退の原因と生き残りの鍵』日刊工業新聞社、2012年。
佐々木雄一朗・岡下勝己・水野文二「セルフレギュレーション―プラズマドーピングのフィン型FETへの応用」『パナソニック技報』第55巻第4号、2010年1月、57-62頁。
榊原清則「組織とイノベーション：事例研究・超LSI技術研究組合」『一橋論叢』第82巻第2号、1981年8月、160-175頁。
産業競争力懇談会COCN『半導体戦略プロジェクト―産業競争力強化のための先端研究開発』、2012年。
柴田友厚「日本工作機械産業の技術発展メカニズム―モジュール化によるＮＣ装置と工作機械の共進化」『研究技術計画（研究・技術計画学会）』第24巻第4号、2010年12月、338-347頁。

清水誠「半導体産業の国際競争力回復に向けた方策」『調査（日本政策投資銀行）』第90号、2006年5月、1-69頁。

清水誠「最先端のものづくりを支える日本の半導体製造装置産業」『日経研月報（日本経済研究所）』第420号、2013年6月、32-41頁。

志村幸雄『IC産業最前線―日米決戦・現場からの報告』ダイヤモンド社、1980年。

社団法人電子情報技術産業協会編『ICガイドブック』日経BP企画、2003年。

社団法人日本機械工業連合会・社団法人日本工作機械工業会『平成17年度　欧州・アジアにおける工作機械技術に関する調査研究報告書』2006年。

社団法人日本機械工業連合会・神鋼リサーチ株式会社『平成21年度　海外生産と国内生産のベストミックスに関する調査研究報告書』2010年。

社団法人日本機械工業連合会・三菱UFJ＆コンサルティング株式会社『平成21年度　海外の国家プロジェクト、産学官連携の実態にする調査報告書』2010年。

社団法人日本工作機械工業会『世界の途、半世紀：日工会創立50周年記念』2002年。

社団法人日本工作機械工業会『平成22年度　インドにおける工作機械需要見通し等調査研究報告書』2011年。

社団法人日本工作機械工業会『平成23年度　次世代成長産業の競争力確保に必要な工作機械に関する調査研究報告書』2012年。

社団法人日本半導体製造装置協会『半導体・液晶パネル製造装置販売統計』1995年度版、2000年度版（発行年は翌年）。

社団法人日本半導体製造装置協会『会員企業の海外進出状況調査報告書』1996年。

橘雅範『火の玉集団再び―東京エレクトロングローバルリーダーとしての責任とさらなる未来への挑戦』TEL UNIVERSITY（東京エレクトロン）、2010年。

田中則仁「企業のグローバル戦略―ものづくりの国際経営」『国際経営フォーラム（神奈川大学）』第21号、2010年7月、39-56頁。

田中克敏「きさげと工作機械」『日本機械学会誌』第103巻第985号、2000年12月、3-5頁。

谷光太郎『日米韓台半導体産業比較』白桃書房、2002年。

垂井康夫監修／日本半導体製造装置協会編『「半導体立国」日本―独創的な装置が築きあげた記録』日刊工業新聞社、1991年。

丹下英明「自動車産業の構造変化と部品メーカーの対応―新興国低価格車市場の出現によるサプライチェーン変化に中小モノづくり企業はどう対応すべきか」『日本政策金融公庫論集』第13号、2011年11月、43-58頁。

中馬宏之・青島矢一「半導体露光装置産業の競争力はなぜ低下したか―コラボレーションとアウトソーシングの可能性」伊藤秀史編著『日本企業変革期の選択』東洋経済新報社、2002年、271-300頁。

中馬宏之「日本的もの造り方式とイノベーションの関係―工作機械産業の発展事例に見る良循環の構図」、伊藤秀史編著『日本企業変革期の選択』東洋経済新報社、2002年、301-335頁。

中馬宏之・橋本哲一「ムーアの法則がもたらす複雑性と組織限界―DRAMビジネス盛衰の現代的意義」『一橋ビジネスレビュー』第54巻第4号、2007年3月、22-45頁。
張剣雄「工作機械産業の発展における『技術融合』型の技術革新の役割と分析」『一橋研究』第28巻第2号、2003年7月、15-33頁。
陳禮俊「台湾における半導体産業の一考察―ファウンドリーと汎用メモリビジネスの形成」『山口經濟學雜誌』第48巻第3号、2000年5月、629-665頁。
津田建二『欧州ファブレス半導体産業の真実』日刊工業新聞社、2010年。
独立行政法人新エネルギー・産業技術総合開発機構／（委託先）株式会社セミコンダクタポータル『平成22年度成果報告書　電子・情報技術分野―技術ロードマップ2011の策定に関する調査』2011年。
独立行政法人新エネルギー・産業技術総合開発機構／（委託先）三菱UFJ＆コンサルティング株式会社『平成23年度成果報告書　産業競争力の強化に向けた周辺状況調査』2012年。
永井知美「工作機械業界の現状と課題」『TBR産業経済の論点（東レ経営研究所）』第09-6号、2009年8月、1-11頁。
永池克明『電気産業の発展プロセス』中央経済社、2007年。
長尾克子『工作機械技術の変遷』日刊工業新聞社、2002年。
西村吉雄・伏木薫／日経BP企画編集『電子工業50年史―通史篇』社団法人日本電子機械工業会、1998年
西村優子「研究開発費の会計―わが国の新会計基準と、米国会計基準及び国際会計基準との比較」『経営論集（東洋大学）』第49号、1999年3月、103-118頁。
西村優子「国際会計基準による研究開発費の会計」『経営論集（東洋大学）』第51号、2000年3月、281-295頁。
日刊工業新聞社編『図解一目でわかる！森精機』日刊工業新聞社、2008年。
日本政策投資銀行「総合電機・半導体メーカーの事業戦略の再構築に向けて」『調査（日本政策投資銀行）』第96号、2008年5月、1-36頁。
電子ジャーナル編『半導体製造装置データブック』電子ジャーナル、94年版～07年版（03年版、06年版が欠番、発行年は翌年）、09年版～14年版（発行年は当該年）。
電子ジャーナル編『半導体データブック』電子ジャーナル、94年版～07年版（04年版、06年版が欠番、発行年は翌年）、09年版～14年版（発行年は、当該年）。
電子ジャーナル編『半導体素材データブック2007』電子ジャーナル、2008年（これ以降、発行されていない）。
服部毅「Samsung躍進の陰で韓国の製造装置メーカーの苦悩」『Electronic Journal』電子ジャーナル、第199号、2010年10月、15頁。
広瀬実樹「中小工作機械メーカーのものづくりとマーケット戦略」『中小公庫レポート（総合研究所）』第2008-6号、2008年9月、1-77頁。
平野貴浩「日本工作機械産業の現状と課題」『Mizuho Industry Focus（みずほコーポレート銀行産業調査部）』第81号、2010年2月、1-31頁。

廣田義人『東アジア工作機械工業の技術形成』日本経済評論社、2011年。
廣田義人「シンガポール日系工作機械メーカーの展開と現地への波及効果」『経営史学（経営史学会）』第36巻第3号、2009年11月、78-101頁。
肥塚浩「日本半導体製造装置産業の分析」『立命館経済学』第41巻第1号、1992年4月、116-142頁。
肥塚浩『現代の半導体企業』ミネルヴァ書房、1996年。
肥塚浩「半導体製造装置産業の現状分析」『立命館経営学』第49巻第5号、2001年1月、97-113頁。
深川由起子『韓国―ある産業発展の軌跡』日本貿易振興会、1989年。
藤田泰正『工作機械産業と企業経営』晃洋書房、2008年。
藤村修三『半導体立国ふたたび』日刊工業新聞社、2000年。
北海道大学大学院国際広報メディア研究科・半導体産業研究所『21世紀IT産業を拓く―半導体産業からのメッセージ』社団法人電子情報技術産業協会、2003年。
朴英元・ハムソンホ・立本博文・小川紘一「製品アーキテクチャ視点から見た韓国半導体産業の歴史と企業戦略」東京大学COEものづくり経営研究センター MMRC Discussion Paper、第224号、2008年6月、1-46頁。
益子博行「東京エレクトロンとアプライドマテリアルズの統合の影響について」『Mizuho Industry Focus（みずほ銀行産業調査部）』第146号、2014年2月、1-19頁。
水野順子編著『アジアの金型・工作機械産業』アジア経済研究所、2003年。
三村孝司「2013年は前年比0.5％増に―微細化対応と収益改善に邁進」『Electronic Journal』電子ジャーナル、第236号、2013年11月、58-59頁。
三輪芳朗『政府の能力』有斐閣、1998年。
百瀬武文『町工場的発想から脱却せよ』幻冬舎ルネッサンス、2008年。
森雅彦「日本の工作機械産業、過去10年の歩みと今後10年の課題」『第5回生産加工・工作機械部門講演会講演論文集（日本機械学会）』第04-3号、2004年11月、9-14頁。
森雅彦「日本の工作機械産業の国際競争力」『日本機械学会誌』第109巻第1046号、2006年1月、13-16頁。
ヤマザキマザック株式会社転載『挑戦の軌跡―ヤマザキマザック（株）会長　山崎照幸』（朝日新聞連載特集「あの時　東海経済物語」第9話、2006年2月22日〜3月7日までの10回の連載）。
ヤマザキマザック株式会社創業88周年記念誌編纂委員会編『「米寿」を迎えた匠集団マザックの名言実行力』エヌデー企画事業株式会社、2007年。
湯之上隆「技術力から見た日本半導体産業の国際競争力」同志社大学技術・企業・国際競争力研究センター、リサーチペーパー、第04-07号、2004年12月、1-21頁。
湯之上隆「露光装置シェアトップのASML―その強さの源泉は速度と稼働率」『Electronic Journal』電子ジャーナル、第185号、2009年8月、42-45頁。
湯之上隆「ドライエッチング制覇を狙うLam Etch/Ashの連続処理を可能に」『Electronic Journal』電子ジャーナル、第186号、2009年9月、44-47頁。

湯之上隆「洗浄技術の時代がやって来た――装置／液薬のインテグラル技術」『Electronic Journal』電子ジャーナル、第192号、2010年3月、41–43頁。
湯之上隆「洗浄装置も枚葉式の時代に突入か――大日本スクリーンが全分野でトップ」『Electronic Journal』電子ジャーナル、第200号、20010年11月、49–51頁。
湯之上隆「ASMLが装置売上高1位に躍進、EUVは本当に実現可能なのか」『Electronic Journal』電子ジャーナル、第224号、2012年11月、50–53頁。
湯之上隆『日本型モノづくりの敗北――零戦・半導体・テレビ』文春新書、2013年。
湯之上隆「AMATとTELが経営統合へ――空中分解か？瓢箪から駒か？」『Electronic Journal』電子ジャーナル、第236号、2013年11月、50–53頁。
湯之上隆「装置メーカーランキングに異変――Lam躍進とTEL転落の原因は？」『Electronic Journal』電子ジャーナル、第242号、2014年5月、34–36頁。
湯之上隆「半導体製造装置市場の分析と展望――今後も市場が拡大する装置群とは」『Electronic Journal』電子ジャーナル、第249号2014年12月、34–36頁。
吉田茂「半導体」『東芝レビュー』第62巻第3号、2007年3月、58–63頁。
吉田秀明「半導体60年と日本の半導体産業」『経済史研究（大阪経済大学）』第11号、2008年3月、37–58頁。
吉岡英美「韓国半導体産業の競争力――DRAM事業の変化とサムスン電子の優位」、奥田聡編『調査研究報告書　韓国主要産業の競争力』アジア経済研究所、2007年、19–47頁。
吉岡英美『韓国の工業化と半導体産業』有斐閣、2010年。
吉岡英美「韓国半導体産業の新局面――『キャッチアップ』を超えて」佐藤幸人編『調査研究報告書　キャッチアップ再考』アジア経済研究所、2012年、62–82頁。
和田木哲哉・横山貴子『徹底解析　半導体製造装置産業』工業調査会、2008年。
渡邉英幸「国内製造装置メーカーの中国事業戦略の方向性――工作機械、産業用ロボット、射出成形機メーカーから見た中国市場開拓に関する考察」『Mizuho Industry Focus（みずほコーポレート銀行産業調査部）』第108号、2012年2月、1–28頁。

著者紹介

加藤秀雄（かとう・ひでお）
1950年　香川県生まれ
1974年　法政大学工学部経営工学科卒業
1974年　トーヨーサッシ株式会社社員
1977年　東京都商工指導所（都庁）職員
1998年　九州国際大学経済学部教授
2001年　福井県立大学経済学部教授
2007年　大阪商業大学総合経営学部教授
2009年　埼玉大学経済学部教授
2015年　埼玉大学大学院人文社会科学研究科教授
著　書　『変革期の日本産業』（新評論、1994年）
　　　　『ボーダレス時代の大都市産業』（新評論、1996年）
　　　　『地域中小企業と産業集積』（新評論、2003年）
　　　　『日本産業と中小企業』（新評論、2011年）、他

外需時代の日本産業と中小企業
―― 半導体製造装置産業と工作機械産業　　（検印廃止）

2015年9月10日　初版第1刷発行

著　者　加藤秀雄
発行者　武市一幸
発行所　株式会社　新評論

〒169-0051　東京都新宿区西早稲田3-16-28
http://www.shinhyoron.co.jp
TEL 03 (3202) 7391
FAX 03 (3202) 5832
振替 00160-1-113487

定価はカバーに表示してあります
落丁・乱丁はお取替えします。

装幀　山田英春
印刷　フォレスト
製本　松岳社

©　加藤秀雄　2015　　　　　　　　　　　　Printed in Japan
ISBN978-4-7948-1015-1

│JCOPY│＜(社)出版者著作権管理機構 委託出版物＞
本書の無断複写は著作権法上での例外を除き禁じられています。複写される場合は、そのつど事前に、(社)出版者著作権管理機構（電話03-3513-6969、FAX 03-3513-6979、e-mail: info@jcopy.or.jp）の許諾を得てください。

好評刊

加藤秀雄の本

日本産業と中小企業
海外生産と国内生産の行方

リーマンショック後の生産現場の実像に迫る。日本の中小企業が底支えしてきた海外生産と国内生産の全体像を豊富なデータと事例群から定量分析。

ISBN978-4-7948-0879-0　A5・244頁・3240円

地域中小企業と産業集積
海外生産から国内回帰に向けて

困難な時代を切り開く鍵となる地域中小企業の多様性と工業集積の構造問題を解明することによって、日本のモノづくりの再生に向けてのエールを送る。

ISBN4-7948-0587-X　A5・240頁・3360円

ボーダレス時代の大都市産業

1990年代、東京の製造業は、地方との生き残り競争をくり広げ、海外との直接競合という新たな時代状況の中に突入した。先進工業地域「東京」の当時の実態に迫る。

ISBN4-7948-0314-1　A5・232頁・3605円

変革期の日本産業
海外生産と産業空洞化

機械産業をめぐる1990年代の構造変化をどう読み取るか。開発の地方化、製品・加工のME化等、海外生産の黎明期に展開された個別企業の取り組みに学ぶ。

ISBN4-7948-6232-3　A5・232頁・3605円

価格はすべて税込です。